Informatik für Ingenieure

Herausgegeben von F. L. Nicolet

Unter Mitarbeit von W. Gander, J. Harms,
P. Läuchli, F. L. Nicolet, J. Vogel, C. A. Zehnder

Mit 53 Abbildungen

Springer-Verlag
Berlin Heidelberg New York 1980

Herausgeber:

François Louis Nicolet

für das „Swiss Chapter of the ACM"

PHILIPS Medical Systems
CH-8027 Zürich

CIP-Kurztitelaufnahme der Deutschen Bibliothek
Informatik für Ingenieure / hrsg. von F. L. Nicolet. Unter Mitarbeit von
W. Gander... — Berlin, Heidelberg, New York: Springer, 1980. — 208 S.
ISBN-13: 978-3-540-09669-6   e-ISBN-13: 978-3-642-67447-1
DOI: 10.1007/978-3-642-67447-1
NE: Nicolet, François L. [Hrsg.]; Gander, W. [Mitarb.]

Das Werk ist urheberrechtlich geschützt. Die dadurch begründeten Rechte, insbesondere die der Übersetzung, das Nachdruckes, der Entnahme von Abbildungen, der Funksendung, der Wiedergabe auf photomechanischem oder ähnlichem Wege und der Speicherung in Datenverarbeitungsanlagen bleiben, auch bei nur auszugsweiser Verwertung, vorbehalten. Bei Vervielfältigung für gewerbliche Zwecke ist gemäß § 54 UrhG eine Vergütung an den Verlag zu zahlen, deren Höhe mit dem Verlag zu vereinbaren ist.

© by Springer-Verlag Berlin Heidelberg 1980
2362/3140-543210

Vorwort

Große Rechenzentren bieten Computerleistung über Telefonnetz und Terminal. Hersteller bieten „Mini"-Computersysteme, die ebensoviel leisten, wie vor wenigen Jahren große Rechenanlagen. Betriebssysteme sind vielseitiger und gleichzeitig einfacher in der Bedienung geworden. Problemorientierte Programmiersprachen und ganze Programmpakete erleichtern die Lösung fachbezogener Probleme in zahlreichen Gebieten. Dies alles hat dazu geführt, daß die Benutzung von Computerleistung nicht mehr einigen Computerspezialisten vorbehalten bleibt. Vielen Ingenieuren ist heute der Computer als Hilfsmittel zur Erfüllung ihrer Aufgaben ein ebenso alltägliches Werkzeug geworden, wie es früher der Rechenschieber war.

Manchem Ingenieur oder Naturwissenschaftler fehlen jedoch die notwendigen Kenntnisse und Erfahrungen für eine computergerechte Lösung seiner Probleme. Der Besuch eines FORTRAN-Kurses allein bietet hierzu keine genügende Grundlage mehr.

Seit 1974 bietet deshalb das Schweizer Kapitel der Association for Computing Machinery (ACM) mit einer Reihe von Kursen und Seminaren den in der Industrie tätigen Ingenieuren die Möglichkeit, ihre Kenntnisse in Informatik zu erweitern. Das vorliegende Werk ist aus dieser Reihe entstanden. Es wendet sich gleichermaßen an Studenten von Hochschulen und Ingenieurschulen und an praktizierende Ingenieure. Es setzt eine gewisse Programmiererfahrung voraus: die Autoren erwarten vom Leser die Kenntnis einer Programmiersprache.

Das Buch ist keine Enzyklopädie, eine umfassende Behandlung des Fachgebietes Informatik ist in diesem Rahmen nicht möglich. Die Autoren haben sich zum Ziel gesetzt, dem Leser eine Auswahl von — nach ihrem Ermessen — für den angesprochenen Leserkreis wichtigen Themen zu bieten.

Ich danke den Autoren für die ausgezeichnete Zusammenarbeit. Ich danke den Herren Jean-Louis Bonnet und Christian Jenny, Präsident und Vizepräsident des Schweizer Kapitels, für ihre wertvolle Hilfe mit Rat und Tat. Ich danke dem Springer-Verlag für die Bereitschaft und das Interesse, unsere Vorträge als Buch zu veröffentlichen und damit einem breiteren Interessentenkreis zugänglich zu machen.

Hamburg und Zürich, September 1979   François Louis Nicolet

Autorenverzeichnis

Prof. Dr. Walter Gander
Neutechnikum Buchs, Ingenieurschule
CH-9470 Buchs

Prof. Dr. Peter Läuchli
Institut für Informatik
ETH-Zentrum
CH-8092 Zürich

PD Dr. Jakob S. Vogel
IBM (Schweiz)
General Guisan Quai 26
CH-8002 Zürich

Prof. Dr. Carl August Zehnder
Institut für Informatik
ETH-Zentrum
CH-8092 Zürich

Prof. Dr. Jürgen Harms
Centre Universitaire d'Informatique
24 rue Général Dufour
CH-1211 Genève 4

François Louis Nicolet
PHILIPS Medical Systems
CH-8027 Zürich

Inhaltsverzeichnis

1.	**Einführung** (C.A. Zehnder)	1
1.1	Datenbedürfnisse und ihre Befriedigung	1
1.2	Ein einfaches Datenverarbeitungssystem als Denkmodell	2
1.3	Probleme und ihre Lösung	3
1.4	Schwergewichte der Informatik	5
1.5	Schnelle technische Neuerungen	7
1.6	Nutzen und Aufwand	9
1.7	Spezialisten und Anwender	10
2.	**Betriebssysteme** (J. Harms)	12
2.1	Aufgaben und Funktionen von Betriebssystemen	12
	2.1.1 Einleitung	12
	2.1.2 Das Betriebssystem als Mittler zwischen Benutzer und Maschine	13
	2.1.3 Das Betriebssystem als Verwalter der Maschine	19
2.2	Betriebsarten	22
	2.2.1 Historische Entwicklung	22
	2.2.2 Maschinen ohne Betriebssystem, einfache Betriebssysteme	23
	2.2.3 Stapelbetrieb	24
	2.2.4 Dialogbetrieb	26
	2.2.5 Echtzeitbetrieb	28
	2.2.6 Betrieb mit mehreren Benutzern	29
2.3	Datenverwaltung	35
	2.3.1 Dateien	35
	2.3.2 Programme	38
3.	**Programmieren** (P. Läuchli)	41
3.1	Einleitung	41
3.2	Einführung des Leitbeispiels	41
3.3	Die Elemente einer Programmiersprache	43
	3.3.1 Verwaltungsteil	44
	3.3.2 Aktionsteil	46
	3.3.3 Unterprogramme	48
	3.3.4 Strukturart „File"	50
3.4	Fortsetzung des Leitbeispiels	51
	3.4.1 Das Detailprogramm	51

		3.4.2 Bemerkungen zur Verifikation	54
		3.4.3 Zahlenbeispiel.	55
	3.5	Allgemeine Bemerkungen zur Programmierung	55
		3.5.1 „Allgemeinheitsgrad" eines Programms	56
		3.5.2 Rechenzeit contra Speicherplatz.	56
		3.5.3 Darstellungsprobleme.	56
	3.6	Literatur zu Kapitel 3.	57

4.	**Daten** (C.A. Zehnder).	58
4.1	Vom Zeichen zur Datei.	58
4.2	Sequentielle Datenverarbeitung	61
4.3	Einfache Speicherstrukturen	63
4.4	Zusammengesetzte Speicherorganisation	66
4.5	Optimierungsüberlegungen	70
4.6	Datenbanken	71
4.7	Datenschutz und Datensicherheit	73
4.8	Literatur zu Kapitel 4.	75

5.	**Sprachen und Compiler** (F.L. Nicolet).	76
5.1	Höhere Programmiersprachen	76
5.2	Compiler	77
5.3	Eigenschaften von Sprachen	78
5.4	Formale Sprachen	78
5.5	Scanner.	79
5.6	Produktionssysteme.	80
5.7	Erzeugung von Zahlen	81
5.8	Analyse	82
5.9	Reguläre Syntax	84
5.10	Zustandstabellen.	85
5.11	Automaten.	86
5.12	Syntaxgraphen	86
5.13	Parser.	88
5.14	Arithmetische Ausdrücke	90
5.15	Stapelautomat	92
5.16	Code-Erzeugung	99
5.17	Verallgemeinerung.	101
5.18	Literatur zu Kapitel 5.	101

6.	**Numerik** (W. Gander).	103
6.1	Das Rechnen in endlicher Arithmetik	103
6.2	Nichtlineare skalare Gleichungen	109
6.3	Lineare Gleichungssysteme	114
	6.3.1 Gleichungssysteme mit vollbesetzter unsymmetrischer Matrix	114

	6.3.2 Gleichungssysteme mit symmetrischer positiv definiter Matrix.	118
	6.3.3 Gleichungssysteme mit Bandmatrizen	118
	6.3.4 Schwach besetzte Matrizen	121
	5.3.5 Einfluß der Rundungsfehler bei linearen Gleichungssystemen	121
	6.3.6 Nachiteration	122
6.4	Ausgleichsrechnung (Methode der kleinsten Quadrate)	122
	6.4.1 Die Normalgleichungen.	123
	6.4.2 Die Householdfaktorisierung	124
	6.4.3 Programmierung der Householdfaktorisierung.	125
	6.4.4 Pseudoinverse und Inverse der Normalgleichungsmatrix.	128
6.5	Interpolation und Extrapolation.	128
	6.5.1 Die Baryzentrische Formel	129
	6.5.2 Aitken-Neville-Interpolation	130
	6.5.3 Extrapolation zum Schritt $h = 0$.	131
6.6	Spline-Interpolation.	136
6.7	Literatur zu Kapitel 6.	139
7.	**Simulationstechnik (J.S. Vogel)**.	141
7.1	Generelle Aspekte	141
7.2	Formalismus und Syntax moderner Simulationssprachen	143
	7.2.1 Merkmale moderner Simulatoren	143
	7.2.2 Mathematische Formulierung.	143
	7.2.3 Eingabesprache.	144
	7.2.4 Funktionsblöcke	144
	7.2.5 Struktur, Daten und Kontrollbefehle.	149
7.3	Strukturierung von Modellen, dynamische Laufkontrolle	155
7.4	Benutzerfunktionen.	158
7.5	Integration.	163
	7.5.1 Implizite und explizite Integration	163
	7.5.2 Prediktor/Korrektor-Verfahren	166
	7.5.3 Integrationsmethoden mit fester Schrittlänge	167
	7.5.4 Integrationsmethoden mit variabler Schrittlänge	167
	7.5.5 Auswahl einer Integrationsmethode	168
7.6	Implizite Funktionen (Algebraische Schleifen)	169
7.7	Partielle Differentialgleichungen.	170
7.8	Randwertprobleme, Optimierung, Identifikation.	173
	7.8.1 Randwertprobleme	173
	7.8.2 Optimierung.	174
	7.8.3 Identifikation.	176
7.9	Stochastische Prozesse	176
	7.9.1 Erzeugung von Zufallszahlen.	176
	7.9.2 Umformung gleichverteilter Zufallszahlen in solche mit anderer Verteilungsfunktion.	177

7.10 Testen von Programmen, zeitliche Fragen. 180
7.11 Literatur zu Kapitel 7. 181

Sachverzeichnis. 183

1. Einführung

Von C.A. Zehnder

1.1 Datenbedürfnisse und ihre Befriedigung

Elektronische Geräte der verschiedensten Art sind in den letzten Jahren überallhin vorgedrungen; wir begegnen ihnen im täglichen Leben laufend:
— in der Technik: in Meßgeräten, in Steuerungen (von der Uhr zum Automotor!), in Sicherungssystemen etc.
— im administrativen Bereich: Computereinsatz in Banken und beim Reservieren von Flugbilletten, Büroautomatisierung, Fernmeldewesen etc.
— im kulturellen Bereich: Fernsehen und die übrige „Unterhaltungselektronik".

Diese Vielzahl von Anwendungen der Elektronik sprengt vorerst jede Systematik, insbesondere wenn Geräte und technische Realisierungen im Vordergrund stehen. Jeder Ingenieur hat in irgendeiner Form schon längst Kontakte mit der Elektronik aufgenommen. Dennoch will das vorliegende Buch versuchen, gerade auch dem Ingenieur *Zusammenhänge* aufzuzeigen, welche hinter den Anwendungen stehen. Damit soll der Leser instandgesetzt werden, verschiedenste Erscheinungsformen dieser schnellebigen Technik einzuordnen und zu verfolgen.

Die Hauptaufgabe der Geräte, die hier interessieren, ist die Verarbeitung und Speicherung von Daten in irgendwelcher Form. *E*lektronische *D*aten-*V*erarbeitungs-Maschinen *(EDV-Anlagen)* oder *Computer* sind dabei die leistungsfähigsten und am allgemeinsten verwendbaren Geräte dieser Art. Auf sie sind die verschiedenen Kapitel dieses Buches primär ausgerichtet. Viele Aussagen gelten jedoch durchaus auch für andere elektronische Geräte, der daran speziell interessierte Leser sei aber zusätzlich auf die Spezialliteratur verwiesen.

Was sind Daten, was sind Computer?
— *Daten* sind Aussagen über einen bestimmten realen Sachverhalt (Bsp. Personenname, Hausnummer, Haarfarbe, Kontostand, Anzahl Kinder, Siedetemperatur etc.). Ein Einzeldatum (z.B. „SCHWARZ", „100") gehört dabei zusammen mit einer Kenntnis darüber, wie es interpretiert werden muß (z.B. Personenname *oder* Haarfarbe, Siedetemperatur in °C). Ein solches „Einzeldatum" ist aber allein noch ohne Aussagefähigkeit; erst die Zusammensetzung mehrerer Einzel-Daten bedeutet etwas (Bsp. „Die Siedetemperatur von Wasser ist 100°C.").
— *Computer* sind Geräte, welche einen geeigneten Satz von Daten aufnehmen und selbständig (automatisch) nach Bedarf in gewünschter Form und zu gewünschter Zeit wieder reproduzieren können.

Dabei können Umformungs- und Speicherfähigkeit eines Computers je nach Typ in weiten Grenzen variieren.

Damit läßt sich ganz grundsätzlich die Arbeitsweise von Computern (großen und kleinen!) darstellen.

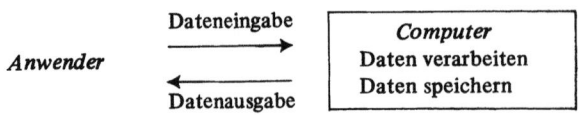

Abb. 1.1. Anwender und Computer

In Abb. 1.1 wird deutlich, daß der Computer ein *eigenständiger* Partner des Anwenders (insbesondere des Menschen) sein kann. Der Anwender ist allerdings Ausgangspunkt und Ziel aller Tätigkeiten, der Computer ist nur Hilfsmittel. Und wie für jedes andere Instrument steht bei seinem Einsatz das *erwünschte Resultat* (= Datenausgabe) im Vordergrund. Anschließend folgt die Überlegung, *wie* dieses Resultat erreicht werden kann und *welche Unterlagen* (= Dateneingabe) dafür nötig sind. Da der Computer ein höchst leistungsfähiges Instrument ist, ist das Angebot an verfügbaren Lösungswegen oft nicht nur attraktiv, sondern verwirrend. Das Problem besteht daher darin, einen *guten, gangbaren Lösungsweg* zu finden.

1.2 Ein einfaches Datenverarbeitungssystem als Denkmodell

Es ist anschaulich und entspricht weitgehend der Realität, den Computer als „Gesprächspartner" zu verstehen und in einem Modell seine wichtigsten Funktionen mit einigen elementaren Bauteilen zu identifizieren. Trotz dieser Vereinfachung ist es später ohne Probleme möglich, das Modell analog auch für kompliziertere und neue Geräte und Funktionen zu benützen.

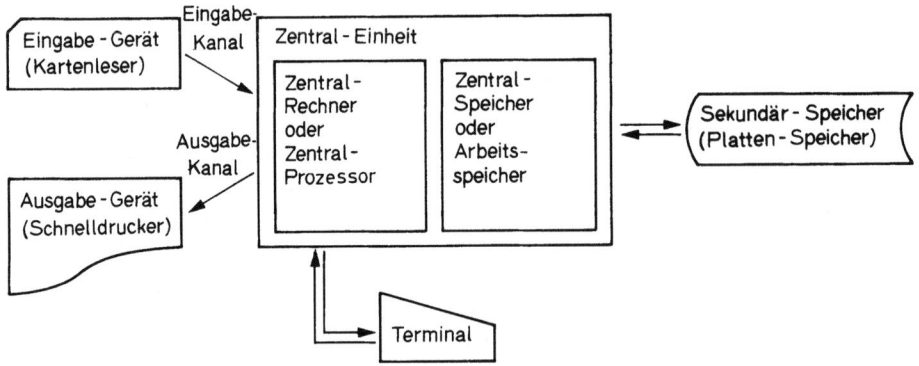

Abb. 1.2. Einfache EDV-Anlage, Computer

Das Computer-Modell in Abb. 1.2 besteht aus
— einer *Zentraleinheit* mit *Zentralrechner* (central processor, central processing unit (CPU)) und *Zentralspeicher* (central memory; auch Arbeitsspeicher oder Hauptspeicher genannt),

- aus zusätzlichen Speichermedien, den *Sekundärspeichern* (secondary storage devices) oder Massenspeichern und
- *Ein- und Ausgabe-Geräten* (input-output devices), z.B. Kartenleser, Schnelldrucker oder Terminals, welche über *Datenkanäle* mit der Zentraleinheit verbunden sind.

Ein *Computer-Prozeß* ist ein Arbeitsablauf des Computers. Dabei werden *alle Tätigkeiten* des automatischen Systems *vom Zentralrechner aus gesehen und organisiert*; der Zentralrechner liest Daten ein (vom Eingabegerät), schreibt Resultate (auf das Ausgabegerät), notiert bzw. benützt Zwischenergebnisse (im Arbeitsspeicher) und größere Mengen von Archivdaten (im Sekundärspeicher). Alle geschilderten Tätigkeiten folgen einer vorbereiteten Arbeitsanweisung, dem *Programm*.

Ein Computer ist im allgemeinen ein Vielzweckgerät, d.h. er läßt sich ohne technische Änderungen *für eine Vielzahl von Anwendungen* einsetzen. Die Spezialisierung auf die einzelnen Anwendungen geschieht durch einzelne Programme. Jedes Programm macht den Vielzweckcomputer zum Spezialgerät für einen bestimmten Zweck und solange das entsprechende Programm im Einsatz steht. Da auch die Programme computerintern gespeichert werden – und gleich wie andere Daten somit durch den Computer selber bearbeitet werden können – ist der Flexibilität des Computers über Programm-Modifikationen fast keine Grenze gesetzt.

Nicht alle Funktionen elektronischer Komponenten müssen allerdings laufend neuen Bedürfnissen angepaßt werden. Neben dem frei programmierbaren Computer und insbesondere seiner Zentraleinheit gibt es daher auch *fest* vorprogrammierte Geräte (sog. „verdrahtete Logik"), z.B. in Steuerungen von Haushaltmaschinen, aber auch in Datenverarbeitungsgeräten mit immer gleichbleibendem Einsatz, wie *Datenerfassungsstationen*, Druckern etc. Eine solche feste Logik gehört vollständig zum Gerät, das damit gesteuert wird; der Benutzer muß sich nicht mehr darum kümmern.

Demgegenüber ist der Computer für verschiedenste Verwendungen offen. Sein Geräteteil *(Hardware)* ist für den Einsatz durch eine Programmlogik *(Software)* zu ergänzen, welche ihrerseits aus dem *Betriebssystem* und den *Anwendungsprogrammen* besteht. Das Betriebssystem wird normalerweise durch den Hardware-Hersteller mitgeliefert; Hardware und Betriebssystem bilden ein Ganzes – das *Computer-System*. Der Computer-Anwender seinerseits ist normalerweise für die Erstellung der Anwenderprogramme verantwortlich, womit der Computer erst eigentlich zum Einsatz gelangen kann.

1.3 Probleme und ihre Lösung

Bevor allerdings eine Computer-Anwendung produktiv wird, sind Entwicklungsarbeiten nötig, die mit dem Begriff „EDV-Projekt" bezeichnet werden. Ein *EDV-Projekt* umfaßt alle Tätigkeiten, die für die Entwicklung einer EDV-Anwendung von der Lösungs-Idee bis zum Austesten der Programme und der Vorbereitung ihrer Anwendung nötig sind. Ein EDV-Projekt hat einen *Anfang* (bei Auftragserteilung) und ein *Ende* (normalerweise Übergabe aus Entwicklungs- und Anwendungsphase) und erfordert eine systematische Betreuung.

Nach erfolgreichem Abschluß der Entwicklungsarbeiten kann die Anwendung beginnen, aus dem EDV-Projekt wird damit die *EDV-Anwendung* oder *EDV-Applikation*. Erst dieser Endzustand bringt Nutzen; daher muß jede Entwicklungsarbeit sich an der künftigen Anwendung orientieren.

Für das Vorgehen bei der Entwicklung eines EDV-Projektes hat sich eine bestimmte Methodik und Terminologie als zweckmäßig erwiesen; Abb. 1.3 zeigt die Einzeltätigkeiten als Funktion der Zeit.

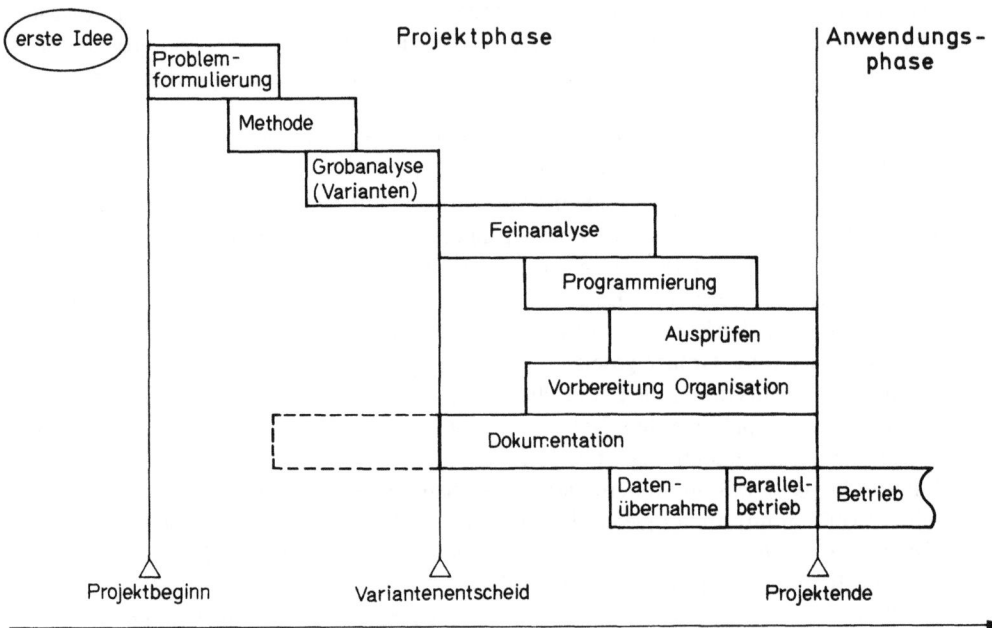

Abb. 1.3. EDV-Projekt-Entwicklung

Diese Art des Vorgehens ist selbstverständlich ähnlich zu vielen anderen Entwicklungstätigkeiten, wie sie jedem Ingenieur wohlbekannt sind. Daher soll an dieser Stelle auch nicht detailliert auf alle einzelnen Tätigkeiten der Projekt-Entwicklung eingegangen werden. Auf einige EDV-typische *Begriffe* sei aber hingewiesen:

— *Grobanalyse:* Damit werden sowohl Aufnahme des Ist- und Soll-Zustands wie auch deren Analyse und die Entwicklung grober Lösungsvorschläge (Varianten) umschrieben. Als Ergebnis der Grobanalyse sollen einer Entscheidungsinstanz Varianten zum Entscheid unterbreitet werden. Da auch der Ist-Zustand üblicherweise als Variante aufzufassen ist, kann der Variantenentscheid bei teuren oder problematischen Lösungsvorschlägen auch zum Abbruch des Projekts führen.

— *Feinanalyse:* Hier geht es um die detaillierte Entwicklung der gewählten Lösungsvariante. Dies umfaßt die eigentliche Computerseite mit Datenorganisation und Auslegung von Programmen, aber auch Umgebungsarbeiten von der Planung von Meßapparaturen bis zur Betriebsorganisation und Personalplanung.

— *Programmierung:* Während die Feinanalyse die Einzelheiten der Problemlösung klar festlegt, ist die Programmierung die eigentliche Umsetzung des Lösungskonzeptes auf

Computerfunktionen. Dabei werden nach Möglichkeiten vorhandene Lösungshilfen, Bibliotheksprogramme, Programmgeneratoren etc. eingesetzt.
- *Vorbereitung Organisation:* Meist bringt eine neue EDV-Anwendung nicht nur den Computer-Einsatz und eine Reihe von computerorientierten Arbeiten (Datenerfassung etc.), sondern sie verändert auch andere betriebliche Abläufe. Umgekehrt ist eine bestimmte Computerlösung ohne betriebliche Anpassungen vielleicht gar nicht möglich oder sinnvoll. (Der „Computer" allein löst nämlich noch keine allgemeinen Mängel einer Organisation!) Daher müssen mit dem Projekt auch alle organisatorischen Voraussetzungen bis zu technischen Anpassungen und bis zur Umschulung von Personal geschaffen werden.
- *Dokumentation* ist lebenswichtig für die künftige EDV-Anwendung, aber unbeliebt bei entwicklungsorientierten Projekt-Mitarbeitern. Sie soll daher laufend und nach einfachen Regeln parallel zu den anderen Arbeiten erstellt werden.
- *Projektende* und *Arbeitsbeginn der Anwendungsphase* fallen zusammen. Daher muß an dieser *Übergabestelle* eine systematische Überprüfung von Qualität und Vollständigkeit des Projekts eingeschaltet werden. Ohne erfolgreiche Absolvierung der Kontrollen darf keine EDV-Anwendung freigegeben werden.
- *Betrieb der EDV-Anwendung:* Verschiedene Störfaktoren (Fehler, sich ändernde Bedürfnisse, Wechsel beim Computer-System usw.) bedingen auch nach Inbetriebnahme eine ständige Wartungsbereitschaft. Dabei sollten aber insbesondere größere Änderungen ihrerseits wieder als eigenes Projekt verstanden und durchgeführt werden.

An einem *Beispiel* seien einzelne Projektphasen (Abb. 1.3) nochmals kurz beleuchtet. Ein Verkehrsknoten soll mit einer computergestützten Verkehrsregelungsanlage ausgestattet werden. „Projektbeginn" ist hier die Auftragserteilung an den Ingenieur zur Entwicklung eines Vorprojektes mit Lösungsvarianten („Grobanalyse"). In der „Feinanalyse" werden Signalpläne entwickelt, welche in der „Programmierung" auf die Hardware des Systems übertragen werden. Zur „Organisation" gehören hier die baulichen Anpassungen an Ampeln, Straßenmarkierungen etc., zum „Ausprüfen" eigentliche Testläufe z.B. nachts. Die „Datenübernahme" entfällt für dieses Beispiel, während die „Abnahmekontrollen" analog zu jedem technischen Projekt ablaufen.

Die Projekt-Durchführung ist vor allem bei größeren Projekten eine Aufgabe, die selber Anlaß zu eingehenden Studien bietet. Es gibt dafür verschiedene Organisationshilfen, worüber Literatur und EDV-Beratungsfirmen Auskunft geben können.

1.4 Schwergewichte der Informatik

Ein so leistungsfähiges, flexibles, anspruchsvolles und das menschliche Denken ergänzendes Instrument, wie es der Computer darstellt, wird natürlicherweise selbst zum Gegenstand der Forschung. Umgekehrt bringen die Erkenntnisse solcher Forschungstätigkeiten direkten und indirekten Nutzen für alle Anwender eines Computersystems. Daher ist auch für den Anwender die Begegnung mit der Wissenschaft im Bereich informationsverarbeitender Maschinen, der *Informatik,* von Interesse.

Das vorliegende Buch überstreicht in seinen verschiedenen Kapiteln eine ganze Palette von Informatik-Teilbereichen. Im folgenden sei dieser Rahmen kurz abgesteckt, wobei auch einzelne Schwerpunkte hervorgehoben werden.

Computer-Systeme bilden einen ersten Problemkreis (Kap. 2). Von theoretisch einfachen und analytisch beschreibbaren Systemen („Turing-Maschinen") ist es ein weiter Weg bis zu komplexen modernen Computeranlagen, die in der *Hardware* (miniaturisierte integrierte Schaltkreise, Massenspeicher, Datenübertragungsnetze) und in ihrer *Architektur* ein Abbild 30-jähriger Entwicklungsarbeit darstellen. Diese komplizierte Hardware muß ihrerseits mit passenden *Betriebssystemen* automatisch gesteuert werden, da sonst kein vernünftiger Gebrauch von Maschinen mit ca. 10^6 Operationen pro Sekunde gemacht werden kann. Sowohl Elektronik, System-Architektur wie Bau von Betriebssystemen stellen zentrale Bereiche der Informatikforschung und -Entwicklung dar.

Die Flexibilität eines Computersystems wird durch das *Programm* gebändigt und einer Anwendung dienstbar gemacht. Damit ist das Programm der zentrale Teil jeder computergestützten Dienstleistung. Das Programm erzeugt mit Maschinenhilfe die gesuchten Ergebnisse; der *Programmierer* formuliert diesen konstruktiven Prozeß eindeutig und effizient (Kap. 3). Diese Entwurfstätigkeit — das Programmieren — verläuft allerdings auch heute noch weitgehend intuitiv. Der Programmierer weiß zwar, daß er seine Probleme zuerst im Großen gliedern und Einzelheiten erst am Schluß ausprogrammieren soll; andererseits aber ist die Qualität seiner Programme (Effizienz, Fehleranfälligkeit) sehr stark von persönlichen Faktoren abhängig. Die Forschung versucht intensiv, diese Unsicherheiten abzubauen.

Im Zentrum jeder Datenverarbeitung stehen die *Daten* (Kap. 4). Während in den frühen Entwicklungsstadien des Computers schon der Ablauf einzelner Programme zu Datenverlust und Schwierigkeiten führen konnte, erlauben moderne EDV-Anlagen die Bildung von immer größeren, komplexeren Systemen. Diese benützen zum Teil gemeinsam die gleichen zentralen Datenbestände, welche gleichzeitig verschiedenen Programmen dienen. Diese zentrale Betrachtung der Daten führte zur Konzeption und Organisation von *Datenbanken.*

Nicht nur innerhalb, sondern auch außerhalb eines Computersystems wird die Verknüpfung verschiedener Daten- und Programmsysteme immer wichtiger. Die *Kommunikation* vom Benutzer zum Computer (Fernbetrieb) und zwischen Computersystemen selber (Netzwerke) stellt ein relativ neues, rasch wachsendes Problemfeld dar.

Alle hier behandelten Probleme beziehen sich auf die „Informationsbehandlung", eine Tätigkeit, die manuell seit Jahrhunderten gepflegt wurde (Buchhaltung, Bibliothek, etc.). Aber erst der Computer brachte diese Tätigkeit zu einer solchen Entfaltung, daß man sich systematisch mit ihrer Beschreibung und Instruktion befassen mußte. Daher gibt es heute eine eigene Disziplin der Programmier- und Daten-*Sprachen* und deren automatischen *Übersetzung* (Kap. 5). Diese Sprachen haben nicht nur technische Bedeutung, sondern beeinflussen gleichzeitig die Art und Produktivität des Programmierens.

Die Fähigkeit des Computers, Multiplikationen, Fallunterscheidungen etc. in Mikrosekunden durchzuführen, genügt noch nicht, schwierige mathematische Ingenieurprobleme (Differentialgleichungssysteme, Optimierungen etc.) zu lösen. Ein Zweig der angewandten Mathematik, die *Numerik* (Kap. 6), bearbeitet dieses Zwischengebiet, das die Leistungsfähigkeit des Computers im technischen Bereich überhaupt erst nutzbar macht. Probleme der Numerik liegen in der Geschwindigkeit der untersuchten Verfahren, insbesondere aber auch in deren Genauigkeit und Stabilität (bei kritischen Fällen).

Der Computer arbeitet mit (nahezu) nichtmateriellen Größen und ist daher bestens zur *Simulation* (Kap. 7) von Situationen aus der Realität geeignet, deren direkte experimentelle Darstellung zu teuer, zu spät oder nicht möglich wäre. Die Simulation ist in verschiedensten Anwendungsbereichen zu einem sehr leistungsfähigen Experimentier-Ersatz geworden.

In verschiedenen *Anwendungsgebieten* hat sich der Computer-Einsatz seit Jahren als ganz spezielles Instrument installiert und weiterentwickelt. Das gilt für die Regelungstechnik (Prozeß-Computer), für die Medizin (medizinische Informatik), für Büro und Verwaltung (kommerzielle Datenverarbeitung, Büroautomation, mittlere Datentechnik etc.). Auch wenn hier auf solche speziellen Anwendungen nicht systematisch eingegangen wird, so darf dieser wichtige Bereich interdisziplinärer Tätigkeit in der Informatik nicht übersehen werden.

Alle geschilderten Bereiche der Informatik bezogen sich auf handfeste Probleme computertechnischer, methodischer oder anwendungsorientierter Art. Daneben hat sich vor allem im akademischen Bereich eine *theoretische Informatik* entwickelt. Sie beschäftigt sich mit grundsätzlichen Fragen der Berechenbarkeit und der Komplexität von Problemen, mit der Darstellung (Graphen) und der Beschleunigung logischer Prozesse und mit dem gesamten Grenzbereich zwischen logischen Schaltungen (also Computern) und der Mathematik. Wie bei jeder reinen Forschungstätigkeit sind auch aus dem Bereich der theoretischen Informatik die nutzbaren Ergebnisse für die Praxis nicht auf Bestellung zu erwarten; langfristig ist aber die Zusammenarbeit von großer Wirkung.

Die Bemerkungen dieses Abschnittes beanspruchen keine Vollständigkeit. Sie sollen dem Leser zeigen, wo etwa Forschungs- und Entwicklungsschwerpunkte liegen und welche Nachbargebiete mit der Informatik heute interdisziplinär verbunden sind. Dabei werden sich diese Gewichte relativ rasch wieder verschieben, wie dies für ein junges Gebiet wie die Informatik typisch ist.

1.5 Schnelle technische Neuerungen

Die große Mobilität des Fachgebietes Informatik äußert sich für den potentiellen Computerbenutzer in einer Form, die ihn zum Teil positiv überrascht, zum Teil aber befremdet und sicher verunsichert. Der Benutzer ist nämlich interessiert und darauf angewiesen, *marktgängige Produkte* zu benutzen. Das gilt für zentrale Computer-Hardware, Software und Spezialgeräte. Wenn nun in wenigen Jahren ganze Gebiete (z.B. Mikrocomputer) neu hinzukommen oder Preise auf Bruchteile hinunterfallen (Speicher, Kleinrechner), so muß der nicht spezialisierte Beobachter bei irgendwelchen Entscheiden (Neuanschaffungen, Ausbau) in Schwierigkeiten geraten.

Eine erste Quelle für Ratschläge ist natürlich „der Computer-Fachmann". Bei großen Entscheiden lohnt sich das *Beiziehen von qualifizierten Beratern* in geeigneter Form auf jeden Fall. Trotzdem bleibt aber eine Unsicherheit bestehen, die durch die weitverbreiteten Propheten („Es werden bald noch bessere, raffiniertere und preiswertere Maschinen kommen!" und „Die Mikrocomputer werden bald soviel können wie die Großcomputer!") noch vergrößert wird. Gibt es in dieser unsicheren Situation Sicherheit?

Es ist im Rahmen dieser Einführung nicht möglich, das Problem der raschen technischen Entwicklung gründlich zu behandeln. Daher seien drei Aspekte stellvertretend erwähnt, der von einer Entscheidung betroffene *Zeitraum,* das *Baukastensystem* und die Bedeutung der *Mikrocomputer.*

Zeitraum: Die wichtigsten Entscheide im EDV-Bereich betreffen normalerweise nicht den Computer selber (auch wenn dort meist die größten Geldsummen direkt sichtbar werden). Weitaus wichtiger sind die grundlegenden Entscheide, die Betriebsstruktur so umzustellen, daß Computerlösungen darin funktionieren können (z.B. Produktionsplanung, automatische Entwurfsysteme, Datenbanken). Diese *organisatorischen* Entscheide gehen der gesamten Unternehmung direkt an den Lebensnerv und bedeuten langfristige Weichenstellungen. Demgegenüber sind Beschaffungen von größeren Computersystemen auf einige Jahre ausgerichtet; eine Zentraleinheit wird meist im Zeitraum von 5 bis 10 Jahren wieder ersetzt. Und auch auf der *EDV-Seite* darf die Hardware nicht überbewertet werden, weil im Laufe der Zeit sehr große Aufwendungen in die Software hineingesteckt werden. Wegen dieser Software ist es auch normalerweise nicht empfehlenswert, alle zwei Jahre die Hardware gegen ein neueres Modell auszutauschen. Fazit: Die Hardware ist nur ein Element im gesamten EDV-Bereich und nicht das wichtigste; es lohnt sich daher nicht, kleinen Vorteilen nachzujagen, wenn damit größere Nachteile verbunden sind, wie Instabilität, Verlust an Software-Entwicklungen etc.

Baukastensystem: Seit den sechziger Jahren besteht ein Computersystem aus einem ganzen „Baum" von Komponenten, die wie Bausteine zu einer Gesamt-*Konfiguration* zusammengesetzt werden. Nun sind zu einem bestimmten Zeitpunkt logischerweise nicht alle Komponenten eines Herstellers auf dem gleichen technischen Entwicklungsstand. Und da neuerdings nicht nur die Geräte *eines* Herstellers miteinander weitgehend technisch *kompatibel* sind, ist es oft günstiger, ein Computersystem nicht einfach von einem Hersteller vollständig zu kaufen. Gewisse Elemente (z.B. die Terminalstationen oder einzelne periphere Speicher) werden von Fremdherstellern bezogen, andere Komponenten nur gemietet etc. Damit lassen sich Kosten und die Gefahr, rasch zu veralten, reduzieren. Allerdings ist bei solchen gemischten Systemen eine Vorsichtsmaßnahme gerade für jene Firmen wichtig, die noch keine sehr große Computererfahrung haben: Sie brauchen einen zentralen Partner, einen „Generalunternehmer", für ihr Computersystem. Meist ist das der Lieferant der Zentraleinheit. Fehlt dieser zentrale Partner, so ist im Baukastensystem die Fehlerbehebung bei irgendwelchen Schwierigkeiten eine dornenvolle Angelegenheit.

Mikrocomputer: Die Elektronik-Industrie hat in den letzten Jahren Logik- und Speicher-Komponenten in Halbleitertechnik hervorgebracht, die es gestattet, echte Computer in Handtaschengröße und für kleine Bruchteile des Preises herkömmlicher Computersysteme zu fabrizieren. Die Arbeitsgeschwindigkeiten („Zykluszeiten") sind dabei den Großcomputern vergleichbar — kein Wunder bei gleicher Schalttechnik! Soll der Benutzer daher auf Mikrocomputer umsteigen? Die Faszination der Mikroelektronik hat in den letzten Jahren den Blick für die *Vorteile des Großcomputers* verschleiert: Seine Stärke ist die *Flexibilität*, da er *von allen Komponenten „genügend"* hat und seinen Kunden laufend in *optimaler Mischung* die benötigten Komponenten zur Verfügung stellt. Selbstverständlich benötigt diese Optimierung einigen Verwaltungsaufwand. Die kleineren Systeme können nicht parallel unter verschiedenen Kunden ausgleichen und Komponenten gleichmäßig auslasten; sie sind *für spezielle Anwendungen* ausgelegt und genau für diese daher auch sehr rationell.

Am extremsten ist die Spezialisierung beim Einsatz von Mikrocomputern oder gar von einzelnen Hardware-Komponenten wie Speicher, Logik-Bausteinen etc. Hier wird hardware-mäßig („verdrahtet") die Lösung *eines* Problems aufgebaut. Und das bedeutet den Verzicht auf jene Flexibilität, die vor über 30 Jahren mit der Erfindung des speicherbaren Programms den Computer zu dem gemacht hat, was er ist. Natürlich beginnt nun auch auf Mikrocomputer-Ebene eine — noch sehr beschränkte — Programmiertechnik. Aber die meisten Programmierhilfen großer Systeme fehlen; der Programmierer des Mikrocomputers arbeitet mit Techniken, die auf dem Großcomputer vor 20 Jahren üblich waren (Maschinenprogrammierung, Assembler).

Fazit: Die technischen Leistungsdaten und der Hardwarepreis allein sind nicht genügend für Entscheide; Klein- und Spezialgeräte sind sehr zweckmäßig und rationell für Spezialanwendungen, wo sie gut ausgenützt werden; der Entwicklungsaufwand muß mitberücksichtigt werden.

Der Leser kann aus diesen Erläuterungen deutlich sehen, daß auch die schnelle technische Entwicklung nicht alle bisherigen Konzepte außer Kraft setzt. Aber die neuen Techniken erlauben, spezielle Probleme, welche in großer Zahl auftreten (man denke an Meßapparaturen, Registrierkassen, Schreibautomaten etc.) wesentlich besser und preiswert zu lösen. Es lohnt sich daher, für Entwicklungen offen zu bleiben, ohne das Existierende sofort als überholt zu betrachten.

1.6 Nutzen und Aufwand

In den bisherigen Überlegungen wurde die Bedeutung sinnvoller und wirtschaftlicher Computer-Lösungen schon mehrfach angedeutet. Leider sind in der Vergangenheit oft auch Computer-Anwendungen mit viel Optimismus realisiert worden, die mehr Schaden als Nutzen gestiftet haben. Was darf man jedoch vom Computer-Einsatz erwarten?

Der Computer ist ein *Automat*. Damit ist bereits angedeutet, daß in erster Linie gleichförmige, häufige und wenig attraktive Schreib- und Registraturarbeiten einer Computerlösung am besten angemessen sind. Allerdings braucht diese Grundregel sofort einige Ergänzungen:

— Die *organisatorischen Voraussetzungen* für einen Computer-Einsatz müssen ebenfalls gegeben sein, also z.B. klare und ständige Weisungen für administrative Arbeiten, möglichst gleichartige *Verfahren* in verschiedenen Abteilungen (was aber keineswegs heißt, daß damit auch die *sachlichen Entscheidungskompetenzen* zentralisiert werden müßten, im Gegenteil!).

— Die computergestützten Lösungen müssen nicht nur der Maschine entgegenkommen, sondern *den Menschen echt entlasten*. Bei schlechten Lösungen wird zwar dem bisherigen Sachbearbeiter ein Teil der Arbeit abgenommen, der verbleibende Teil aber ist sehr unattraktiv und macht den Menschen zum Knecht der Maschine. Man hat übrigens längst erkannt, daß der Computer nicht in erster Linie menschliche Arbeitskräfte ersetzen kann (nicht einmal in der Hochkonjunktur, als dies dringend erwünscht war!), der Computer kann aber die menschliche Arbeitskraft für den bestmöglichen Einsatz freimachen. Und dieses Ziel ist wirtschaftlich und ethisch von hohem Wert.

— Die Computerlösung muß *wirtschaftlich* sein. Selbstverständlich zählen hier nicht allein kurzfristige Geldbeträge. Aber ebenso falsch ist es, Lösungen aus Prestige- oder anderen Gründen zu wählen, deren Wirtschaftlichkeit nicht gegeben ist. Allzuviel hängt nämlich von den Organisationsentscheiden ab, welche im Zusammenhang mit dem Computerentscheid nötig sind.

Die großartige Entwicklung des Computers in den letzten Jahrzehnten hat diesen für immer neue Anwendungen nutzbar gemacht. Es lohnt sich daher, immer wieder *neue* mögliche Einsatzgebiete in Computerentwicklungen einzubeziehen. Die Nutzen-/Aufwand-Analyse darf aber nicht umgangen werden.

Computeranwendungen sollten aber anderseits nicht nach zu engen wirtschaftlichen Maßstäben beurteilt werden. Das gilt in mehreren Beziehungen:
- *Kosten der Computerbenutzung:* Ein neuer Computer hat meist noch weniger zahlende Anwender als ein länger installiertes System. Dennoch sollte auch den ersten Kunden ein mittlerer Benutzungspreis belastet werden.
- *Kosten der Projektentwicklung:* Diese sind über eine vernünftige Zeitdauer, meist ein paar Jahre, abzuschreiben.
- *Nutzen der Anwendung:* Hier sind die direkten Einsparungen, die nicht notwendig werdenden Mehraufwendungen und auch die indirekten Vorteile realistisch abzuschätzen. Für den Vergleich mit den Kosten darf der Nutzen mehrerer Jahre kumuliert werden, aber nicht über einen Zeitraum von 5, max. 10 Jahren hinaus.

Allzuleicht spiegeln Kosten/Nutzen-Vergleiche die Grundhaltung des Projektbearbeiters, sei es Optimismus oder Pessimismus, gegenüber der vorgesehenen Computeranwendung. Daher ist es wichtig, Abschätzungen in möglichst klarer Form zu geben, so daß sie von anderen Stellen überprüft werden können.

1.7 Spezialisten und Anwender

Seit der Computer ein anerkanntes Instrument für viele technische und administrative Aufgaben geworden ist, sind auch Personen Computer-Benutzer geworden, die sich keineswegs für die technischen Details dieses Instruments interessieren wollen. Diese Personen bilden heute sogar weitaus die Mehrheit. Ihnen gegenüber stehen die Spezialisten, insbesondere die Analytiker-Programmierer, die System-Programmierer, die Hardware-Ingenieure, die Operatoren, das Datenerfassungspersonal.

Analytiker und Programmierer bearbeiten EDV-Projekte (vgl. Abschnitt 1.3). Je nach Anwendungsbereich stammt der Analytiker eher aus einer technischen oder aus einer administrativ-ökonomischen Grundausbildung, ist also Ingenieur, Techniker, Organisator, Betriebsfachmann, Ökonom etc. Dieser Analytiker besorgt anschließend auch die Programmierung und/oder übergibt einzelne Teile speziellen Programmierern. Während in den sechziger Jahren der „reine Programmierer" häufig vorkam, hat sich in den letzten Jahren gezeigt, daß auch der Programmierer etwas von der Anwendung verstehen sollte; immer mehr schmelzen daher Analytiker und Programmierer zusammen. Dabei bestehen verschiedene Aufstiegsmöglichkeiten, insbesondere zum Projektleiter und zum EDV-Koordinator für große Anwendungen.

System-Programmierer betreuen das Betriebssystem, also die zentrale Software eines Computers. Sie arbeiten an den empfindlichsten und am höchsten entwickelten Software-Teilen, unterstützen damit den reibungslosen Ablauf aller anderen Programme, und müssen bei Fehlern und Schwierigkeiten das komplexe Computersystem zusammen mit den Hardware-Leuten wieder auf die Beine bringen.

1.7 Spezialisten und Anwender

Hardware-Ingenieure besorgen den Unterhalt der technischen Geräte, wobei die Qualität der heutigen Elektronik zusammen mit einem vorbeugenden Unterhalt (preventive maintenance) die Maschinenunterbrüche wegen Hardwarefehlern sehr selten gemacht haben.

Operatoren bedienen das Computersystem direkt und leisten gewisse zentrale Hilfsarbeiten, wie Einspannen von Magnetbändern, von Endlospapier etc. Immer mehr versucht man aber, diese Hilfsarbeiten zu eliminieren (größere automatische Speichersysteme, Verlegen von Papierarbeiten an die Peripherie, Terminals etc.) und den Operator als hochqualifizierten Betriebschef zu sehen, der für sicheren und effizienten Betrieb der teuren Anlagen zuständig ist.

Datenerfassungspersonal (wegen der Arbeitsgeschwindigkeit meist weiblichen Geschlechts; Datentypistin, Datenschreiberin, Locherin). Sofern die Datenerfassung nicht dezentral am Entstehungsort der Daten (Registrierkasse, Meßgerät etc.) oder optisch möglich ist, stehen für das Eintippen von Daten raffiniert ausgestattete Datenerfassungsgeräte zur Verfügung. Diese Geräte dienen nicht nur dem Eintippen, sondern auch der Datenprüfung und dem Kopieren und erlauben die Benützung interner vorgespeicherter Programmhilfen.

Neben diesen überall anzutreffenden Berufen gibt es für gewisse Anwendungsbereiche natürlich wiederum „spezialisierte *Spezialisten*". Die Begriffe mögen für sich selber sprechen: Datenbank-Administrator, Magnetband-Archivar, Mikrofilm-Operator, Versand-Dienst und viele andere.

Jeder Spezialist entwickelt dabei seine eigenen *Sprachgewohnheiten,* das gilt auch — und sehr stark — für das Gebiet des Computers, wo die meisten maßgebenden Produkte aus dem englischen Sprachraum stammen. Es ist aber nicht immer wohlverstandenes Englisch, das zur eigentlichen Bildung eines Computer-Slangs geführt hat. Ein neues Gebiet braucht neue Begriffe — es wäre Unsinn, den „Computer" ausschließlich durch „Rechenautomat" ersetzen zu wollen. Begriffe wie Compiler, Stack, Dump sind technisch eindeutig und üblich. Das heißt aber nicht, daß alle Tastenaufschriften auf Terminals (Skip, Key, Character, Digit etc.) unbesehen als Fachbegriff verwendet werden sollen. Eine bessere Sprachdisziplin im Computerbereich ist wohl erst dann möglich, wenn ein „definitives" *Sachverständnis* in diesem jungen Gebiet herangereift sein wird.

Für dieses globale Sachverständnis wäre selbstverständlich auch der Nichtspezialist dankbar. Er will zwar keine allzu speziellen Einzelheiten, aber ein *Grundmuster der Computerwelt,* in welches auch neue Entwicklungen grob eingeordnet und damit gewertet werden können. Das vorliegende Buch, zusammen mit ähnlichen Publikationen und mit Kursen und Tagungen für den Anwender, möchte seinerseits dazu beitragen. Wenn hier auch Fachleute jeweils über ihre Spezialität berichten, sollten dennoch daraus die Grundkonzepte einheitlich durchscheinen.

2. Betriebssysteme

Von J. Harms

2.1 Aufgaben und Funktionen von Betriebssystemen

2.1.1 Einleitung

Dieses Kapitel soll dem Benutzer einer Datenverarbeitungsanlage zu einem besseren Verständnis der Aufgaben und der Arbeitsweise eines Betriebssystems verhelfen. Es zeigt, wie das Betriebssystem als integrierender Bestandteil einer Datenverarbeitungsanlage ihre Eigenschaften beeinflußt. Praktische Realisierungen der beschriebenen Methoden sind oft von Maschine zu Maschine verschieden. In diesem Beitrag sollen nur die gemeinsamen Prinzipien erläutert werden.

Die Befehle, die eine Datenverarbeitungsanlage ausführen kann, sind vom Hersteller festgelegt. Die Gesamtheit aller möglichen Befehle wird als „Befehlsvorrat" bezeichnet. Sein Umfang ist im allgemeinen relativ klein (maximal einige hundert Befehle). In allen klassischen Rechenanlagen sind die Befehle äußerst primitiv und entsprechen den elementaren Aktionen, welche die Hardware ausführen kann. Der Befehlsvorrat spiegelt die technische Struktur der Datenverarbeitungsanlage wider und ist den unmittelbaren Bedürfnissen der Benutzer sehr schlecht angepaßt.

Während ein Programm Daten ein- oder ausgibt, durchläuft im Normalfall der Rechenprozessor eine Warteschleife und ist unproduktiv. Solche Wartezeiten können produktiv verwendet werden, wenn währenddessen andere Programme den Rechenprozessor benutzen. Dies führt zu einem ständigen Ablösen der ausgeführten Programme. Die Hardware einer Datenverarbeitungsanlage mit einem einzigen Rechenprozessor kann aber grundsätzlich nur ein Programm ausführen. Der ständige Wechsel der Programme muß daher so durchgeführt werden, daß er wie die kontinuierliche Ausführung eines einzigen Programms erscheint. Dies verlangt komplizierte Befehlsfolgen beim Wechsel von einem Programm zum anderen. Außerdem sind komplexe Schutzmaßnahmen nötig, damit die einzelnen Programme einander nicht stören und unabhängig voneinander verschiedene Teile der Datenverarbeitungsanlage benutzen können. Die Lösung der beschriebenen Probleme geht weit über die Möglichkeiten und Kenntnisse einfacher Benutzer einer Datenverarbeitungsanlage hinaus.

Eine ideale Datenverarbeitungsanlage sollte demnach den Benutzern einen Befehlsvorrat zur Verfügung stellen, der den verschiedensten Problemen angepaßt ist. Sie sollte erlauben, daß mehrere Benutzer sich die Datenverarbeitungsanlage „teilen", das heißt, unabhängig und gleichzeitig Programme ausführen und Daten speichern. Diese Forderungen stehen in krassem Widerspruch zu den unmittelbar von der Hardware gegebenen Möglichkeiten. Betriebssysteme haben die Aufgabe, diesen Widerspruch zu beseitigen. Sie bestehen aus einem Komplex von „Systemprogrammen", die als Mittler zwischen der Hardware und den Programmen der Benutzer wirken. Der Benutzer sieht dadurch nicht mehr die durch die Hardware bedingten Eigenschaften der Datenverarbeitungsanlage, sondern vom Betriebssystem modifizierte Eigenschaften. Auf diese Art kann der Benutzeraspekt einer Datenverarbeitungsanlage den beschriebenen Anforderungen angepaßt werden.

Ein Betriebssystem ist in zwei Teile gegliedert, in den „Überwacher" (engl. „Supervisor", „Monitor", „Executive" — diese Bezeichnungen hatten ursprünglich unterschiedliche Bedeutungen, werden heute aber als Synonyme verwendet) und unabhängige Systemprogramme. Der Überwacher ist ein Systemprogramm, von dem wesentliche Teile dauernd und neben den Programmen der Benutzer im internen Speicher geladen sind. Er übernimmt alle Aufgaben, welche die Koexistenz mehrerer Benutzer und das gleichzeitige Ausführen mehrerer Programme ermöglichen. Oft wird der Überwacher mit dem Begriff „Betriebssystem" im engeren Sinne bezeichnet. Neben dem Überwacher gehören unabhängige Systemprogramme zum Betriebssystem. Diese Programme werden bei Bedarf vom Benutzer ausgeführt oder in seine Programme integriert. Zu diesen Systemprogrammen zählen unter anderem Kompilierer, Programmbinder und Hilfsprogramme zur Verwaltung von Daten.

2.1.2 Das Betriebssystem als Mittler zwischen Benutzer und Maschine

Eine der beiden wesentlichen Aufgaben von Betriebssystemen ist die Verbesserung des Benutzeraspektes von Datenverarbeitungsanlagen. Diese Verbesserung wird durch das Zusammenwirken von mehreren Vorkehrungen des Betriebssystems erreicht. Die folgenden Abschnitte beschreiben diese Vorkehrungen so, wie sie der Benutzer sieht, also in ihrer Auswirkung auf die Eigenschaften der Datenverarbeitungsanlage, auch wenn sie teilweise oder hauptsächlich der Verwaltung der Maschine dienen.

Insgesamt laufen diese Maßnahmen darauf hinaus, daß dem Benutzer eine „abstrakte Maschine" zur Verfügung gestellt wird. Deren Eigenschaften werden von der Hardware und dem Betriebssystem gemeinsam geprägt und sind von den Eigenschaften der wirklichen Maschine verschieden. Der Benutzer erstellt seine Programme für diese abstrakte, und nicht für die wirkliche Maschine. Im folgenden werden solche Programme als „Benutzerprogramme" bezeichnet.

Programmunterbrechungen

Fast alle heutigen Betriebssysteme verwenden als eine der Grundlagen der Zusammenarbeit zwischen dem Überwacher und den Benutzerprogrammen die Technik der „Programmunterbrechung" (engl. „Interrupt"). Das Verständnis ihrer Arbeitsweise ist für die weiteren Erläuterungen wichtig; deshalb soll hier kurz auf das Wesentliche der entsprechenden Elemente der Hardware einer Rechenanlage, das „Unterbrechungswerk", eingegangen werden.

Die Bedeutung von Programmunterbrechungen geht über die erwähnte Anwendung weit hinaus: sie ermöglichen ganz allgemein, daß eine Datenverarbeitungsanlage schnell auf Ereignisse reagiert, deren zeitliches Eintreffen nicht vorhersehbar ist. Solche Ereignisse können von außerhalb der Rechenanlage kommen — z.B. von Meßgeräten —, oder in der Rechenanlage selber entstehen — z.B. in Eingabe/Ausgabegeräten oder beim Erkennen von Fehlern durch das Rechenwerk. Je nach den gewählten Betriebsbedingungen können bestimmte Ereignisse beachtet oder übergangen werden. Beim Eintreffen eines zu beachtenden Ereignisses erzeugt die Hardware der Datenverarbeitungsanlage ein „Unterbrechungssignal" und ordnet ihm Informationen zu, mit deren Hilfe der Typ des auslösenden Ereignisses bestimmt werden kann. Das Unterbrechungssignal wird vom Rechenprozessor erkannt und löst die für die Behandlung des Ereignisses nötigen Aktionen aus.

Sobald der Rechenprozessor ein Unterbrechungssignal erkennt, hält er das gerade ausgeführte Programm an und erzwingt mittels besonderer Vorkehrungen der Hardware einen Sprungbefehl. An dessen Zieladresse beginnt ein für die Behandlung von Programmunterbrechungen vorgesehenes Programm, das „Unterbrechungsprogramm" (engl. „Interrupt Routine"). Mit dem Beginn der Ausführung dieses Programms nimmt das Rechenwerk seine normale Arbeitsweise wieder auf. Alle für die Behandlung des auslösenden Ereignisses nötigen Aktionen können im Unterbrechungsprogramm vorgesehen werden. Der von der Hardware erzwungene Sprungbefehl hat eine besondere Eigenschaft: er bewahrt Angaben über den Ausführungszustand des unterbrochenen Programms. Damit kann dessen Ausführung, falls nötig, nach Beendigung des Unterbrechungsprogramms wieder dort aufgenommen werden, wo die Unterbrechung erfolgt war. Das unterbrochene Programm „merkt" gar nicht, daß eine Unterbrechung stattgefunden hatte.

In Datenverarbeitungsanlagen, die mit einem Betriebssystem arbeiten, ist das Unterbrechungsprogramm ein Teil des Überwachers. In den folgenden Abschnitten werden einige spezifische Anwendungen dieser Technik für Aufgaben des Betriebssystems erläutert.

Überwacheraufrufe

Der einem Benutzerprogramm zu Verfügung stehende Befehlsvorrat und der von der Hardware bedingte Befehlsvorrat sind nicht identisch. Einerseits dürfen manche Hardware-Befehle von Benutzerprogrammen nicht verwendet werden, ihre Ausführung ist dem Betriebssystem vorbehalten; dies betrifft alle Befehle, die den Zustand der Rechenanlage beeinflussen, z.B. Eingabe/Ausgabe-Befehle, Anhalten des Rechenprozessors, und ähnliches. Solche Befehle werden „privilegierte Befehle" genannt. Andererseits ergänzt das Betriebssystem den Befehlsvorrat durch zusätzliche Befehle, die als „Überwacheraufrufe" (engl. „Supervisor Requests") bezeichnet werden. Unter anderem gibt es Überwacheraufrufe, mit deren Hilfe Benutzer Eingabe/Ausgabe-Operationen ausführen können und die an Stelle der verbotenen Hardware-Befehle treten.

Vom Gesichtspunkt des Benutzerprogramms unterscheiden sich normale Befehle und Überwacheraufrufe nicht. Überwacheraufrufe werden aber nicht direkt von der Hardware ausgeführt, sondern erfordern eine Intervention des Betriebssystems. Das Auslösen einer solchen Intervention erfolgt mit Hilfe eines nicht ganz einfachen Mechanismus: Wenn ein Programm einen Überwacheraufruf ausführt, erzeugt der Rechenprozessor ein Unterbrechungssignal. Die dadurch ausgelöste Unterbrechung hält das Programm sofort an und aktiviert den Überwacher. Durch Analyse des die Unterbrechung auslösenden Ereignisses erkennt der Überwacher den Typ und eventuelle Operanden des Überwacheraufrufes und kann die zu seiner Ausführung nötigen Schritte unternehmen. Schließlich beendet der Überwacher seine Aktivität und setzt das unterbrochene Programm beim Befehl nach dem Überwacheraufruf wieder in Gang. Durch diese etwas komplizierte Vorgangsweise wird eine vollkommene Trennung zwischen den Benutzerprogrammen und dem Überwacher erreicht. Nur mit einer solchen Trennung kann verhindert werden, daß

2.1 Aufgaben und Funktionen von Betriebssystemen

Fehler von Benutzerprogrammen das korrekte Arbeiten des Überwachers stören. In manchen Klein- und Kleinstrechnern bietet die Hardware nicht die für diesen Mechanismus nötigen Voraussetzungen. Betriebssysteme solcher Rechner ersetzen den beschriebenen Mechanismus durch den Aufruf von Unterprogrammen des Überwachers. Der Schutz des Überwachers vor Fehlern der Benutzerprogramme ist hier aber nicht gewährleistet.

Betriebssysteme stellen dem Benutzer eine reiche Auswahl von Überwacheraufrufen zu Verfügung. Dabei findet man gewisse Gruppen in fast allen Betriebssystemen:

— *Eingabe/Ausgabe-Funktionen*. Die Hardware-Befehle für Ein- und Ausgabe sind privilegierte Befehle und können von Benutzerprogrammen nicht verwendet werden. Außerdem sind sie meist sehr von Eigenheiten der Hardware geprägt, typische Eingabe/Ausgabe-Probleme von Benutzerprogrammen müssen durch komplizierte Befehlsfolgen realisiert werden. Eingabe/Ausgabe-Überwacheraufrufe ersetzen die einem Benutzerprogramm verbotenen Hardware-Befehle und sind den Problemen der Benutzer viel besser angepaßt.

— *Zugang zu Daten des Betriebssystems*. Betriebssysteme verwalten eine große Menge von Daten die unter Umständen von Benutzerprogrammen verwendet werden, z.B. Uhrzeit und Datum, oder Kennwerte des Programms. Diese Daten können vom Betriebssystem mit Hilfe von Überwacheraufrufen erfragt werden.

— *Reservierung von Betriebsmitteln*. Programme benötigen für ihre Ausführung bestimmte materielle und logische Bestandteile der Datenverarbeitungsanlage („Betriebsmittel", engl. „Resources") — z.B. Prozessoren, Platz im internen Speicher, Eingabe/Ausgabe-Geräte, Massenspeicherplatz, Programme, Dateien. In einer von mehreren Benutzern verwendeten Datenverarbeitungsanlage muß das Betriebssystem als objektiver Mittler dienen und die Verteilung der Betriebsmittel vornehmen. In den meisten Betriebssystemen existieren Überwacheraufrufe, mit denen Programme während ihrer Ausführung Betriebsmittel vom Betriebssystem verlangen oder dem Betriebssystem zurückgeben können.

— *Programmüberwachung*. Benutzerprogramme müssen dem Betriebssystem bestimmte, ihren eigenen Ablauf betreffende Aufträge geben, und dazu dient eine weitere Gruppe von Überwacheraufrufen. Der einfachste solche Aufruf ist der „Halt" Befehl, mit dem ein Programm dem Überwacher mitteilt, daß seine Ausführung zu beenden ist. Andere Aufträge betreffen das dynamische Laden von Programmteilen, das Starten von anderen Benutzerprogrammen, das Verzweigen von Programmen in mehrere gleichzeitig ablaufende Aktivitäten und das Koordinieren des Fortschreitens dieser Aktivitäten.

Programmiersprachen

Der durch den Überwacher modifizierte Befehlsvorrat reicht im Prinzip aus, ohne Schwierigkeiten alle einer Datenverarbeitungsanlage gestellten Aufgaben zu behandeln. Praktisch bedingen die Eigenschaften dieses Befehlsvorrats aber doch eine Reihe von Schwierigkeiten:
— Der Befehlsvorrat ist auf die Behandlung ganz weniger, von der Hardware festgelegter Typen elementarer Operanden beschränkt. In den meisten Maschinen sind das: ganz-

zahlige und reale numerische Werte, Bitgruppen (Wörter und „Bytes"), und Bits. Alle anderen Typen von Operanden (z.B. komplexe Zahlen, alpha-numerische Texte) müssen als Zusammensetzung von elementaren Operanden behandelt werden, Operationen dieser zusammengesetzten Operanden müssen durch Befehlsfolgen ersetzt werden.

— Der Befehlsvorrat umfaßt nur wenige und nur sehr einfache Befehle. Selbst für die elementaren Typen von Operanden gibt es meist nur eine kleine Zahl sehr primitiver Operationen. Komplexere Operationen müssen daraus mit Hilfe von Befehlsfolgen erzeugt werden.
— Bei jedem Befehl müssen die Operanden durch ihre Speicherstellen angegeben werden. Im weiteren Sinne kann dies ein Register, ein Platz im internen Speicher, oder ein peripheres Gerät sein. Benutzerprogramme behandeln aber im allgemeinen nicht Speicherstellen, sondern Werte. Der Programmierer muß daher die Zuordnung zwischen Speicherstellen und Werten planen und beachten. Wegen der fast immer sehr großen Zahl zu behandelnder Werte kommt es dabei leicht zu Programmierfehlern.
— Es gibt keine aus Befehlen zusammengesetzten Anweisungen. Befehlskonstruktionen müssen mühsam in Befehlsfolgen zerlegt werden, z.B. Klammerausdrücke oder Kettenoperationen, wie sie in Problembeschreibungen der Benutzer oft vorkommen.
— Der Befehlsvorrat hängt vom Typ der Datenverarbeitungsanlage ab. Die mit Hilfe eines spezifischen Befehlsvorrats geschriebenen Programme können nur auf Maschinen des entsprechenden Typs ausgeführt werden. Programmierer müssen umlernen, wenn sie Maschinen eines neuen Typs programmieren wollen.

All diese Schwierigkeiten haben zur Einführung von Programmiersprachen geführt, die dem Programmierer von der Hardware unabhängige, abstrakte Befehle und Typen von Operanden bieten. Diese Sprachen sind speziell für das Programmieren von Anwendungen konzipiert und vermeiden alle oben erwähnten Schwierigkeiten. Betriebssysteme enthalten Übersetzerprogramme („Kompilierer" oder „Compiler"), die in solchen Programmiersprachen geschriebene Programme in eine Folge von Hardware-Befehlen und Überwacheraufrufen umformen. Diese Übersetzerprogramme sind selbständige Systemprogramme, die dem Benutzer zu Verfügung stehen und wie gewöhnliche Benutzerprogramme ausgeführt werden.

Betriebssprachen

Bei der Lösung eines Problems mit Hilfe einer Datenverarbeitungsanlage genügt meistens das einfache Ausführen eines einzigen Benutzerprogramms nicht. Im allgemeinen Fall wird der Benutzer verschiedene Programme in unmittelbarer Folge nacheinander ausführen. Eine komplette Folge solcher Ausführungsschritte wird als „Benutzerauftrag" (engl. „Job") bezeichnet. Das Betriebssystem hat dabei nach Ende eines Benutzerprogramms das jeweils nächste zur Ausführung zu bringen. Zu diesem Zweck muß der Benutzer dem Betriebssystem die genaue Reihenfolge der Programme und eventuelle Bedingungen für ihre Ausführung beschreiben. Dies geschieht mit Hilfe von Kommandos[1] der „Betriebssprache" (engl. „Job Control Language").

Die Betriebssprache erlaubt, einen Benutzerauftrag wie ein übergeordnetes Steuerprogramm zu behandeln. Die Befehle dieses Steuerprogramms sind die Kommandos der

---

[1] Zur Unterscheidung von den Maschinenbefehlen der Hardware werden die Befehle der Betriebssprache üblicherweise als „Kommandos" bezeichnet.

2.1 Aufgaben und Funktionen von Betriebssystemen

Betriebssprache, die Operationen sind die Ausführung von Programmen und Anweisungen an das Betriebssystem. Eine Betriebssprache erfüllt mehrere Aufgabenbereiche:

— *Auftragsbeschreibung.* Die Auftragsbeschreibung besteht aus einem oder mehreren Kommandos, die immer am Beginn eines Benutzerauftrages stehen. Sie teilt dem Betriebssystem allgemeine Daten über den Benutzerauftrag mit: Der *Name* des Auftrages dient während der Ausführung zu seiner eindeutigen Kennzeichnung und zur Unterscheidung von anderen Aufträgen. Die *Kostenstelle* bestimmt, wer mit den Kosten der Ausführung des Auftrages zu belasten ist. *Sicherheitsschlüssel* ermöglichen eine Überprüfung, ob ein Benutzer zur Verwendung des Systems und bestimmter Betriebsmittel berechtigt ist. Der *Vorrang* legt eine Relation der Dringlichkeit der Ausführung des Auftrages gegenüber anderen Aufträgen fest. Mit *Grenzwerten* erklärt der Benutzer obere Schranken für Rechenzeit, Speicherbedarf, Ausgabevolumen, benötigte Betriebsmittel, usw.; dies ermöglicht eine grobe Abschätzung der benötigten Betriebsmittel und hilft dem Betriebssystem deren Einsatz zu planen und zu optimieren; außerdem kann das Betriebssystem durch Programmierfehler verursachte Überschreitungen dieser Schranken erkennen und nötigenfalls den Auftrag abbrechen und unnütze Kosten verhindern. *Ausführungsbedingungen* legen besondere Vorschriften für den Ablauf des Auftrages fest — z.B. Neuausführung nach einem Systemzusammenbruch, oder Warten auf das Ende der Ausführung eines anderen Auftrages.

— *Programmbeschreibung.* Die Programmbeschreibung enthält Namen von Programmen, die ausgeführt werden sollen, und eventuell dafür nötige Parameter. Ein Programmbeschreibungskommando löst eine ganze Reihe von Vorgängen im Betriebssystem aus: das gewünschte Programm wird auf einem peripheren Speicher gesucht, der nötige Platz wird im internen Speicher bereitgestellt, das Programm wird geladen (d.h. in den internen Speicher geschrieben) und schließlich zur Ausführung gebracht. Programmbeschreibungen werden nicht nur für den Aufruf von Benutzerprogrammen verwendet, sondern dienen auch zum Ausführen von Systemprogrammen, wie z.B. Kompilieren und Programmbinden.

— *Systemanweisungen.* Mit Hilfe von Systemanweisungskommandos können dem Betriebssystem unmittelbar Anweisungen gegeben werden. Diese Kommandos sind oft eine Alternative zu Überwacheraufrufen. Sie dienen vor allem zum Bereitstellen, bzw. Zurückgeben von Betriebsmitteln, und zur Beschreibung von Daten auf peripheren Speichern.

— *Auftragsablaufsteuerung.* Viele Betriebssprachen besitzen Steuerkommandos für die bedingte Ausführung von Sprüngen im Steuerprogramm. Mit deren Hilfe kann der Ablauf des Benutzerauftrages in Abhängigkeit der jeweiligen Situation und vorläufiger Ergebnisse beeinflußt werden. Dabei werden unter bestimmten Umständen Kommandos übersprungen. Oft ist auch das wiederholte Ausführen von Kommandos in einer Art Programmschleife möglich. Die bedingte Ausführung von Kommandos ist besonders wertvoll für die Behandlung von Fehlern, z.B. Übersetzungsfehlern oder Nicht-Finden von Daten auf einem peripheren Speicher.

Wie diese Angaben im einzelnen erfolgen, und ob dafür ein oder mehrere Kommandos nötig sind, hängt von der jeweiligen Betriebssprache ab. Bestriebssprachen sind für alle Typen von Datenverarbeitungsanlagen äußerst verschieden. Eine Normierung, wie sie bei Programmiersprachen üblich ist, würde dem Benutzer die wahlweise Verwendung verschiedener Datenverarbeitungsanlagen sehr erleichtern, ist aber vorläufig noch eine Utopie.

Genau wie für Programmiersprachen sollten auch für Betriebssprachen strenge syntaktische und semantische Regeln gelten. Ein Grund für viele Ausnahmen ist die historische Entwicklung der Betriebssprachen aus „Steuerkarten", die in der Vergangenheit unabhängig voneinander und ohne allgemeine Regeln den Ablauf eines Benutzerauftrages bestimmten. Ein anderer Grund für Ausnahmen liegt in der Vielfalt und Gegensätzlichkeit der Anforderungen an Betriebssprachen. Einerseits soll ein versierter Programmierer alle Möglichkeiten des Betriebssystems benutzen und komplizierte Auftragsabläufe zusammenstellen können. Im anderen Extrem sollen Nicht-Programmierer mit Hilfe weniger, leicht verständlicher Kommandos fertige Programme benutzen können. Es ist üblich, solchen Benutzern mit impliziten Angaben über fehlende Anweisungen zu helfen. Der Benutzer gibt nur unbedingt nötige Kommandos und Parameter an, das Betriebssystem ergänzt ausgelassene Angaben durch Standardwerte. Dies bedeutet eine wesentliche Vereinfachung, kann aber eine Quelle für Mißverständnisse sein. Der beschriebene Konflikt wird immer mehr durch das Einführen sekundärer Betriebssprachen gelöst, deren Kommandos auf eine bestimmte Kategorie von Benutzern abgestimmt sind. Ähnliche Überlegungen haben zu getrennten Betriebssprachen für verschiedene Arten der Verarbeitung geführt (Stapelverarbeitung, Dialogverarbeitung).

Programmüberwachung

Der Überwacher muß die Ausführung eines Programms abbrechen, wenn ein Fehler das korrekte Arbeiten des Überwachers oder anderer Programme gefährdet. Für den Benutzer ist wünschenswert, daß der Überwacher auch bei Fehlern einschreitet, die „nur" zu falschen Ergebnissen führen. Falsche Ergebnisse werden im allgemeinen nicht sofort nach Ausführen eines falschen Befehls erkannt, sondern erst viel später, nach einer langen Folge weiterer Befehle. Der Überwacher soll helfen, das Programm möglichst bald nach dem ersten Fehler abzubrechen, weil dadurch die Fehlersuche wesentlich erleichtert wird.

Der Überwacher und das zu überwachende Benutzerprogramm befinden sich zwar gleichzeitig im internen Speicher der Maschine, bei einer Maschine mit einem einzigen Rechenprozessor kann der Überwacher aber nicht gleichzeitig mit dem Benutzerprogramm aktiv sein. Das Erkennen von Fehlern und Aktivieren des Überwachers ist daher nur mit Hilfe von Vorkehrungen der Hardware möglich; solche Einrichtungen sind bei allen größeren Rechenanlagen vorhanden. Der Rechenprozessor muß Fehlerbedingungen erkennen und als Folge ein Unterbrechungssignal erzeugen. Die dadurch ausgelöste Unterbrechung hält sofort das Benutzerprogramm an und aktiviert den Überwacher. Der Überwacher analysiert die Ursache der Unterbrechung und unternimmt die nötigen Aktionen. Je nach Fehler und nach vom Benutzer gewählten Ausführungsbedingungen wird die Ausführung des Benutzerprogramms abgebrochen oder fortgeführt; im allgemeinen wird dem Benutzer eine entsprechende Fehlermeldung gegeben.

Folgende Fehler können von einem entsprechend ausgerüsteten Rechenwerk erkannt werden: Operationen mit falschen oder in der Maschine nicht darstellbaren Werten von

2.1 Aufgaben und Funktionen von Betriebssystemen

Operanden (z.B. Division durch 0, arithmetische Operationen mit einem zu großen oder zu kleinen Ergebnis), Zugriff zu Speicherstellen außerhalb der Programmgrenzen, Ausführung privilegierter Befehle durch Benutzerprogramme, Darbietung von Befehlsworten an das Rechenwerk, die im Befehlsvorrat der Maschine nicht definiert sind („illegale Befehle"). Andere Fehler werden direkt vom Betriebssystem beim Ausführen von Überwacheraufrufen erkannt. Das Betriebssystem überprüft bei jedem Überwacheraufruf die Richtigkeit und Kohärenz der Parameter und stellt eventuelle Fehler fest. Ein typisches Beispiel sind Eingabe/Ausgabe-Überwacheraufrufe mit Fehlererkennung sowohl bei der Auswertung der Parameter – z.B. fehlende Beschreibung der Daten – als auch bei der Durchführung – z.B. unerwartetes Ende der Eingabedaten.

Der Überwacher muß privilegierte Befehle ausführen können und Zugriff zu Adressen außerhalb seiner Programmgrenzen haben, d.h. für Benutzerprogramme verbotene Operationen vornehmen. Maschinen mit Vorkehrungen zum Erkennen solcher verbotener Operationen müssen in zwei verschiedenen Zuständen betrieben werden können: im „Benutzerstatus" (engl. „User Mode") werden diese Operationen wirklich als Fehler behandelt, im „Überwacherstatus" (engl. „Supervisor Mode") sind alle Operationen erlaubt. Der Überwacherzustand ist für die Ausführung des Überwachers reserviert, Benutzerprogramme müssen im Benutzerstatus ausgeführt werden. Selbstverständlich darf der Betriebszustand nur im Überwacherstatus verändert werden.

Virtuelle Speicher, virtuelle Maschinen

Manche Datenverarbeitungsanlagen stellen dem Benutzer „virtuelle" Hardware zu Verfügung. Bei solchen Systemen kann der Benutzer Programme für sehr große „virtuelle Speicher" schreiben, ohne Beschränkungen durch die wirkliche Größe des internen Speichers berücksichtigen zu müssen. Der Abschnitt über die Speicherverwaltung enthält eine kurze Beschreibung der dabei verwendeten Methoden. Ein Betriebssystem mit „virtuellen Maschinen" simuliert die gleichzeitige Existenz mehrerer Maschinen. Der Benutzer kann „seine" Maschine mit dem Betriebssystem seiner Wahl betreiben und dieses ganz den Erfordernissen seiner Anwendung anpassen.

2.1.3 Das Betriebssystem als Verwalter der Maschine

Das Betriebssystem überwacht und garantiert das korrekte Arbeiten der Datenverarbeitungsanlage und verteilt die Betriebsmittel an die Benutzer. Das ist eine zweite wichtige Funktion. Der Maßstab ist hierbei nicht nur die Qualität der dem einzelnen Benutzer gebotenen Leistung, sondern auch die optimale Ausnutzung der Datenverarbeitungsanlage.

Verwaltung und Verteilung der Betriebsmittel

In einer von mehreren Benutzern verwendeten Datenverarbeitungsanlage muß das Betriebssystem die Verteilung der Betriebsmittel vornehmen. Dabei müssen mehrere Bedingungen erfüllt werden:

- *Sicherheit*. Ein Betriebsmittel, das einem Benutzer zugeteilt ist, darf unter keinen Umstand einem anderen Benutzer zugänglich sein. Das Betriebssystem garantiert diese

Sicherheit mittels der schon beschriebenen Programmüberwachung. Der Versuch eines Programms, ihm nicht gehörende Betriebsmittel zu verwenden, wird als Fehler erkannt und führt zum Abbruch des Programms.

- *Optimierung.* Das Betriebssystem muß die Gesamtheit seiner Betriebsmittel so verteilen, daß die Datenverarbeitungsanlage optimal ausgenutzt wird. Dafür ist es zweckmäßig, Betriebsmittel dynamisch zu verwalten und sie den Programmen nur während Perioden der tatsächlichen Verwendung zuzuteilen. Manche Betriebsmittel können aber nur statisch, für die gesamte Dauer des Auftrages zugeteilt werden, z.B. Magnetbandeinheiten. Die dynamische Verwaltung des Rechenprozessors und des internen Speichers spielen bei der gleichzeitigen Ausführung mehrerer Benutzeraufträge eine besondere Rolle. Im Abschnitt 2.2.6 werden einige dafür verwendete Methoden beschrieben.

- *Konfliktlösung.* Wenn mehrere, gleichzeitig ablaufende Programme dieselben Betriebsmittel verwenden, können Konflikte entstehen. Dabei kann es zu Situationen kommen, bei denen die Programme einander blockieren („Verklemmung", engl. „Deadlock"). Das klassische Beispiel dafür sind zwei Programme, die bereits je ein Betriebsmittel, A und B, besitzen und in der Folge das jeweils andere Betriebsmittel, B und A, für ihre weitere Ausführung benötigen. Solche Situationen müssen durch Aufstellen besonderer Regeln über die Anforderung und Zuteilung von Betriebsmitteln von vornherein vermieden werden. Dies kann erfordern, daß Betriebsmittel schon vor ihrer wirklichen Verwendung reserviert werden, und bedeutet damit eine Grenze für die Möglichkeiten der dynamischen Betriebsmittelverwaltung. Manche Betriebssysteme — ihre ursprüngliche Konzeption erfolgte, bevor die volle Tragweite dieses Problems erkannt war — vermeiden diese Einschränkung und nehmen das Risiko von Verklemmungen in Kauf. Das nachträgliche Aufheben einer Verklemmung erfordert aber im allgemeinen den Abbruch mindestens eines der beteiligten Programme.

Systemüberwachung, Fehlererkennung und Aufzeichnung

Das Betriebssystem überwacht den einwandfreien Zustand der verwalteten Betriebsmittel. Bei Auftreten von Fehlern sollen die Konsequenzen auf ein Mindestmaß begrenzt werden.

Die Hardware der Datenverarbeitungsanlage enthält Vorkehrungen zur Fehlererkennung. Neben fehlerhaftem Verhalten von Programmen (siehe „Programmüberwachung") werden auch gewisse Fehlfunktionen der Hardware erkannt: Störungen der Stromversorgung, Fehler des Rechenprozessors, Verfälschung von Daten im internen Speicher, Eingabe/Ausgabe-Fehler. Die Hardware reagiert darauf mit einem Unterbrechungssignal, das Fehlerbehandlungsprogramme im Überwacher aktiviert.

Die Technik der Fehlererkennung in der Hardware wird immer vollkommener, die sichere Erkennung aller möglichen Fehler ist aber ausgeschlossen. Um die Auswirkungen von nicht erkannten Fehlern gering zu halten, muß das Betriebssystem an kritischen Stellen von Systemprogrammen die Kohärenz der behandelten Daten prüfen. Auf diese Art können spätere Folgen von Fehlern erkannt werden und wie von der Hardware gemeldete Fehler behandelt werden. Ein so erkannter Fehler muß allerdings nicht unbedingt auf eine Fehlfunktion der Hardware zurückgehen, sondern kann auch durch Programmfehler im Betriebssystem erklärt werden.

2.1 Aufgaben und Funktionen von Betriebssystemen

Die Programme für die Fehlerbehandlung haben zur Aufgabe — vorausgesetzt eine ausreichende Funktionsfähigkeit der Hardware — eine umfassende Beschreibung des Fehlers und des Zustandes der Maschine aufzuzeichnen und danach wieder einen normalen Zustand des Systems herzustellen. Dafür ist, in Abhängigkeit von der Schwere und der Natur des Fehlers, aus einer Reihe von Maßnahmen die am wenigsten schwerwiegende auszuwählen: Stop der gesamten Datenverarbeitungsanlage, automatische Regenerierung des Betriebssystems mit oder ohne Verlust aller aktiven Benutzeraufträge, Außerbetriebsetzen defekter Anlageteile, Wiederholung fehlerhafter Operationen, usw. Die erfolgreiche Wiederholung von fehlerhaften Operationen wird üblicherweise im Betriebsablauf nicht bemerkt. Im Interesse einer frühzeitigen Erkennung und Behebung von defekten Komponenten wird über solche Ereignisse auf einem peripheren Speicher Buch geführt.

Neuere Datenverarbeitungsanlagen besitzen häufig besondere Hardware-Komponenten, die das gesamte System überwachen und unabhängig vom möglicherweise defekten Rechenprozessor oder internen Speicher Fehler erkennen und behandeln. Üblicherweise sind das selbstständige kleine Rechner. Die zur Fehlerbehandlung dienenden Programme des Betriebssystems sind bei solchen Anlagen vom übrigen Betriebssystem getrennt und werden in diesen dafür geschaffenen Komponenten der Anlage ausgeführt.

Betriebsstatistik und Kostenverrechnung

Eine weitere Verwalterfunktion des Betriebssystems ist die genaue Aufzeichnung des Betriebsablaufes. Diese Aufzeichnung soll eine nachträgliche Rekonstruktion aufklärungswürdiger Ereignisse und statistische Auswertungen der Maschinenlast ermöglichen, wie sie zum Erkennen von Engpässen und für die langfristige Planung nötig sind. Außerdem dient sie der Kostenverrechnung und erlaubt alle von der Datenverarbeitungsanlage geleisteten Dienste, nach Auftragsnamen und Kostenstelle gegliedert, zu verrechnen.

Maschinenbedienung

Eine Reihe von Aktionen einer Datenverarbeitungsanlage kann nicht automatisch erfolgen, sondern benötigt das Einschreiten von Bedienungspersonal — z.B. das Bereitstellen von Magnetbändern, die Versorgung von Druckern und Kartenlesern, usw. Vom Standpunkt des Betriebssystems kann das Bedienungspersonal wie ein unabhängiger „Prozessor" der Datenverarbeitungsanlage behandelt werden, der gleichzeitig mit den anderen Komponenten funktioniert und wie ein Betriebsmittel dynamisch verwaltet wird. Eine Besonderheit dieses „Prozessors" ist die Art der Wechselwirkung mit dem Betriebssystem. Befehle an das Bedienungspersonal werden als Ausgabeoperationen an das Bedienungspult behandelt. Umgekehrt kann das Bedienungspersonal durch Betätigen einer Tastatur Unterbrechungssignale auslösen und dem Betriebssystem nach bestimmten Konventionen formulierte Befehle geben.

Systemgenerierung und Inbetriebnahme

Die Hardware einer Datenverarbeitungsanlage besitzt in ihrem ursprünglichen Zustand kein ausführungsbereites Betriebssystem. Bei jeder Inbetriebnahme muß die Datenverarbeitungsanlage „hochgefahren" werden. Das Betriebssystem wird dabei von einem peripheren Speicher („Systemband", „Systemplatte") gelesen; ein Teil des Betriebssystems wird in den internen Speicher geladen, der Rest wird in Massenspeichern für die Ausführung vorbereitet. Schließlich wird das Betriebssystem zur Ausführung gebracht und ist für die Aufnahme von Benutzeraufträgen bereit.

Dieser Vorgang ist relativ kompliziert und erfolgt üblicherweise in mehreren Etappen („Bootstrap" Verfahren). Man beginnt mit dem Laden eines sehr einfachen ersten Programms, das ein zweites komplexeres Programm lädt. Dieses Programm, oder ein von ihm geladenes noch komplexeres Programm, lädt dann das Betriebssystem. Das Laden des allerersten Programms erfolgt mittels einer besonderen, speziell dafür konzipierten Vorrichtung der Hardware, einem permanent gespeicherten einfachen Ladeprogramm. Das etappenweise Vorgehen ist nötig, weil die Hardware-Ladevorrichtung sehr wenig flexibel ist und nur ein sehr einfaches Programm laden kann. Am anderen Ende des Vorganges muß beim Laden ein relativ kompliziertes Programm das Betriebssystem aus mehreren Bestandteilen zusammensetzen und es dabei nach umfangreichen Prüfungen an die vorgefundene Situation anpassen.

Die für das Hochfahren des Betriebssystems nötige Kopie auf einem peripheren Speicher wird in einem als „Systemgenerierung" bezeichneten Verfahren hergestellt. Die Systemgenerierung geht von einem modular gestalteten Prototyp des Betriebssystems aus, der vom Hersteller für alle Versionen und Typen einer Datenverarbeitungsanlage und unabhängig von der jeweiligen Anordnung geschaffen wird. Bei der Systemgenerierung wird dieser Prototyp in fertige Systemprogramme umgeformt und den besonderen Gegebenheiten einer spezifischen Datenverarbeitungsanlage angepaßt. Dabei werden die Anordnung der peripheren Geräte, die Größe des internen Speichers, gewünschte Kompilierer und andere Systemprogramme, und für einzelne Rechenzentren anzubringende Änderungen des Betriebssystems berücksichtigt.

2.2 Betriebsarten

2.2.1 Historische Entwicklung

Die ersten elektronischen Rechenanlagen kannten keine Betriebssysteme. Dies wurde nicht als Mangel empfunden, weil die verwendeten Rechner relativ einfach und langsam waren, und vom jeweiligen Benutzer allein verwendet und bedient wurden. Überwacherfunktionen wurden wegen der geringen Größe des internen Speichers auf das kleinst mögliche Maß beschränkt und für jede Anwendung individuell programmiert.

Mit dem Aufkommen leistungsfähigerer Datenverarbeitungsanlagen wurde der Unterschied der Arbeitsgeschwindigkeit zwischen Rechenprozessor und Eingabe/Ausgabe-Geräten immer größer und die Ausnutzung des Rechenprozessors immer schlechter. Zur Lösung dieses Problems wurden jeweils mehrere Benutzeraufträge zu einem „Stapel" zusammengefaßt; Auftragseingabe, -ausführung und -ausgabe wurden in getrennten Phasen und jeweils für den ganzen Stapel vorgenommen (= „Stapelverarbeitung", engl. „Batch Processing"). Die Entwicklung großer Massenspeicher mit Direktzugriff (Trommel, Platte) und der Technik der gleichzeitigen Ausführung mehrerer Programme ermöglichte ein Verfahren, bei dem die erwähnten drei Phasen gleichzeitig ablaufen („Spulensysteme"). Die Ausführung eines Benutzerauftrages erfolgt dabei gleichzeitig mit der Ausführung zweier Programme, welche die Auftragseingabe und Auftragsausgabe anderer Benutzeraufträge besorgen. Das erfordert die dauernde Kontrolle der Datenverarbeitungsanlage durch ein von allen Benutzerprogrammen unabhängiges Über-Programm. Dieses Programm, häufig als „Monitor" bezeichnet, stellte die erste einfache Form eines Betriebssystems dar. Sehr schnell entwickelte sich daraus die heutige allgemeine Form der gleichzeitigen Ausführung mehrerer Benutzerprogramme, und aus dem Monitor wurde ein vollwertiges Betriebssystem.

Diese Entwicklung ging Hand in Hand mit entsprechenden Fortschritten der Hardware. Diese waren einerseits eine unbedingte Voraussetzung für das Entstehen von Betriebssystemen (Unterbrechungswerk, interne Speicher mit Eignung für dynamische Verwaltung, Maschinen mit Überwacher- und Benutzerstatus), andererseits wurden die Vorteile der neuen Hardware-Elemente erst durch Betriebssysteme dem Benutzer voll und ohne Schwierigkeiten zugänglich.

Etwas später als der Stapelbetrieb, und als Alternative dazu, entwickelten sich die verschiedenen Formen des Dialogbetriebes. Im Unterschied zum Stapelbetrieb läßt hier der Benutzer den Auftrag im Dialog mit der Rechenanlage schrittweise entstehen und kann jeden neuen Schritt den Ergebnissen vorangegangener Schritte anpassen. Auch beim Dialogbetrieb stand am Ursprung eine Datenverarbeitungsanlage ohne Betriebssystem mit einem einzigen Benutzer. Das Aufkommen leistungsfähiger Maschinen schuf die Möglichkeit, eine einzige Datenverarbeitungsanlage von mehreren Benutzern im Dialog verwenden zu lassen. Verschiedene Lösungen mit sehr unterschiedlichen Eigenschaften wurden dafür entwickelt. Sie sind im Abschnitt über Dialogbetrieb (Abschnitt 2.2.4) kurz beschrieben.

Moderne Mehrzweckrechenanlagen haben Betriebssysteme, die nebeneinander mehrere Betriebsarten zulassen. Benutzer können hier zwischen Stapelbetrieb und Dialogbetrieb die für ihre Anwendung geeignete Betriebsart wählen.

2.2.2 Maschinen ohne Betriebssystem, einfache Betriebssysteme

Die meisten heutigen Datenverarbeitungsanlagen haben zumindest ein einfaches Betriebssystem. Ausnahmen davon findet man bei Maschinen, die für ganz spezifische Aufgaben eingesetzt werden, und wo ein einziges großes Programm die Maschine dauernd kontrolliert. Die für die Koexistenz mehrerer Benutzerprogramme nötige Überwacherfunktion eines Betriebssystems ist in solchen Fällen überflüssig. Andere Aufgaben werden in das Programm integriert, wie z.B. die Betriebsmittelverwaltung oder die Synchronisierung gleichzeitig ablaufender Aktivitäten des Programms. An Stelle der Überwacheraufrufe treten bei Anlagen ohne Betriebssystem Aufrufe von Unterprogrammen, welche die Rolle von „Grundanweisungen" haben, d.h. Grundfunktionen allgemeiner Nützlichkeit ausführen. Als Datenverarbeitungsanlage ohne Betriebssystem werden verhältnismäßig häufig sehr einfache Kleinrechner oder Kleinstrechner („Mikrokomputer") eingesetzt, welche die Hardwarevorrichtungen für eine echte Isolation zwischen Betriebssystem und Benutzerprogramm nicht besitzen; Beispiele solcher Systeme sind einfache Prozeßsteuerungen, Nachrichtenverteilung, und manchmal auch Dialogsysteme mit einer einzigen, besonders für interaktives Programmieren und Rechnen geeigneten Programmiersprache, wie z.B. BASIC oder APL.

Immer mehr werden aber auch in diesen Fällen fertige, besonders den gemeinsamen Eigenschaften solcher Anwendungen angepaßte Betriebssysteme eingesetzt. Der niedrige Preis neuerer Speicher macht die Anwesenheit selbst für die spezielle Anwendung überflüssiger Systemteile vertretbar, wenn das Betriebssystem als Ganzes genügend Vorteile bringt. Häufig gestattet auch ein modularer Aufbau derartiger Systeme, bei der Systemgenerierung alle nicht benötigten Teile des Betriebssystems auszuschließen.

2.2.3 Stapelbetrieb

Die Einführung der Stapelverarbeitung bedeutete für den Benutzer eine ganz wesentliche Neuerung. Vorher bediente er, oder sein Stellvertreter, die Datenverarbeitungsanlage selber; er hatte Zugang zur Maschine (engl. „Open Shop") und kontrollierte sie während der Ausführung seines Programms. Bei der Stapelverarbeitung ist der Zugang zur Datenverarbeitungsanlage verschlossen (engl. „Closed Shop"). Bei der klassischen Form des Stapelbetriebes muß der Benutzer seine Arbeit als Benutzerauftrag auf Lochkarten formulieren und sie am Schalter des Rechenzentrums zur Bearbeitung einreichen (heute gibt es dazu Alternativen – z.B. Dialogeingabe in den Stapel, oder Eingabe mittels Datenfernverarbeitung). Auf den weiteren Ablauf bis zum Vorliegen der Ergebnisse hat der Benutzer keinen Einfluß. Er beobachtet eine scheinbare Ausführungszeit, die hauptsächlich durch Wartezeiten zwischen den einzelnen Phasen der Bearbeitung bedingt ist.

Einfache Stapelverarbeitung

Bei der primitiven Art der Stapelverarbeitung müssen die zur Verarbeitung eingereichten Benutzeraufträge zunächst warten, bis sich eine genügend große Zahl von Aufträgen angesammelt hat. Die Aufträge werden dann, zu einem „Stapel" zusammengefaßt, vom Kartenleser auf einen Massenspeicher übertragen (Magnetband, Platte). Die Datenverarbeitungsanlage führt die Aufträge aus, indem sie die Eingabedaten vom Massenspeicher liest und alle für Zeilendrucker und Kartenstanzer bestimmten Ausgabedaten wieder auf einen Massenspeicher ausgibt. Diese Daten werden schließlich auf das vom Benutzer bestimmte Ausgabemedium übertragen. Auf diese Art wird erreicht, daß während der eigentlichen Ausführung eines Benutzerauftrages alle Eingabe- und Ausgabeoperationen verhältnismäßig schnell auf Massenspeicher erfolgen.

Die Vorbereitung der Eingabedaten für jeden Stapel erfolgte bei der ursprünglichen Form der Stapelverarbeitung auf Magnetband mit Hilfe einer billigen, kleinen Maschine. Das fertige Magnetband wurde dann zur eigentlichen Datenverarbeitungsanlage transportiert und dort verarbeitet. Die Ausgabedaten wurden wieder auf einem Magnetband gespeichert und auf einer kleinen Maschine gedruckt, im allgemeinen der gleichen, die auch die Eingabe vorbereitet hatte (Abb. 2.1).

Die Ergebnisse eines Benutzerauftrages können erst gedruckt werden, wenn alle anderen Aufträge zur endgültigen Ausgabe fertig sind. Daher führt dieses streng sequentielle Vorgehen mit wirklichen Stapeln von Benutzeraufträgen zu einer sehr großen scheinbaren Ausführungszeit.

2.2 Betriebsarten

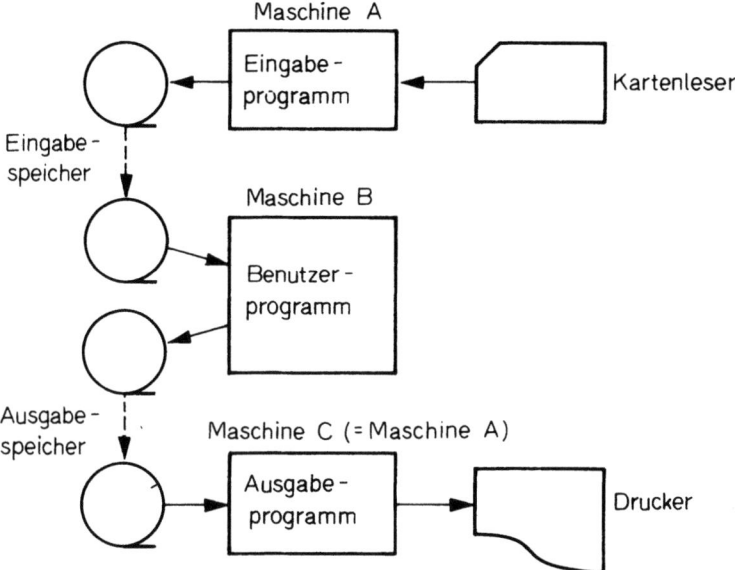

Abb. 2.1. Einfache Stapelverarbeitung

Spulensysteme

Dieser Nachteil kann in Spulensystemen (engl. „Spooling" – ein Akronym für „Simultaneous Peripheral Operations On Line") vermieden werden. Bei solchen Betriebssystemen werden die Eingabe- und Ausgabedaten jedes Benutzerauftrages unabhängig von anderen Aufträgen vom und zum Massenspeicher übertragen. Ein wirklicher Stapel existiert hier nicht mehr. Der Begriff „Stapelverarbeitung" wurde aber beibehalten. Bei einem Spulensystem werden in einer einzigen Datenverarbeitungsanlage gleichzeitig alle wesentlichen Vorgänge der Stapelverarbeitung besorgt: das Übertragen der Eingabedaten vom Kartenleser zum Massenspeicher, die eigentliche Ausführung von Benutzeraufträgen, und das Drucken der Ausgabedaten (Abb. 2.2).

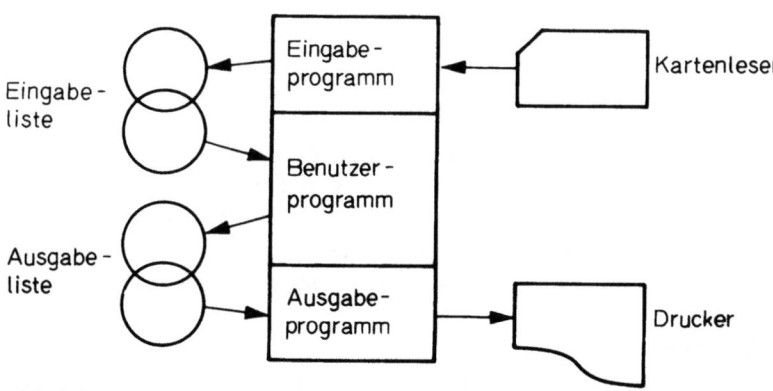

Abb. 2.2. Spulensystem

Der Unterschied zur einfachen Stapelverarbeitung (Abb. 2.1) ist offensichtlich: an Stelle der sequentiellen peripheren Eingabe- und Ausgabespeicher treten Wartelisten auf einem direkt adressierbaren Massenspeicher, und die drei Programme werden in einer einzigen Maschine ausgeführt. Das Eingabeprogramm überträgt die Eingabedaten vom Kartenleser an das hintere Ende der Eingabeliste. Das Benutzerprogramm liest Kommandos und Daten vom vorderen Ende der Eingabeliste und besorgt die Ausführung des Benutzerauftrages. Ergebnisse werden am hinteren Ende der Ausgabeliste abgesetzt und später vom Ausgabeprogramm gedruckt.

Die Zahl der Eingabe- und Ausgabeprogramme ist selbstverständlich nicht auf zwei beschränkt. Nach dem gleichen Verfahren können mehrere Kartenleser oder Drucker betrieben werden, oder auch andere langsame Eingabe/Ausgabegeräte, wie Kartenstanzer, Lochstreifenleser und -stanzer, Zeichengeräte, usw.

Mehrprogrammbetrieb

Der Begriff „Mehrprogrammbetrieb" (engl. „Multiprogramming") bezeichnet die Technik, mehrere unabhängige Programme gleichzeitig auszuführen. Ein Spulensystem ist ein Sonderfall, bei dem zwei Systemprogramme – das Eingabe- und das Ausgabeprogramm – gleichzeitig mit einem Benutzerprogramm ablaufen. Im allgemeinen Fall der Stapelverarbeitung mit Mehrprogrammbetrieb treten an die Stelle des einzelnen Benutzerprogramms von Abb. 2.2 mehrere gleichzeitig ausgeführte Benutzerprogramme. Dies ändert am Prinzip der Stapelverarbeitung nichts, erfordert aber eine etwas kompliziertere Behandlung der Listen, weil mehrere Programme Daten vom vorderen Ende der Eingabeliste entnehmen bzw. Daten am hinteren Ende der Ausgabeliste hinzufügen.

Eine wichtige Voraussetzung für den Mehrprogrammbetrieb sind geeignete Vorkehrungen zur Programmüberwachung – Fehler eines Programms dürfen andere Programme nicht stören – und zur dynamischen Verwaltung der Betriebsmittel, insbesondere des Rechenprozessors und des internen Speichers. Bei der ursprünglichen Form des Spulensystems mit nur einem einzigen in Ausführung begriffenen Benutzerauftrag ist eine dynamische Verwaltung des internen Speichers nicht unbedingt nötig; der Platzbedarf der Eingabe- und Ausgabeprogramme ist hier von vornherein bekannt und kann bei der Systemgenerierung berücksichtigt werden. Vor der Einführung von Speichern mit Eignung für dynamische Verwaltung gab es daher eine Reihe recht erfolgreicher Spulensysteme dieser Art.

2.2.4 Dialogbetrieb

Im Unterschied zum Stapelbetrieb reicht der Benutzer beim Dialogbetrieb keinen vollkommenen, in sich abgeschlossenen Benutzerauftrag zur Verarbeitung ein. Der Benutzerauftrag entsteht vielmehr im Dialog zwischen dem Benutzer und der Maschine, unter Zwischenschaltung einer interaktiven Datenstation. Je nach der Art der Ausführung des Benutzerauftrages können mehrere Arten des Dialogbetriebes unterschieden werden.

Dialogeingabe in den Stapel

Bei dieser Betriebsart erfolgt die Ausführung des Benutzerauftrages im Stapelbetrieb. Der Dialog beschränkt sich auf die Eingabe des Benutzerauftrages: der Benutzer stellt mit

2.2 Betriebsarten

Hilfe eines Textverarbeitungsprogramms Kommandos und Daten zu einem Benutzerauftrag zusammen und fügt diesen am Ende der Eingabeliste zur Stapelverarbeitung an. Die eigentliche Ausführung geschieht später und ohne Kontrolle durch den Benutzer.

Interaktive Ausführung

Die interaktive Ausführung eines Benutzerauftrages findet unter ständiger Kontrolle des Benutzers statt. Kommandos und Eingabedaten sind, im Unterschied zur Stapelverarbeitung, nicht von vornherein auf einem Massenspeicher vorbereitet; wann immer ein neues Kommando oder ein Eingabedatum gebraucht wird, gibt der Benutzer es nach Aufforderung, d.h. interaktiv, ein. Der Benutzer kann so nach Maßgabe schon vorliegender Ergebnisse seine Eingabedaten variieren und den Ablauf des Programms beeinflussen.

Interaktive Ausführung ist auch im Echtzeitbetrieb (siehe Abschnitt 2.2.5) möglich. Vom Benutzer aus gesehen erscheint zwischen interaktiver Ausführung im Echtzeitbetrieb und im Dialogbetrieb kaum ein Unterschied. Das Betriebssystem behandelt aber die zwei Betriebsarten völlig verschieden. Bei interaktiver Ausführung im Dialogbetrieb existiert für jeden Benutzer ein Benutzerauftrag, und das Betriebssystem kontrolliert den gleichzeitigen Ablauf mehrerer Aufträge durch dynamische Verwaltung der Betriebsmittel. Bei interaktiver Ausführung im Echtzeitbetrieb bedient ein einziger Benutzerauftrag, bzw. ein „Echtzeitprogramm", sämtliche Benutzer. Dieses Programm besitzt dauernd alle benötigten Betriebsmittel und kontrolliert selber deren Aufteilung an die Benutzer.

Beim interaktiven Echtzeitbetrieb werden alle vom Benutzer eingegebenen Daten vom Echtzeitprogramm geprüft und behandelt. Die Behandlungsmöglichkeiten sind dabei durch die Problemstellung bedingt und meistens ziemlich beschränkt. Insbesondere kann der Benutzer nicht, wie im Dialogbetrieb, interaktiv durch Kommandos der Betriebssprache den Ablauf des Benutzerauftrages beeinflussen.

Interaktive Ausführung im Echtzeitbetrieb wird verwendet, wenn eine größere Zahl von Benutzern eine kleine Auswahl relativ einfacher und verwandter Aufgaben zu behandeln hat, die mit einem einzigen Programm bewältigt werden können. Ein typisches Beispiel ist ein interaktiver Übersetzer für eine einfache Programmiersprache, wie z.B. BASIC, der gleichzeitig von vielen Benutzern verwendet werden soll.

Transaktionsbetrieb

Der Transaktionsbetrieb nimmt eine Mittelstellung zwischen interaktiver Ausführung und Stapelverarbeitung ein, wird aber vom Benutzer eindeutig als Dialogbetrieb empfunden. Der Benutzerauftrag degeneriert hier zur „Transaktion". Eine Transaktion besteht nur aus drei Phasen: 1) der Benutzer sendet von einer interaktiven Datenstation ein Programmbeschreibungskommando und Daten für die Ausführung des gewünschten Programms; 2) das Programm wird ausgeführt, darf dabei aber keine weiteren Daten vom Benutzer anfordern; 3) das Programm sendet das Ergebnis zur Datenstation und wird beendet.

Eingabe und Ausgabe erfolgen, wie beim Dialogbetrieb, mittels einer interaktiven Datenstation. Die Eingabedaten werden, wie beim Stapelbetrieb, in einer Warteliste abgespeichert und lösen erst nach Freiwerden der benötigten Betriebsmittel die Ausführung der Transaktion aus. Wie beim Stapelbetrieb ist während der Ausführung der Transaktion kein Dialog möglich.

Besonders geeignet für diese Betriebsart sind neuere Bildschirm-Datenstationen mit eigenem Speicher und der Fähigkeit zur Textverarbeitung, bei denen der Benutzer alle zu sendenden Daten am Bildschirm vorbereiten kann; die vorbereiteten Daten werden in einem einzigen Vorgang zur Maschine gesendet. Oft enthalten die Ausgabedaten einer Transaktion dabei schon eine „Maske", welche dem Benutzer die Eingabe der Daten für die nachfolgende Transaktion erleichtert.

Transaktionsverarbeitung wird hauptsächlich dort eingesetzt, wo mehrere Benutzer verhältnismäßig einfache Programme sehr oft ausführen, wo aber die Vielfalt der zur Wahl stehenden Programme die Anwendung eines Echtzeitprogramms ausschließt. Typische Beispiele sind Systeme zur Abfrage und Nachführung von Daten in Banken, für die Betriebsverrechnung, usw.

2.2.5 Echtzeitbetrieb

Echtzeitbetrieb (engl. „Real-time") ist eine Betriebsart für besonders zeitkritische Anwendungen. Die Betriebsmittelverwaltung erfolgt nicht, wie bei Dialog- und Stapelverarbeitung, dynamisch, sondern statisch: an Stelle eines Benutzerauftrages tritt ein Echtzeitprogramm, das alle benötigten Betriebsmittel ständig und auf unbestimmte Dauer besitzt. Ein Echtzeitprogramm muß daher nicht von Zeit zu Zeit auf Betriebsmittel warten, und kann jederzeit und ohne Verzögerung Daten empfangen. Die Verarbeitung dieser Daten erfolgt sofort und so schnell es die Hardware gestattet, die Wartezeit bis zum Vorliegen einer Antwort („Reaktionszeit") ist optimal kurz. Das zeitliche Eintreffen der Daten wird im allgemeinen einer statistischen Verteilung gehorchen. Eine Datenverarbeitungsanlage für Echtzeitbetrieb muß genügend leistungsfähig sein, um kurze Spitzen besonders hohen Datenaufkommens verarbeiten zu können.

Echtzeitbetrieb wird eingesetzt, wenn Daten sofort beim Vorliegen und ohne Verzögerung von der Datenverarbeitungsanlage erfaßt werden müssen, und wenn die Reaktionszeit kurz sein muß. Typische Anwendungen sind Prozeßsteuerungen und Anlagen zur Meßwerterfassung. Eine weitere, sehr häufige Anwendung sind Echtzeit-Dialogprogramme, wie sie im vorhergehenden Abschnitt beschrieben sind.

Ein Echtzeitprogramm sollte ständig alle benötigten Betriebsmittel besitzen und blockiert daher dauernd ein Rechenwerk. Bei einer Datenverarbeitungsanlage mit einem einzigen Rechenwerk bedeutet das die ausschließliche Benutzung der Maschine. Solche Systeme mit einem einzigen Echtzeitprogramm zeichnen sich durch große Einfachheit aus — oft arbeiten sie sogar ohne Betriebssystem — und besitzen daher eine hohe Betriebssicherheit; ein Nachteil ist die schlechte Ausnutzung der beim Echtzeitbetrieb nötigen Reserven der Leistungsfähigkeit der Hardware. In größeren Anlagen wird daher das Betriebsmittel „Rechenwerk" auch beim Echtzeitbetrieb nicht rein statisch verwaltet; Echtzeitprogramme können dann neben anderen Echtzeitprogrammen und/oder Dialog- und Stapelprogrammen ausgeführt werden (z.B. „Vordergrund-Hintergrund" Steuerung). Selbstverständlich muß dabei der Rechenprozessor mit besonderer Rücksicht auf den Echtzeitbetrieb verwaltet werden. Der benötigte Platz im internen Speicher muß Echtzeitprogrammen dauernd zugeteilt sein, weil eine dynamische Verwaltung zu große Unterbrechungen der Programmausführung mit sich bringen könnte.

2.2 Betriebsarten

2.2.6 Betrieb mit mehreren Benutzern

Die einzelnen Komponenten einer Datenverarbeitungsanlage sind im allgemeinen nicht gleich belastet. Die Verteilung der Last hängt von den Eigenschaften des jeweiligen Benutzerprogramms ab. Man trachtet daher zu jedem Zeitpunkt mehrere Benutzeraufträge zu bearbeiten, von denen jeder einzelne die Datenverarbeitungsanlage nur teilweise auslastet, die sich aber in der Gesamtbelastung der Systemkomponenten zu einer optimalen Ausnutzung ergänzen.

Man nennt alle Benutzeraufträge „hängend", die zu einem gegebenen Zeitpunkt bearbeitet werden, d.h. um Betriebsmittel der Datenverarbeitung wetteifern. Benutzeraufträge, die gerade alle benötigten Betriebsmittel besitzen, nennt man „aktiv".

In diesem Abschnitt werden keine neuen Betriebsarten beschrieben, sondern spezifische Methoden der Betriebsmittelverwaltung für den internen Speicher und den Rechenprozessor.

Speicherverwaltung

Das wesentliche Problem bei der Verwaltung des internen Speichers ist das möglichst lückenlose Ausnutzen der vorhandenen Speicherkapazität trotz zeitlich veränderlicher Größenverteilung der gespeicherten Programme (Abb. 2.3).

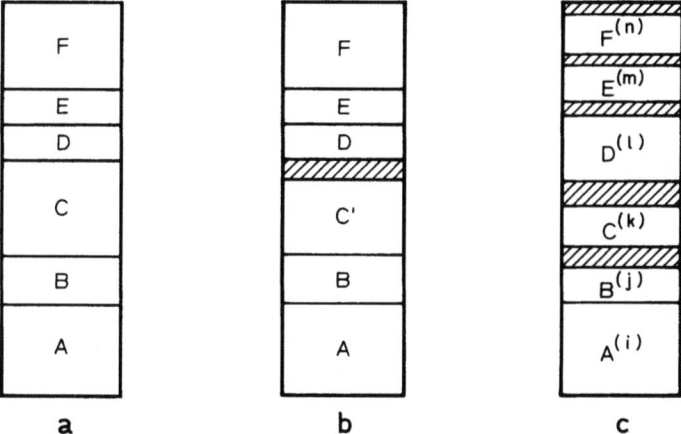

Abb. 2.3. Zerstückelung der Speicherbelegung. a) ursprünglicher Zustand; b) nach Ersatz von Programm C durch Programm C'; c) Endzustand

Abb. 2.3a zeigt den Ausgangszustand, bei dem der Speicher von mehreren Programmen vollkommen ausgefüllt ist. Der in Abb. 2.3b gezeigte Zustand entsteht, wenn Programm C vor den anderen Programmen beendet wird und von einem etwas kleineren Programm C' ersetzt wird. Es bleibt dabei eine kleine Zone unausgenutzten Speicherplatzes übrig. Abbildung 2.3c zeigt einen möglichen Zustand nach Ausführung einer langen Folge von Programmen. Hierbei wurde jedes Programm nach Beendigung durch ein neues ersetzt und vorhandene Lücken bestmöglichst ausgenutzt, wobei aber im allgemeinen kein genau in eine Lücke passendes Programm zu Verfügung stand. Dieses Beispiel zeigt, daß ohne besondere Methoden der Speicherverwaltung der Speicherplatz stark zerstückkelt und schlecht ausgenutzt wird.

Die Zerstückelung des Speicherplatzes ist eine Folge der statischen Adreßbelegung: bei Maschinen ohne besondere Vorkehrungen verwendet das Rechenwerk bei der Adressierung die vom Programm bestimmten absoluten Adressen; die Adreßfelder von Befehlen und Adreßkonstanten müssen daher beim Binden eines Programms seiner zukünftigen Lage im internen Speicher angepaßt werden. Mehrere Methoden erlauben die Zerstückelung des Speicherplatzes zu vermeiden oder wenigstens ihre Folgen zu verringern.

Feste Einteilung in Speicherzonen. Diese Methode der Speicherverwaltung trachtet die Ausnutzung des internen Speichers durch eine feste Einteilung in Speicherzonen (engl. „Partition") zu verbessern. Die Benutzeraufträge werden in Kategorien verschiedener Größe eingeteilt. Die Aufteilung des vorhandenen Speicherplatzes in Zonen wird so vorgenommen, daß für jede Kategorie eine passende Speicherzone zu Verfügung steht. Benutzeraufträge werden dann in der ihrer Kategorie entsprechenden Speicherzone ausgeführt. Auf diese Art wird zwar das Problem der Zerstückelung nicht beseitigt; zufolge der planvollen Einteilung werden aber „chaotische" Zustände vermieden und die Verluste an benutzbarem Speicherplatz werden beschränkt. Feste Einteilung in Speicherzonen setzt keine besonderen Hardware-Vorkehrungen voraus. Die Hardware der meisten modernen, für gleichzeitige Ausführung mehrerer Benutzeraufträge vorgesehenen Datenverarbeitungsanlagen erlaubt jedoch den Einsatz wesentlich wirkungsvollerer Methoden.

Dynamisches Verschieben (engl. „Dynamic Relocation"). Diese Methode kann bei Datenverarbeitungsanlagen eingesetzt werden, die beim Auswerten von Adressen ein *Basisregister* verwenden; der Inhalt dieses Registers wird automatisch zu jeder effektiven Adresse addiert, ehe sie als tatsächliche Speicheradresse verwendet wird.

Programme werden beim Binden für eine fiktive Lage im internen Speicher vorbereitet. Diese fiktive Lage kann durch die fiktive Adresse n des ersten Wortes des Programms beschrieben werden. Üblicherweise ist $n=0$ gewählt – die fiktive Lage des Programms ist am Beginn des Speichers. Die wirkliche Lage eines Programms im internen Speicher ist durch die tatsächliche absolute Adresse m seines ersten Wortes gegeben. Während der Ausführung des Programms muß das Basisregister den Wert $m-n$ („Basisadresse") enthalten; dann wird durch Addition dieses Wertes jede fiktive Adresse zu einer wirklichen absoluten Adresse korrigiert. Bei Anwesenheit mehrerer Programme im Speicher ist jedem einzelnen Programm gemäß seiner Lage eine Basisadresse zugeordnet und in einer Tabelle gespeichert. Die Basisadresse des jeweils aktiven Programms wird in das Basisregister geladen.

Programme können ohne Schwierigkeiten an jede Stelle des internen Speichers geschoben werden – es muß aber die Basisadresse der neuen Lage angepaßt werden. Das Problem der Speicherzerstückelung kann durch dynamische Programmverschiebung leicht gelöst werden. Aus einer Aufeinanderfolge von Programmen und kleinen Lücken wird durch Verschieben ein kontinuierlicher Block von Programmen und eine einzige Lücke geschaffen, die genügend groß ist, um ein gewünschtes Programm zu laden.

Dynamisches Programmverschieben hat einen Nachteil: es bedeutet eine erhebliche zusätzliche Last für die Datenverarbeitungsanlage. Manche Maschinen benutzen vom Rechenprozessor unabhängige Prozessoren zum Verschieben der Programme und können gleichzeitig mit dem Verschieben eines Programms andere Programme ausführen. Selbst in diesem Fall wird aber eine zusätzliche Belastung bewirkt, weil die für das Verschieben nötigen Speicherzugriffe mit Zugriffen für die Ausführung in Konflikt geraten. Man versucht daher, den Speicher möglichst selten durch Verschieben zu reorganisieren.

Seitenadressierung. Bei der Seitenadressierung (engl. „Paging") wird der interne Speicher in eine große Zahl gleich langer „Seiten" unterteilt. Die Hardware einer für Seitenadressierung ausgerüsteten Maschine kann aus mehreren, diskontinuierlich im internen Speicher verteilten Seiten einen kontinuierlichen „virtuellen" Adreßraum zusammensetzen (Abb. 2.4a).

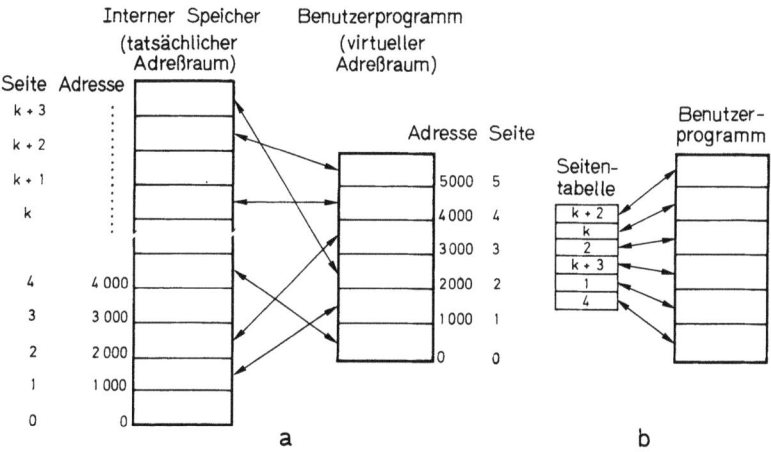

Abb. 2.4. Seitenadressierung. a) Abbildung zwischen virtuellem und tatsächlichem Adreßraum; b) Realisierung der Abbildung mittels Seitentabelle

Wenn für ein Programm Speicherplatz benötigt wird, kann jede beliebige Aneinanderreihung freier Seiten des internen Speichers verwendet werden. Das Problem der Speicherzerstückelung besteht daher in einem solchen System nicht. Ein kleiner Rest von unausgenutztem Speicherplatz bleibt allerdings übrig, weil die Zuteilung nur seitenweise erfolgen kann, Programme aber nicht immer genau ein Vielfaches einer Seitenlänge an Speicherplatz brauchen. Das bedingt aber nur geringe Verluste, weil die Länge einer Seite immer verhältnismäßig kurz gewählt ist (typisch 64—512 Wörter).

Die Adreßauswertung bei Datenverarbeitungsanlagen mit Speicherverwaltung durch dynamisches Verschieben und durch Seitenadressierung hat große Gemeinsamkeiten. In beiden Fällen werden beim Binden die Adressen des Programms nicht für den „tatsächlichen" Adreßraum des Speichers vorbereitet, sondern für einen fiktiven Adreßraum (bei der Seitenadressierung spricht man von einem „virtuellen" Adreßraum). Bei der Ausführung übersetzt die Hardware die fiktiven Adressen des Programms in tatsächliche Adressen des internen Speichers — der fiktive Adreßraum wird auf den tatsächlichen Adreßraum abgebildet.

Bei Speicherverwaltung durch dynamisches Verschieben ist die Abbildung eine einfache Translation des gesamten fiktiven Adreßraumes; dies ist in der Hardware mit Hilfe eines Basisregisters verwirklicht, dessen Inhalt bei der Adressierung zu jeder fiktiven Adresse addiert wird.

Auch bei der Seitenadressierung erfolgt die Abbildung durch Translation; hier ist die Translation aber nicht für den gesamten virtuellen Adreßraum gleich, sondern wird seitenweise vorgenommen. Dazu wird der virtuelle Adreßraum in Seiten unterteilt, die gleich lang wie die Seiten des Speichers sind. Dieser Abbildungsmechanismus benötigt an Stelle eines einzigen Basisregisters je ein Register für jede Seite. Diese Register sind in einer „Seitentabelle" zusammengefaßt (Abb. 2.4b). Die Umwandlung von virtuellen Adressen in tatsächliche Adressen erfolgt durch die Hardware und auf eine sehr einfache Art; sie setzt voraus, daß die Länge einer Seite eine Potenz von 2 ist. Das erlaubt, die binäre Darstellung einer virtuellen Adresse in zwei Teile zu zerlegen. Der erste Teil ergibt die Seitennummer im virtuellen Adreßraum, der zweite Teil die relative Adresse innerhalb der Seite. Mit Hilfe der virtuellen Seitennummer wird in der Seitentabelle die Nummer der Seite im tatsächlichen Adreßraum bestimmt. Diese wird dann mit dem unveränderten relativen Teil der Adresse zur tatsächlichen Adresse zusammengesetzt.

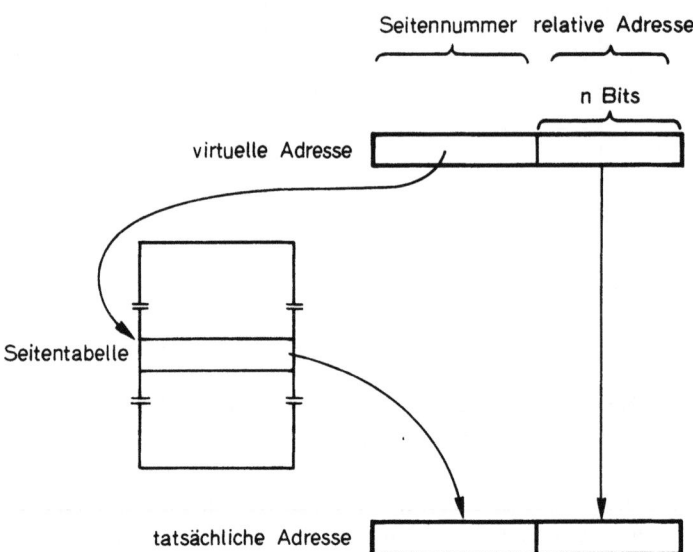

Abb. 2.5. Adreßumrechnung bei Seitenadressierung (Seitengröße = 2^n)

Bei Anwesenheit mehrerer Programme hat jedes Programm eine eigene Seitentabelle. Die Hardware benutzt für die Adreßbestimmung die Seitentabelle des jeweils aktiven Programms.

Erweiterung des internen Speichers durch Hintergrundspeicher. Bei der klassischen Stapelverarbeitung mit Mehrprogrammbetrieb sind alle hängenden Programme gleichzeitig im internen Speicher geladen. Die Zahl hängender Programme wird dabei durch die Größe des internen Speichers begrenzt und ist oft für eine optimale Ausnutzung der Betriebsmittel ungenügend. Ebenso ist bei Dialogbetrieb mit vielen hängenden Benutzeraufträgen der interne Speicher zu klein zur Aufnahme der Programme aller Aufträge. Es ist daher zweckmäßig, den internen Speicher durch Hintergrundspeicher (Platten, Trommeln, „Extended Storage") zu ergänzen. Dadurch kann insgesamt eine viel größere Zahl von Programmen gleichzeitig gespeichert und ausgeführt werden. Die Programme müssen dabei nach Bedarf zwischen dem internen Speicher und dem Hintergrundspeicher umgeladen werden.

Im Hintergrundspeicher befindliche Programme müssen in den internen Speicher gebracht werden, ehe sie aktiviert werden können, und dazu muß im internen Speicher der nötige Platz geschaffen werden. Bei Maschinen ohne Seitenadressierung kann dies nur im „*Speichertausch*" Verfahren (engl. „Swapping") geschehen: zuerst werden ein oder mehrere Programme als Ganzes vom internen Speicher auf den Hintergrundspeicher umgeladen; danach wird nötigenfalls der interne Speicher durch dynamisches Verschieben reorganisiert und das zu aktivierende Programm als Ganzes in den internen Speicher geladen. Dieses Verfahren ist verhältnismäßig aufwendig.

Seitenadressierung ermöglicht ein wirkungsvolleres Verfahren, den „*Zugriff bei Bedarf*" (engl. „Demand-Paging"). Dabei wird die Tatsache ausgenutzt, daß die Speicherzugriffe jedes Programms nicht gleichförmig über den gesamten Speicherbereich des Programms verteilt sind. Man beobachtet vielmehr in kurzen Zeitintervallen eine sehr starke Anhäufung der Speicherzugriffe in verhältnismäßig kleinen Speicherzonen, während zu anderen Zonen überhaupt keine, oder nur äußerst wenige Zugriffe stattfinden. Die Lage dieser Zonen verschiebt sich mit Fortschreiten der Ausführung eines Programms. Es genügt daher, jeweils nur einen Teil eines Programms in den internen Speicher zu laden.

Der „Zugriff bei Bedarf" arbeitet wie einfache Seitenadressierung; es werden aber immer nur die wirklich benötigten Seiten eines Programms in den internen Speicher geladen — alle anderen Seiten bleiben im Hintergrundspeicher. Die Seitentabelle des Programms enthält eine „Seite fehlt" Eintragung, wenn eine Seite des virtuellen Adreßraumes nicht im internen Speicher geladen ist. Die Hardware und der Überwacher müssen Vorkehrungen besitzen, die das Fehlen einer Seite feststellen und korrigieren können. Zu diesem Zweck erzeugt die Hardware ein Unterbrechungssignal, wenn beim Auswerten einer virtuellen Adresse in der Seitentabelle eine „Seite fehlt" Eintragung erscheint. Dadurch wird der Überwacher aktiviert und kann die fehlende Seite vom Hintergrundspeicher in eine freie Seite des internen Speichers laden. Wenn alle Seiten des internen Speichers schon besetzt sind, wird eine nicht mehr benötigte Seite aus dem internen Speicher entfernt; als „nicht mehr benötigt" können z.B. Seiten betrachtet werden, zu denen längere Zeit kein Zugriff erfolgt war.

Bei Datenverarbeitungsanlagen mit „Zugriff bei Bedarf" können Programme viel größer sein als der interne Speicher, vorausgesetzt, daß die Seitentabelle genügend groß ist. Der Benutzer einer solchen Anlage kann Programme für einen sehr großen „*Virtuellen Speicher*" schreiben, ohne auf die Größe des wirklichen internen Speichers Rücksicht nehmen zu müssen.

Bei starker Belastung und übermäßig vielen hängenden Benutzeraufträgen können Datenverarbeitungsanlagen mit schlecht konzipiertem „Zugriff bei Bedarf" oder Speichertauschverfahren in einen als „Seitenflattern" (engl. „Thrashing") bezeichneten Zustand geraten. In diesem Zustand kommen Benutzeraufträge nicht, oder kaum mehr zur Ausführung. Das Betriebssystem ist fast ununterbrochen damit beschäftigt, Programme oder Seiten zwischen dem internen Speicher und dem Hintergrundspeicher umzuladen.

Verwaltung des Rechenprozessors

Die dynamische Verwaltung des Rechenprozessors ist Aufgabe der kurzfristigen Steuerung (engl. „Short-term Scheduling"). Die Verwaltung durch „Nichtunterbrechende Steuerung" (engl. „Non-preemptive Scheduling") überläßt einem Programm den Rechenprozessor, bis es selber darauf verzichtet. Diese Steuerung kommt für Rechenanlagen mit mehreren gleichzeitigen Benutzern heute kaum in Frage. „Unterbrechende Steuerungen" (engl. „Preemptive Scheduling") können einem aktiven Programm den Rechenprozessor entziehen und ihn einem anderen Programm zuteilen.

Eine solche Neuzuteilung kann periodisch erfolgen, wie z.B. bei der im folgenden beschriebenen Rundlaufsteuerung, oder als „Ereignissteuerung" beim Eintreten bestimmter Ereignisse, z.B. Eingabe/Ausgabe-Operationen des Benutzerprogramms. Die Zuteilung des Rechenprozessors kann sequentiell erfolgen – das am längsten wartende Programm wird bedient – („Sequentielle Steuerung"), oder es wird durch Errechnen von Vorrängen das jeweils dringlichste Programm bestimmt und aktiviert („Vorrangsteuerung"). Diese Vorränge können eine Reihe von Faktoren berücksichtigen: die Häufigkeit von Eingabe/Ausgabe-Operationen, die voraussichtliche Dauer bis zum Ende des Benutzerauftrages, die Wartezeit seit der letzten Zuteilung des Rechenprozessors, den vom Benutzer in der Auftragsbeschreibung angegebenen Vorrang, die Betriebsart (Stapel- oder Dialogauftrag), usw.

Eine besondere Form der sequentiellen Steuerung ist die Rundlaufsteuerung (engl. „Round Robin Scheduling"); dabei wird reihum jedem Benutzerauftrag der Rechenprozessor für eine beschränkte, feste Zeitspanne – eine „Zeitscheibe" (engl. „Time Slice") – zugeteilt. Rundlaufsteuerung ist die klassische Form der kurzfristigen Steuerung beim Dialogbetrieb mit mehreren Benutzern.

In heute üblichen Steuerungen werden oft Elemente der Rundlaufsteuerung und der Vorrangsteuerung kombiniert. Die gleichen Faktoren, die den Vorrang eines Benutzerauftrages bestimmen, können dabei auch die Dauer der Zeitscheiben beeinflussen.

Echtzeitprogrammen wird der Rechenprozessor im allgemeinen durch eine reine Ereignissteuerung zugeteilt. Ereignisse werden dabei fast immer durch Programmunterbrechungen angezeigt. Wenn mehrere Echtzeitprogramme vorhanden sind, oder wenn ein Echtzeitprogramm aus mehreren, unabhängig ablaufenden Aktivitäten besteht, wird für die Zuteilung des Prozessors eine strenge Vorrangeinteilung getroffen. Das bedeutet auch, daß beim Eintreffen eines entsprechenden Ereignisses ein Programm höheren Vorranges einem Programm niedrigeren Vorranges den Rechenprozessor entziehen kann. Nicht-Echtzeitprogramme erhalten den Rechenprozessor nur dann, wenn kein Echtzeitprogramm ihn benötigt.

2.3 Datenverwaltung

Eine für den Benutzer besonders wichtige Funktion von Betriebssystemen ist die Verwaltung von Daten. Das Betriebssystem behandelt die Daten eines Benutzers wie vom Benutzer geschaffene logische Betriebsmittel. Solche Betriebsmittel können während eines Benutzerauftrages geschaffen und wieder aufgelöst werden — z.B. temporäre Dateien. Sie können aber auch nach Ende des Benutzerauftrages weiterbestehen und von anderen Benutzeraufträgen verwendet werden — z.B. permanente Dateien oder Bibliotheksprogramme.

Das Betriebssystem bietet nicht nur die zur reinen Verwaltung von Daten nötigen Hilfsmittel, sondern definiert auch die Struktur und interne Darstellung von einigen häufig verwendeten Datentypen. Für die Behandlung solcher Daten bestehen besondere Systemprogramme — z.B. Kompilierer für Programme, Textverarbeitungsprogramme für sequentielle symbolische Dateien, Eingabe/Ausgabe-Programmbibliotheken für den Zugriff auf verschiedene Dateistrukturen.

2.3.1 Dateien

Eine Datei ist eine Datensammlung, die in einem externen Speicher gehalten wird. Dieser Abschnitt beschränkt sich auf die Diskussion von Dateien auf direkt adressierbaren Massenspeichern.

Das Betriebssystem verwaltet den Massenspeicher als internes Betriebsmittel, das dem Benutzer nicht direkt zugänglich ist. An dessen Stelle steht ihm das logische Betriebsmittel „Massenspeicherdatei" zur Verfügung. Das Betriebssystem stellt dieses Betriebsmittel auf einem Massenspeicher dar, indem es ihn in Zonen unterteilt und die Daten der Datei darin speichert. Dies kann als Abbildung des logischen Adreßraumes der Datei auf den tatsächlichen Adreßraum des Massenspeichers verstanden werden. Diese Abbildung ist so beschaffen, daß die Massenspeicherdatei dem Benutzer als ein direkt adressierbarer, zusammenhängender Speicher großer Kapazität erscheint.

Die meisten Betriebssysteme behandeln Dateien so, daß Benutzerprogramme sie genau wie andere Eingabe/Ausgabe-Einheiten verwenden können. Das Schreiben und Lesen auf Dateien kann dadurch mit Hilfe normaler Überwacheraufrufe für Eingabe und Ausgabe vorgenommen werden. Das Betriebssystem erkennt, wann ein solcher Überwacheraufruf eine Datei und nicht eine wirklich existierende Einheit betrifft, und behandelt ihn wie eine Eingabe/Ausgabe-Operation auf Massenspeicher.

Dateien sind dynamisch, während des Betriebes eingeführte Betriebsmittel. Der Benutzer muß beim Gründen einer Datei eine eindeutige Bezeichnung angeben, damit das Betriebssystem das neue Betriebsmittel verwalten kann; andere Benutzeraufträge müssen diese Bezeichnung verwenden, wenn das Betriebssystem ihnen Zugang zur Datei gewähren soll. Es ist allgemein üblich, zur Bezeichnung von Dateien symbolische „Namen" zu verwenden.

Dateikataloge

Das Betriebssystem faßt die Beschreibungen der Dateien jedes Benutzers zu „Dateikatalogen" zusammen. Dateikataloge verschiedener Benutzer werden bei einigen Betriebssystemen getrennt geführt, bei anderen zu einem Hauptkatalog zusammengeschlossen. Dateikataloge müssen unabhängig vom internen Speicher existieren können, Löschen oder Überschreiben des Überwachers darf sie weder zerstören, noch unauffindbar machen. Sie müssen daher auf dem Massenspeicher aufgezeichnet sein und über eine durch Konvention festgelegte Massenspeicheradresse lokalisiert werden können. Üblicherweise sind Dateikataloge gleich wie gewöhnliche Dateien dargestellt und können vom Überwacher wie Dateien gelesen und geschrieben werden.

Der Inhalt eines Dateikataloges ist in Eintragungen gegliedert. Jede Eintragung enthält die Beschreibung einer Datei — ihren Namen und Angaben zum Auffinden der Datei am Massenspeicher, aber auch sonstige, für die Verwaltung der Datei wichtige Informationen, wie z.B. Angaben über Lese- und Schreibschutz, Zugangsschlüssel, die Kostenstelle für die Verrechnung der Speicherkosten, Unterscheidung zwischen Datei-Typen, die momentane Anzahl der Benutzeraufträge mit Zugang zur Datei, usw.

Darstellung von Dateien auf Massenspeichern

Bei der Darstellung von Dateien auf Massenspeichern kann es, ähnlich wie bei der Verwaltung des internen Speichers, zu einer Zerstückelung des Speicherplatzes kommen. Der Grund dafür ist, daß ständig Daten unterschiedlicher Größe neu gegründet und aufgelassen werden, und daß die Größe von bestehenden Dateien sich im Laufe der Zeit verändert. Einige einfache Betriebssysteme vermeiden die Zerstückelung durch eine feste Einteilung des verfügbaren Speicherplatzes — die Benutzer bekommen feste Zonen zugeteilt. Die allgemein übliche und viel flexiblere Methode zur Vermeidung der Zerstückelung ist die seitenweise dynamische Zuteilung. Die Unterteilung in Seiten wird durch die Aufzeichnungstechnik erleichtert, weil Informationen auf Massenspeicher von vornherein in „Spurabschnitte" (Sektoren) gegliedert sind. Der Adreßraum der Datei wird in eine Folge von Seiten zerlegt, die gleich lang wie die Spurabschnitte des Massenspeichers sind. Die einzelnen Seiten der Datei werden vom Betriebssystem auf Spurabschnitte des Massenspeichers abgebildet. Die Abbildung erfolgt so, daß die verwendeten Spurabschnitte des Massenspeichers nicht aufeinander folgen müssen (Abb. 2.6).

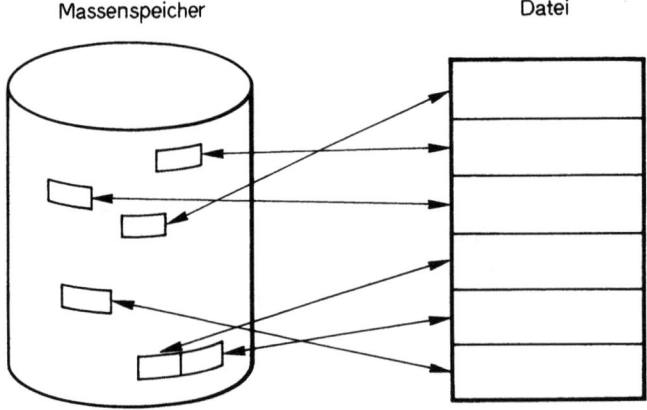

Abb. 2.6. Zuordnung von Spurabschnitten zu Dateien

2.3 Datenverwaltung

Diese Vorgangsweise hat einen kleinen Nachteil. Beim sequentiellen Lesen einer auf Magnetplatte gespeicherten Datei können Wartepausen entstehen, weil der Lesekopf öfters von einer Spur zu einer anderen springen muß. Bei Mehrprogrammbetrieb stört dies im allgemeinen nicht, da währenddessen andere Programme aktiviert werden können.

Die Abbildung des virtuellen Adreßraumes von Dateien auf den Massenspeicher erfolgt nur durch Programme des Überwachers und ohne besondere Vorkehrungen der Hardware. Zwei Methoden der Abbildung werden verwendet:

— Jede Datei wird am Massenspeicher von einer Seitentabelle begleitet. Die Seitentabelle enthält eine Liste der Adressen aller für die Darstellung der Datei verwendeten Spurabschnitte. Die Reihenfolge der Adressen in der Liste stimmt mit der Reihenfolge der entsprechenden Seiten der Datei überein.
— Alle für die Darstellung einer Datei verwendeten Spurabschnitte bilden eine lineare Liste und sind durch Zeiger verkettet. Die Seiten der Datei werden der Reihe nach auf Spurabschnitte abgebildet, die in dieser Liste aufeinanderfolgen. Die Zeiger werden mit den Daten in den Spurabschnitten gespeichert.

Praktisch alle größeren Datenverarbeitungsanlagen benutzen für die Abbildung Seitentabellen. Diese Methode ist einfach und wirksam, besonders wenn beim Öffnen der Datei die Seitentabelle in den internen Speicher kopiert wird. Bei der Abbildung mittels Listen sind für Ausgabeoperationen zwei Zugriffe zum Massenspeicher nötig, weil vor jedem Schreiben der Zeiger zum nächsten Spurabschnitt gelesen werden muß; außerdem ist wegen der sequentiellen Natur der Darstellung direktes Adressieren ausgeschlossen. Trotzdem wird diese Methode bei manchen kleinen Systemen verwendet, wo die Hardware keine Vorkehrungen zum Schutz der Daten vor Zerstörung durch Fehler von Benutzerprogrammen besitzt. Die Zerstörung des Dateikataloges oder sogar einer einzigen Seitentabelle kann bei Abbildung durch Seitentabellen zum Verlust des gesamten Dateisystems führen. Eine Rekonstruktion des Dateisystems ist nicht möglich, weil Spurabschnitte mit Daten und Spurabschnitte mit Seitentabellen durch ihren Inhalt nicht unterschieden werden können. Bei der Darstellung durch Listen sind die Folgen einer begrenzten Zerstörung weniger schwerwiegend. Durch Verfolgen der Zeigerketten kann der Inhalt eines Dateisystems ohne Schwierigkeit rekonstruiert werden.

Strukturen von Dateien

Im allgemeinen verwendet der Benutzer eine Datei zur Darstellung von Datenstrukturen auf einem Massenspeicher. Die meisten Benutzerprogramme beschränken sich dabei auf wenige „Standard" Typen von Datenstrukturen — z.B. sequentielle oder index-sequentielle Listen. Fast alle Betriebssysteme bieten dem Benutzer Systemprogramme zum Arbeiten mit solchen Standarddatenstrukturen an. Diese Systemprogramme bilden die gewählte Datenstruktur auf eine Datei ab, so daß der Benutzer an Stelle der ursprünglichen Datei und ihres Adreßraumes eine Datei sieht, die seinem Problem angepaßt ist und direkt der Datenstruktur gemäß organisiert ist.

Die beschriebenen Systemprogramme sind bei einigen Betriebssystemen in den Überwacher integriert. Andere Betriebssysteme behandeln sie als unabhängige Systemprogramme, die bei Bedarf als Unterprogramme in die Benutzerprogramme integriert werden den.

Auch Datenbanksysteme gehören, streng genommen, zu dieser Gruppe von Systemprogrammen. Wegen ihrer besonderen Bedeutung und ihrer Komplexität werden sie allerdings im allgemeinen völlig unabhängig behandelt.

2.3.2 Programme

Ähnlich wie Dateien, sind Programme logische Betriebsmittel, die von Benutzeraufträgen geschaffen werden können und vom Betriebssystem verwaltet werden. Die wesentliche Aufgabe des Betriebssystems bei der Behandlung von Programmen ist aber nicht ihre Darstellung – Programme werden fast immer mit Hilfe von Dateien dargestellt –, sondern die möglichst weitgehende Unterstützung des Benutzers beim „Programmieren", d.h. der Vorbereitung ausführungsbereiter Programme.

Quellen- und Objektkode

Benutzer müssen Probleme für die Behandlung in einer Datenverarbeitungsanlage mit Hilfe einer Programmiersprache beschreiben. Diese Beschreibung ist symbolisch, d.h. sie erfolgt mittels alpha-numerischer Zeichenketten. Man nennt diese Form den „Quellenkode" des Programms. Für die Behandlung des Programms muß die Beschreibung in eine der Maschine zugängliche Form gebracht werden. Der Quellenkode muß mit Hilfe von Systemprogrammen so umgeformt werden, daß als Ergebnis eine ausführbare, im internen Speicher geladene Folge von Maschinenbefehlen entsteht.

Diese Umformung erfolgt bei „In-core" Kompilierern und Interpretierern in einem einzigen Arbeitsgang. Alle anderen Übersetzerprogramme gehen bei der Umformung in mehreren Etappen vor:
1) Übersetzen
2) Binden
3) Laden

Die Zwischenergebnisse der Etappen werden als Dateien, üblicherweise auf Massenspeichern, aufgehoben. Sie stellen eine Form des Programms dar, die dem Maschinenkode der wirklichen „Objekt"-Maschine sehr ähnlich ist; man nennt sie daher „Objektkode".

Die syntaktische und semantische Form des Inhaltes von Quellenprogrammen ist durch die Programmiersprache festgelegt, der Quellenkode muß immer von einem ganz bestimmten Übersetzerprogramm verarbeitet werden. Im Unterschied dazu ist die Form von Objektprogrammen in jedem Betriebssystem genau festgelegt. Dadurch kann ein einziger Programmbinder und ein einziges Ladeprogramm von verschiedenen Übersetzerprogrammen erzeugte Objektkodes behandeln.

Im Objektkode ist die vom Übersetzerprogramm erzeugte Folge von Maschinenbefehlen des Programms dargestellt. Außerdem enthält der Objektkode alle zusätzlichen Angaben, die für die Abbildung dieser Darstellung auf den internen Speicher und für die Ausführung des Programms nötig sind.

Übersetzerprogramme

Diese Programme übersetzen die symbolische Beschreibung des Programms im Quellenkode in eine Folge von Maschinenbefehlen. Im allgemeinen erzeugen sie einen Objektkode, der vom Programmbinder und vom Programmlader weiter behandelt werden muß.

Zwei besondere Arten von Übersetzerprogrammen erzeugen keinen Objektkode und machen Binder und Lader überflüssig. Weil kein Objektkode vorhanden ist, müssen Programme vor jeder Ausführung neu übersetzt werden:

2.3 Datenverwaltung

— *„In-core Kompilierer"* übersetzen den Quellenkode eines Programms in einem einzigen Vorgang in eine Folge von Maschinenbefehlen und laden diese in den internen Speicher. Sie verfahren wie gewöhnliche Kompilierer nehmen aber zusätzlich die Funktionen eines Programmbinders und -laders wahr. Die Ausführung des Programms kann sofort nach einer fehlerfreien Übersetzung vorgenommen werden.

— *Interpretierer* trennen die Übersetzung und Ausführung nicht in gesonderte Phasen. Jeder Befehl wird sofort nach seiner Übersetzung, und unter Kontrolle des Interpretierers, ausgeführt. Interpretierer eignen sich besonders für Dialogbetrieb, weil das Übersetzungsprogramm auch Fehler bei der Ausführung erfaßt und sofort zu korrigieren erlaubt.

Übersetzerprogramme sind unabhängige Systemprogramme und kommen bei Bedarf in einem Benutzerauftrag wie gewöhnliche Benutzerprogramme zur Ausführung. In manchen Datenverarbeitungsanlagen werden einige Übersetzerprogramme sehr häufig verwendet. Besondere Methoden ermöglichen bei solchen Übersetzerprogrammen, daß nur eine einzige Kopie des Programms im internen Speicher geladen ist, selbst wenn mehrere Benutzer gleichzeitig den Übersetzer verwenden (Echtzeit-Übersetzerprogramme, oder „reentrant" programmierte Übersetzerprogramme, deren Befehle von mehreren Benutzeraufträgen im Stapel- oder Dialogbetrieb gleichzeitig ausgeführt werden können).

Programmbinder und -lader

Diese beiden Systemprogramme bilden die im Objektkode enthaltene Darstellung des Programms auf den internen Speicher ab und bereiten das Programm zur Ausführung vor.

Die meisten Übersetzerprogramme erlauben dem Programmierer, sein Programm in Unterprogramme zu zerlegen. Das Übersetzerprogramm ordnet jedem Unterprogramm einen unabhängigen Adreßraum zu und erzeugt beim Übersetzen einen Objektkode für diesen Adreßraum. Programmbinder (engl. „Linkage Editor") dienen dazu, den Objektkode mehrerer Unterprogramme zu einem einzigen Objektkode zusammenzufassen; dabei müssen die Adreßräume der Unterprogramme auf einen einzigen Adreßraum abgebildet werden. Diese Abbildung geschieht durch Translation: die einzelnen Unterprogramme werden im resultierenden Adreßraum hintereinandergereiht (Abb. 2.7).

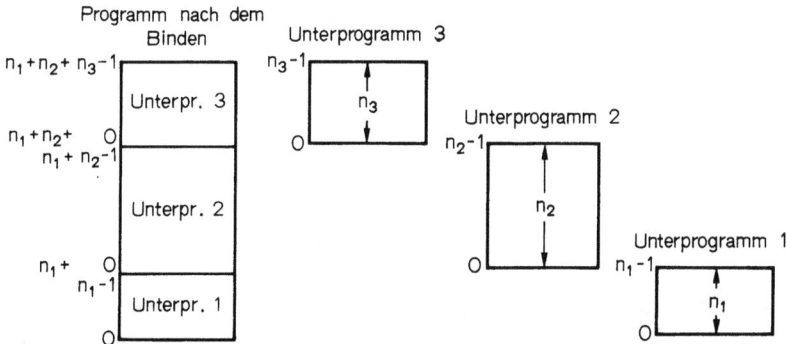

Abb. 2.7. Programmbinder: Abbildung der Adreßräume

Der Inhalt von Adreßkonstanten und -feldern im Objektkode ist bei der Translation nicht invariant. Der Programmbinder muß daher bei der Translation eine Korrektur vornehmen. Die Darstellung von Adreßfeldern und -konstanten wird im Objektkode nicht besonders hervorgehoben und erlaubt nicht die Unterscheidung von Werten, die bei der Translation invariant sind. Der Objektkode muß daher zusätzliche Angaben enthalten, mit deren Hilfe der Programmbinder zu korrigierende und nicht zu korrigierende Wörter unterscheiden kann. Die Form dieser Angaben ist durch Regeln festgelegt und in jedem Betriebssystem anders. In manchen Betriebssystemen ermöglichen diese Angaben, zwischen einfachen Adressen und Funktionen von Adressen zu unterscheiden, die komplexere Korrekturen erfordern (z.B. die Summe mehrerer Adressen); der Programmbinder kann dadurch einen entsprechenden Korrekturalgorithmus wählen. Andere Betriebssysteme erlauben nur die Verwendung einfacher Adressen; die Korrektur im Programmbinder ist dann immer die Addition eines konstanten Wertes.

Die beschriebene Form der Abbildung ist in allen Betriebssystemen durch einen Mechanismus ergänzt, mit dessen Hilfe Unterprogramme zum Adreßraum anderer Unterprogramme Zugang haben. Dies ist nötig, um von einem Unterprogramm Sprungbefehle zum Beginn von Prozeduren anderer Unterprogramme durchführen zu können, oder um globale Werte anderer Unterprogramme verwenden zu können.

Diese Zugriffe werden durch „globale Symbole" möglich gemacht. In einem Unterprogramm können bestimmte Adressen (z.B. der Beginn des Programms) „global" zugänglich erklärt werden; jeder solchen Adresse wird zu diesem Zweck ein globales Symbol zugeordnet. Der Übersetzer erzeugt im Objektkode des Unterprogramms eine Tabelle, welche für jedes globale Symbol die alpha-numerische Darstellung und die Adresse im Adreßraum des Unterprogramms enthält. Der Programmbinder faßt die Tabellen globaler Symbole aller Unterprogramme zusammen und ersetzt die Adressen durch Adressen im resultierenden Adreßraum.

Ein Unterprogramm kann eine Adresse außerhalb seines eigenen Adreßraumes verwenden, wenn dieser Adresse ein globales Symbol entspricht. Im Objektkode des Unterprogramms erscheint dann an Stelle der Adresse die Angabe, daß ihr Wert durch ein globales Symbol bestimmt ist, und die alpha-numerische Darstellung des Symbols. Mit Hilfe der Tabelle globaler Symbole kann der Programmbinder die nötige Korrektur vornehmen. Je nach der im Objektkode eines Systems vorgesehenen Form für diese Angaben ist das Verwenden von Funktionen von globalen Symbolen (z.B. die Summe oder Differenz globaler Symbole und lokaler Adressen) erlaubt oder verboten.

Programmbinder erzeugen wieder einen Objektkode. Dieser kann neuerlich vom Programmbinder mit dem Objektkode anderer Unterprogramme verbunden werden. Letzten Endes wird der Objektkode vom „Programmlader" in den internen Speicher geladen und zur Ausführung gebracht. Die Arbeit eines Programmladers ist sehr einfach. Er bildet den Adreßraum des Objektprogramms auf den internen Speicher ab. In manchen Systemen beschränkt sich dies auf ein einfaches Kopieren, in anderen wird dabei eine Translation vorgenommen. Einige Betriebssysteme nehmen Binden und Laden in einem einzigen Arbeitsgang mit Hilfe eines „bindenden Programmladers" (engl. „Linking Loader") vor.

In manchen Betriebssystemen können Programme ausgeführt werden, die nicht gebunden sind, d.h. bei der Ausführung auf den Adreßraum anderer Programme zugreifen. Das Betriebssystem erkennt solche Zugriffe durch einem dem „Zugriff bei Bedarf" ähnlichen Vorgang und unternimmt alles nötige zur korrekten Weiterführung des Programms. Man nennt diesen Vorgang „dynamisches Binden".

3. Programmieren

Von P. Läuchli

3.1 Einleitung

Entsprechend der Zielsetzung des ganzen Buches besteht der Zweck dieses Beitrages nicht darin, dem Anfänger das Programmieren in einer bestimmten Sprache beizubringen. Die Ausführungen richten sich jedoch auch nicht an den Informatik-Fachmann. Vielmehr ist derjenige Leser angesprochen, der selber – nach einer mehr oder weniger soliden Ausbildung – schon Programme geschrieben und dabei wohl auch gewisse Abenteuer erlebt hat. Da sich die Betrachtungen nicht im Aufstellen von allgemeinen Thesen erschöpfen sollten, wurde einerseits ein konkretes Beispiel ausgesucht, an welchem sich die übrigen Erörterungen aufreihen, und andererseits eine konkrete Programmiersprache herangezogen, damit die ausgesprochenen Beobachtungen und Wünsche nicht in der Luft hängen bleiben und sich das Beispiel bis in die Details ausführen läßt. Es muß aber nochmals deutlich festgestellt werden, daß unsere Ausführungen für das Erlernen der besagten Sprache nicht ausreichen.

So ergab sich die Gliederung in vier Abschnitte folgenden Inhalts:
(1) Einführung des Leitbeispiels „Externes Sortieren", Behandlung bis zur verbalen Formulierung des Prozesses. Herausstellung der Datenstruktur „File".
(2) Diskussion einiger allgemeiner Prinzipien der Programmierung anhand der bestehenden Sprache PASCAL.
(3) Weiterführung des Leitbeispiels bis zum Detailprogramm mit besonderer Berücksichtigung des Verifikationsproblems.
(4) Allgemeine Bemerkungen zu einigen Programmierfragen.

3.2 Einführung des Leitbeispiels

Sortieren heißt in der Datenverarbeitung: eine Reihe von vergleichbaren Dingen der Größe nach ordnen (also z.B. Zahlen: nach der gewöhnlichen Ordnung; Namen: alphabetisch; Kalenderdaten: nach der zeitlichen Reihenfolge). Etwas genauer läßt sich der Normalfall der Praxis etwa folgendermaßen beschreiben: Die obigen „Dinge" sind identisch strukturierte Pakete von einfacheren Daten; diese Pakete sollen nach einem ausgezeichneten Feld, einem Schlüsselfeld (das eben z.B. eine Zahl, einen Namen, ein Datum enthält) sortiert werden, wobei die Inhalte der übrigen Felder nicht beachtet werden.

Offensichtlich macht es für die Organisation des Sortierprozesses einen Unterschied, ob die zu sortierenden Daten alle gleichzeitig zur Verfügung stehen, d.h. gelesen und verschoben (vertauscht) werden können, oder ob sie nur in stark eingeschränkter Art, z.B.

in einer starren Reihenfolge gelesen und abgelegt werden können. Die erste Situation entspricht dem Fall, daß im Computer die Daten im Primärspeicher (Zentralspeicher, siehe Abb. 1.2) mit Random-Zugriff stehen und führt auf die sogenannten *internen Sortierverfahren,* die zweite hingegen dem Ausweichen auf Sekundärspeicher mit sequentiellem Zugriff, woraus sich die *externen Sortierverfahren* ergeben. (Siehe [6]).

Wir besprechen nun als Beispiel einen Algorithmus für externes Sortieren (siehe [8]), wobei die Tatsache, daß man es mit ganzen Datenpaketen und ausgezeichneten Schlüsselfeldern zu tun hat, für die Diskussion der Sortiermethode an sich keine Rolle spielt. Deshalb reduzieren wir die folgenden Betrachtungen zunächst auf den Fall, daß eine gegebene Sequenz von ganzen Zahlen der Größe nach zu ordnen sei. Die hier in Frage kommenden Verfahren beruhen auf dem allgemeinen Prinzip, daß man immer längere sortierte Teilsequenzen erzeugt, indem man in mehreren Durchgängen jedesmal die Sequenz in geeigneter Weise auf zwei Hilfssequenzen verteilt und diese wieder zusammenmischt. Ein besonders einfaches Verfahren ergibt sich sofort, wenn die Länge der gegebenen Sequenz eine Zweierpotenz ist und man im k-ten Durchgang aus je zwei geordneten Teilsequenzen der Länge 2^{k-1} eine solche der Länge 2^k macht. (D.h. nach dem ersten Durchgang sind je zwei aufeinanderfolgende Elemente richtig geordnet, nach dem zweiten je vier, usw.). Dieses Verfahren weist den Nachteil auf, daß es absolut starr ist und eine eventuell bereits bestehende teilweise Ordnung überhaupt nicht ausnützt.

Das im folgenden geschilderte Verfahren, „natürliches Mischsortieren" (natural merge sort) genannt, vermeidet diesen Nachteil. Wir müssen an dieser Stelle einen wichtigen Begriff einführen: unter einem Lauf (run) verstehen wir eine maximale geordnete Teilsequenz. Jede Folge von natürlichen Zahlen zerfällt eindeutig in Läufe, so z.B. die Folge
 5 8 2 7 10 4 1 7 3 6 8
in der folgenden Weise:
 5 8. 2 7 10. 4. 1 7. 3 6 8.
Wenn man noch beachtet, daß die Teilaufgabe, zwei geordnete Sequenzen zu einer einzigen geordneten zu vereinigen (Mischaufgabe), in einem Durchgang gelöst werden kann, indem man in jeder Sequenz immer gerade soweit liest, bis man die andere überholen würde, und dann auf die andere umschaltet, so kommt man sofort auf unser Verfahren.

An Stelle von „Sequenz" verwenden wir im folgenden eher den technischen Begriff „File" und sagen dann etwa, daß die gegebenen Daten als File f vorliegen und am Schluß in sortierter Form wieder als File unter demselben Namen zurückgegeben werden sollen. Für interne Zwecke des Prozesses führen wir dazu noch die beiden Hilfsfiles $g1$ und $g2$ ein. Die Verarbeitung aller Files geschieht in Durchgängen, immer in derselben Richtung. Für die Definition des momentanen Zustands eines Files stellt man sich am besten einen Positionszeiger vor, der durch geeignete Befehle auf den Anfang gesetzt und beim Lesen oder Schreiben um je ein Feld vorwärts geschoben wird. Die momentane Anzahl von Läufen auf f sei l. Dann ergibt sich zunächst die folgende Grobstruktur des Prozesses:

Natürliches Mischsortieren
 Wiederhole:
 $\Big\{$
  — Setze die Zeiger aller drei Files auf den Anfang.
  — Verteile.
  — Setze die Zeiger aller drei Files auf den Anfang.
  — Mische (l = Anzahl der Läufe auf f).
 bis $l = 1$

Als nächstes muß vor allem präzisiert werden, was unter den beiden Stichwörtern „verteile" und „mische" verstanden werden soll.

Im ersten der beiden Teilprozesse wird das File f gelesen und dabei abwechslungsweise je ein Lauf auf $g1$ und $g2$ geschrieben, d.h.

Verteile

Wiederhole:
$\Big\{$ — Kopiere einen Lauf von f auf $g1$.
— Falls noch nicht Ende von f erreicht: Kopiere einen Lauf von f auf $g2$
bis Ende von f erreicht.

Der zweite Teilprozeß besteht darin, daß je ein Lauf von $g1$ und $g2$ zu einem einzigen auf f gemischt werden. Falls die Anzahl Läufe auf den beiden Hilfsfiles nicht dieselbe war, wird auf einem der beiden ein Rest übrig bleiben, den wir dann einfach noch auf f kopieren. Also:

Mische

— Setze $l = 0$;
— Solange weder Ende von $g1$ noch von $g2$ erreicht, führe aus:
$\Big\{$— Mische je einen Lauf von $g1$ und $g2$ auf f.
— Erhöhe l um 1.
— Solange Ende von $g1$ noch nicht erreicht, führe aus:
$\Big\{$— Kopiere einen Lauf von $g1$ auf f.
— Erhöhe l um 1.
— Solange Ende von $g2$ noch nicht erreicht, führe aus:
$\Big\{$— Kopiere einen Lauf von $g2$ auf f.
— Erhöhe l um 1.

Nach Durchlaufen dieses Teilprozesses besitzt offenbar l den im äußeren Prozeß benötigten Wert (= Anzahl Läufe auf f).

Es dürfte nun klar sein, wie dieses Verfahren arbeitet. Im ungünstigsten Fall, d.h. wenn die gegebene Sequenz gerade verkehrt geordnet ist, passiert ungefähr dasselbe wie beim vorher angedeuteten starren Verfahren. Falls hingegen im anderen Grenzfall die Sequenz schon richtig geordnet ist, benötigt unser Verfahren einen Durchgang „verteile", um diesen Tatbestand überhaupt festzustellen. ($g2$ bleibt jetzt leer.) Bei „mische" wird dann einfach $g1$ wieder auf f zurückkopiert.

Es wird nun wohl kaum einen großen Sinn haben, die Teilprozesse noch detaillierter in der bisherigen Art verbal zu beschreiben. Vielmehr sollte man sich jetzt einem präzisen allgemein verwendbaren Formalismus zur Beschreibung von Algorithmen zuwenden. Dies geschieht im nächsten Abschnitt.

3.3 Die Elemente einer Programmiersprache

Die Sprache, in welcher der Prozeß dem Computer übermittelt wird, übt einen großen Einfluß auf die Arbeitsweise des Programmierers aus. Um die uns wichtig scheinenden Prinzipien besser erklären zu können, wurde deshalb nicht eine Sprache herangezogen, welche möglichst allgemein verbreitet ist, sondern eine solche, die klar und einfach konzipiert ist, effiziente Programme ermöglicht, aber doch soviel enthält, daß sich eine weite

Klasse von Algorithmen bequem formulieren läßt. In diesem Sinne hat sich PASCAL, ein Abkömmling von ALGOL, seit Jahren im Elementarunterricht an der ETH Zürich glänzend bewährt. Für eine detaillierte Einführung steht bereits eine umfangreiche Literatur zur Verfügung (siehe z.B. [1, 2, 4, 5, 9]).

In der Anfangszeit mußte das Programm in der Form von „Maschinencode", d.h. durch die direkt ausführbaren Maschinenbefehle ausgedrückt werden. Diese Form trat dann zurück, wurde jedoch in neuerer Zeit durch das Aufkommen der programmierbaren Taschenrechner wieder populär. Bei dieser Art des Programmierens kommt man nicht darum herum, sich einen detaillierten Speicherbelegungsplan anzulegen, bevor man anfängt, lange Reihen von Befehlen niederzuschreiben, damit man die notwendige Übersicht über die Daten wahren kann.

Dieser Teil der Programmierarbeit wurde durch die sogenannten „höheren Programmiersprachen" wesentlich vereinfacht, ja im Grenzfall dem Programmierer sogar ganz abgenommen (wobei es sich allerdings fragt, ob man ihm damit nicht einen Bärendienst leistet).

Wir wollen nun bei der heutigen Form unserer Programme grundsätzlich zwischen einem *Verwaltungsteil* und einem *Aktionsteil* unterscheiden. In grober Näherung würde der erste eine Beschreibung der *Datenstruktur,* der zweite eine solche der *Programmstruktur* enthalten, wobei allerdings die Blockstruktur der ALGOL-ähnlichen Sprachen diese Unterscheidung scheinbar etwas kompliziert. Die verschiedenen Programmiersprachen unterscheiden sich u.a. im Anteil der organisatorischen Arbeit, welche schon zur Übersetzungszeit erledigt werden kann. Der Verzicht auf allzu dynamische Konstruktionen vergrößert die Möglichkeit von effizienten Objektprogrammen (s. Abschnitt 5.2). Auch diese Fragen hängen aufs engste mit der Konzeption des Verwaltungsteils zusammen.

In diesem Abschnitt wird insbesondere auch noch auf das Unterprogramm- bzw. Blockkonzept, sowie auf die Datenstruktur „File" eingegangen.

3.3.1 Verwaltungsteil

Daten werden im Programm als Werte von Variabeln verarbeitet. Somit gehören in den Verwaltungsteil eine Liste der im Programm verwendeten Variabeln sowie Angaben über deren Wertebereiche, „Typ" genannt. So kommt man in PASCAL auf die folgende Syntax der einfachen Variablendeklaration:

var < Liste der Variablennamen > : < Typ >

(in unseren Beispielen von Syntaxbeschreibung werden verbal bezeichnete syntaktische Einheiten durch spitze Klammern gekennzeichnet). Wir werden sehen, daß für <Typ> in der kompakteren Variante direkt einer der im Sortiment enthaltenen Standardtypen eingesetzt werden kann, daß aber auch die Möglichkeit besteht, zuerst (kompliziertere) Typen zu definieren, diesen einen Namen zu geben, und in der Variablendeklaration dann diesen Namen einzusetzen. Die Grundelemente des Verwaltungsteils sind also zunächst einmal: Typendefinition, Variablendeklaration. Bei den Typen unterscheiden wir zwischen *skalaren* und *strukturierten* Typen.

3.3 Die Elemente einer Programmiersprache

Skalare Typen

Die Werte sind elementare Größen wie Zahlen, Zeichen, usw. (von der Maschinenorganisation aus betrachtet: Größen, die i.a. in einem Wort Platz finden). Die gängigen Programmiersprachen bieten einen Satz von häufig vorkommenden Standardtypen samt den zugehörigen Operatoren und Standardfunktionen an, wie *Integer, Real, Boolean, Character*; darüber hinaus (allerdings nicht in PASCAL): *Complex, Double precision.*
Beispiel für Variablendeklaration in PASCAL:

var *a,b: integer; x1, x2, z: real;*

Strukturierte Typen

Hier wird mit einem Variablennamen ein ganzes „Paket" von Daten erfaßt, welches in einzelne *Komponenten* zerfällt. Zur Definition gehören also: Beschreibung der Struktur des „Paketes" und Angabe der Komponententypen. Da die letzteren wiederum strukturiert sein können, ist es möglich, mit einem knappen Formalismus komplizierte Hierarchien von Datenstrukturen aufzubauen.

Die wichtigsten Strukturarten von PASCAL sind:
(1) *Record*: Die Komponenten werden durch Namen bezeichnet, sie können von verschiedenem Typ sein.
Beispiel: Angaben auf einer Personal-Karteikarte.

type *person* = **record**
       stammnr, abteilung : *integer;*
       name, vorname   : *alfa;*
       gebdat : **record**
           tag : 1..31;
           mon : 1..12;
           jahr : 1850..2000
       end;
       männlich   : *boolean*
end

(2) *Array*: Die Komponenten werden durch Indizes identifiziert (Random-Zugriff), alle sind vom gleichen Typ.
Beispiele: Vektoren, Matrizen in der linearen Algebra, Tabellen, also z.B.

type *vektor* = **array** [1..200] **of** *real;*

(Die Zahlen in den eckigen Klammern bezeichnen die Grenzen des Indexbereichs).
(3) *File*: Nur sequentieller Zugriff zu den Komponenten, alle vom gleichen Typ.
Beispiel: Eine ganze Personalkartei, die nicht im Primärspeicher Platz findet.

type *kartei* = **file of** *person;*

(4) Ein besonderer Mechanismus ist vorgesehen, der es erlaubt, in äußerst flexibler Weise *dynamische Datenstrukturen* zur Ausführungszeit eines Programmes aufzubauen. Jedem

bisher besprochenen Typ *t* ist implizit ein Zeigertyp (pointer type) zugeordnet. Einer entsprechend deklarierten Variabeln kann dann als Wert ein Zeiger auf eine Variable vom Typ *t* zugewiesen werden. Wenn nun *t* z.B. ein Record-Typ ist, welcher wiederum einzelne Komponenten von einem Zeigertyp enthält, so können auf einfache Art beliebig verkettete Listen aufgebaut und durchlaufen werden.

Die Forderung nach Deklaration der Variabeln und Definition der Typen im Verwaltungsteil dient einerseits der Sicherheit (Entdeckung von Schreibfehlern durch den Compiler, falls sie Verstöße gegen die Deklarationsregeln bewirken) und andrerseits der rationellen Speicherbewirtschaftung (was natürlich vor allem bei strukturierten Typen ins Gewicht fällt).

3.3.2 Aktionsteil

Das Grundelement des Aktionsteils ist die *Anweisung*. Waren die Elemente des Verwaltungsteils Angaben, welche dem Compiler die Übersetzung erleichtern sollten, so haben nun die Anweisungen den Zweck, zur Ausführungszeit des Programms Handlungen auszulösen. Aufeinanderfolgende Anweisungen werden in PASCAL durch Semikolon getrennt.

Die grundlegende und einfachste Art der Anweisung ist die *Wertzuweisung*. Sie hat die syntaktische Form

$$< \text{Variable} > := < \text{Ausdruck} >$$

mit der offensichtlichen Meinung, daß der Variabeln auf der linken Seite der aktuelle Wert des Ausdrucks der rechten Seite zugewiesen werden soll. Über die Syntax der Ausdrücke, insbesondere der arithmetischen Ausdrücke (also solcher vom Typ *Integer* oder *Real*) braucht hier nichts gesagt zu werden; es hat sich darüber ein weitgehender Konsens bezüglich Bindungsstärke der Operatoren und Klammerstruktur herausgebildet.

Um den Ablauf eines Prozesses zu steuern, verwenden wir die folgenden vier Klassen von Anweisungen:

(1) *Bedingte Anweisungen*

if < Bedingung > **then** < Anweisung > **else** < Anweisung >

wobei „Bedingung" für einen logischen Ausdruck (Typ *Boolean*) steht.
Beispiel:

if *b* **and** *(x<0)* **then** *z* := 4 **else** *z* := *z* − 1

Falls die Alternative nicht benötigt wird, begnügt man sich mit der einfacheren Form

if < Bedingung > **then** < Anweisung >

Die simultane Aufspaltung in mehr als zwei Fälle geschieht mit der Case-Anweisung.

3.3 Die Elemente einer Programmiersprache

(2) Repetitive Anweisungen

Bei der Bildung von Schleifen ist es zweckmäßig, zwischen zwei grundsätzlich verschiedenen Fällen zu unterscheiden, nämlich
— Verlassen der Schleife auf Grund eines Abbrechkriteriums, welches in der Schleife entstehende Werte benützt (typische Fälle: numerische Berechnung mit einem Genauigkeitskriterium; Leseanweisung in einer Schleife mit Test auf Sonderwert, der das Ende der Eingabedaten markiert).
— Eine „Laufvariable" (Index) durchläuft eine zum voraus feststehende Reihe von Werten (typischer Fall: Rechnen mit Vektoren, Matrizen).
    Für die erste der beiden Schleifenarten kennt PASCAL die Konstruktionen

   repeat < Anweisung > **until** < Bedingung >

und

   while < Bedingung > **do** < Anweisung >

Die Bedeutungen sind offensichtlich; sie decken sich mit denjenigen der entsprechenden deutschsprachigen Versionen, die bei der Einführung des Leitbeispiels im ersten Abschnitt verwendet wurden. Die beiden Formen unterscheiden sich dadurch, daß bei der zweiten vor dem Eintritt in die Schleife auf die Bedingung getestet wird und somit auch der Fall berücksichtigt ist, daß die Schleife kein einziges Mal durchlaufen werden soll.
    Für die zweite Schleifenart heißt die Anweisung

   for < Variable > := < Ausdruck > **to** < Ausdruck > **do** < Anweisung >

mit der Bedeutung, daß die Anweisung in der Schleife für alle Werte der Laufvariabeln zwischen dem angegebenen Anfangs- und Endwert je einmal ausgeführt wird (falls Endwert kleiner als Anfangswert, keinmal). Die Laufvariable wird im Normalfall vom Typ *Integer* sein, aber auch mit dem Typ *Character* ergeben sich sinnvolle Anwendungen (z.B. ein Index durchläuft die Zeichen des Alphabets).
    Sowohl bei den bedingten als auch bei den repetitiven Konstruktionen wird sich sofort die Forderung erheben, daß dort, wo in unserer syntaktischen Beschreibung < Anweisung > steht, im konkreten Anwendungsfall eventuell eine Sequenz von Anweisungen ausgeführt werden sollen (alle unter derselben Bedingung, bzw. in derselben Schleife). Um dies zwanglos zu ermöglichen, bildet man aus einer solchen Sequenz eine einzige *zusammengesetzte Anweisung*:

   begin < Anweisung > ; < Anweisung > ; . . . ; < Anweisung > **end**

Bedingte und Schleifenanweisungen können natürlich auch geschachtelt werden.

(3) Sprunganweisung

Jede Anweisung kann mit einer Marke versehen und durch die Anweisung

   goto < Marke >

angesprungen werden (mit naheliegenden Einschränkungen, wie z.B. dem Verbot, in eine
for-Schleife hineinzuspringen). Bekanntlich führt die bedenkenlose Verwendung von
Sprüngen auf sehr unübersichtliche Programmkonstruktionen, weshalb es sich dringend
empfiehlt, mit den vorher besprochenen Anweisungsarten auszukommen. Andrerseits
gibt es tatsächlich gewisse Fälle, in denen sich der Gebrauch eines **goto** aufdrängt.

(4) Prozeduranweisungen

Hier handelt es sich um den Aufruf von Unterprogrammen. Wegen der Wichtigkeit dieses
Konzeptes wird im nächsten Unterabschnitt näher darauf eingegangen.

Jede Programmiersprache benötigt Anweisungen für die *Ein-* und *Ausgabe* von Daten. Die Formatierung sollte, vor allem für den Anfänger, sehr einfach zu handhaben
sein. Dieser Forderung kommt das formatfreie Lesen von Zahlen besonders entgegen.

3.3.3 Unterprogramme

Die Idee, aus Gründen der Ökonomie (Reduktion der Anzahl „Programmschritte") solche
Teile des Programms, welche mehrmals vorkommen, aus dem Ganzen herauszulösen und
als Unterprogramme (Subroutinen) aufzurufen, ist sehr alt. Nachdem dann der geniale
Einfall verwirklicht war, die Programme im selben Speicher zu halten wie die Daten, wurden immer flexiblere Mechanismen möglich. Insbesondere begann man, beim Aufruf des
Unterprogramms gewisse Größen, die Parameter, austauschbar zu machen. Die konsequente Weiterführung all dieser Ideen führte schließlich auf die Verwendung von Unterprogramm-Hierarchien als Strukturierungsmittel mit entsprechender Gliederung der Gültigkeitsbereiche von Variablen und anderen Größen. Dies soll im folgenden etwas näher erläutert werden.

Ein Hauptprogramm mit Namen *p*, das ein Unterprogramm (in PASCAL „Prozedur"
genannt) ohne Parameter enthält, ergibt folgende Grobstruktur:

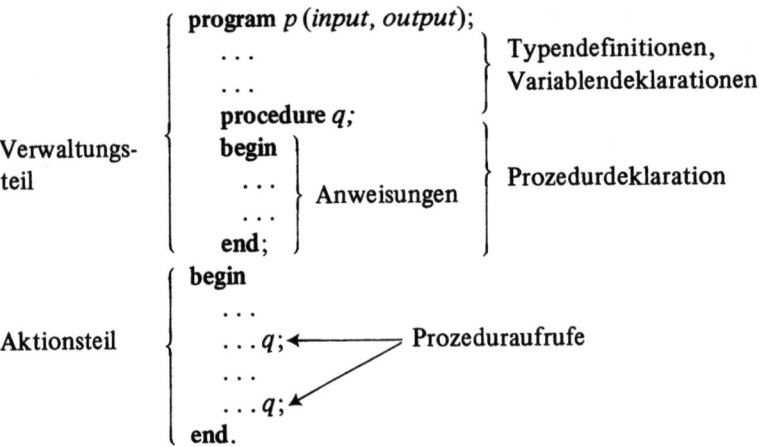

Wir betrachten dabei konsequenterweise die Deklaration der Prozedur *q* als Bestandteil
des Verwaltungsteils von *p*.

3.3 Die Elemente einer Programmiersprache

Nun wird aber jede nicht ganz triviale Prozedur i.a. gewisse Variabeln mit lokalem Charakter verwenden, die für das Hauptprogramm keine Rolle spielen. Sie sollten auch entsprechend deklariert werden können, d.h. so, daß ihr Platz erst beim Aufruf der Prozedur beansprucht und beim Verlassen derselben wieder freigegeben wird, was natürlich praktisch vor allem für strukturierte Variabeln von Bedeutung ist.

Zur Illustration nochmals ein Beispiel:

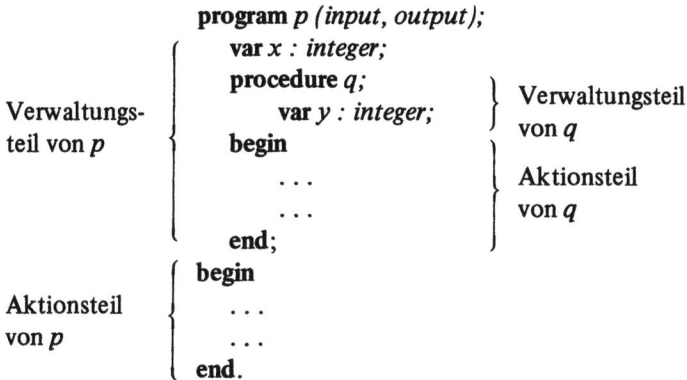

Hier ist die Variable *y lokal* bezüglich *q*, darf also nur im Aktionsteil von *q* verwendet werden. Bei einem neuerlichen Aufruf von *q* durch das Hauptprogramm ist ein in einem früheren Aufruf von *q* der Variabeln *y* eventuell zugewiesener Wert nicht mehr vorhanden. Dagegen ist *x global* deklariert und kann sowohl im Aktionsteil von *p* als auch in demjenigen von *q* benutzt werden.

Wenn man nun im Verwaltungsteil von *q* eine weitere Prozedur *r* deklarieren würde, dann wäre diese lokal zu *q* und könnte nur im Aktionsteil von *q* aufgerufen werden. So ist es möglich, Prozedurdeklarationen und entsprechend Gültigkeitsbereiche von Variabeln ineinander zu verschachteln. Dabei werden die Begriffe lokal-global relativiert.

Beim Aufbau solcher Strukturen ist zu beachten, daß gewisse Compiler verlangen, daß eine Prozedur *vor* ihrem Aufruf deklariert werde. Doch ist von der Sprachdefinition her der wichtige, aber Vorsicht erheischende Spezialfall zugelassen, daß eine Prozedur in ihrem Aktionsteil sich selbst aufruft, also der *rekursive* Gebrauch von Prozeduren. Es liegt in der Natur gewisser Programmieraufgaben, daß sie sich wesentlich eleganter unter Verwendung von rekursiven Prozeduren und Funktionen — die Behandlung der Funktionen geschieht völlig analog zu derjenigen der Prozeduren — lösen lassen. Ein typisches Beispiel liefert die Syntaxanalyse einer Programmiersprache, deren Grammatik in Backus-Naur-Form (s. Abschnitt 5.7) definiert ist. Die Rekursivität in diesem Definitionsmechanismus kann dann völlig getreu in das entsprechende Geflecht von Prozeduren übernommen werden. Wichtige Anwendungen ergeben sich auch in Algorithmen für kombinatorische Probleme wie z.B. Planaritätstests auf Graphen oder bei vielen Backtracking-Prozessen. Es muß aber deutlich vor allzu unbedenklichem Einsatz der Rekursivität gewarnt werden. Man darf z.B. nicht vergessen, daß zur Ausführungszeit auf jeder Rekursionsstufe eine vollständige Generation aller lokalen Größen aufgebaut wird.

3.3.4 Strukturart „File"

Da sich unser Leitbeispiel wesentlich auf die Daten-Strukturart File – im deutschen Sprachgebiet allgemein „Datei" genannt – stützt, muß diese noch etwas näher erklärt werden. Es wird im folgenden kurz dargestellt, wie in PASCAL auf dem Niveau der Programmiersprache in einfachster Weise Files deklariert, geschrieben und gelesen werden können. Für den Verkehr mit Files, welche außerhalb des Programms existieren, sind einige Befehle auf dem nächsten Niveau (Steuerbefehle an das Betriebssystem) notwendig. Diese werden hier nicht besprochen.

Der File-Typ hat die syntaktische Form

file of < Komponententyp >

Damit könnte etwa eine Variable, die ein Textfile bezeichnet, direkt deklariert werden:

var *a* : **file of** *char*,

oder man defininiert zuerst den Typ wie im Beispiel von 3.3.1:

type *kartei* = **file of** *person*

(wo *person* ein bereits definierter Record-Typ ist) und deklariert dann die Variabeln:

var *a, b, c* : *kartei*

Die Definition des File-Typs enthält also nur Angaben über den Komponententyp, nicht über die Länge des Files. Diese ergibt sich erst zur Ausführungszeit, eben beim Schreiben.

Während der Ausführung des Programms befindet sich jedes File entweder im Schreib- (S) oder im Lesezustand (L). Man denke sich ferner einen Positionszeiger, der immer auf eine Komponente des Files weist. Ein Wechsel zwischen den Zuständen S und L ist nur beim Setzen des Zeigers auf den Anfang möglich. Die Verarbeitung eines Files *a* geschieht nun mit den folgenden vier Standardprozeduren:

Schreiben
rewrite (a)   File *a* gerät in den Zustand S, der Positionszeiger wird auf den Anfang gesetzt.

write (*a*, E)   E steht für einen Ausdruck vom Komponententyp. Der Wert von E wird in die Komponente geschrieben, auf welche der Zeiger deutete. Der Zeiger wird um eine Stelle weitergeschoben.

Lesen
reset (a)   File *a* gerät in den Zustand L, der Zeiger wird auf den Anfang gesetzt.

read (a, v)   *v* sei eine Variable vom Komponententyp; ihr wird der Wert der Komponente zugewiesen, auf welche der Zeiger deutete. Der Zeiger wird um eine Stelle weitergeschoben.

Um zu verhüten, daß man beim Lesen über das Ende hinausläuft, stelle man sich vor, daß beim Schreiben des Files jeweils in die Komponente, welche auf die zuletzt geschriebene folgt, eine Endmarke gesetzt wird. Nun kann im Zustand L durch die Standardfunktion *eof* (end of file) auf die Endmarke des Files *a* getestet werden, d.h. *eof(a)* bekommt den logischen Wert *true*, genau wenn der Zeiger auf die Komponente mit der Endmarke weist. In dieser Situation ist der Aufruf von *read* nicht zulässig.

Die Ein- und Ausgabeanweisungen von PASCAL werden übrigens als Spezialfälle der eben besprochenen angesehen. Sie beziehen sich auf die beiden Standardfiles *input* und *output*.

Zum Schluß dieses Abschnittes sei darauf hingewiesen, daß mit steigender Länge und Kompliziertheit der Programme gewisse Äußerlichkeiten an Bedeutung gewinnen. So wird etwa die Verständlichkeit eines Programms enorm erhöht, wenn es nicht nur logisch sauber strukturiert ist, sondern wenn diese Strukturierung im Programmtext auch rein optisch erkennbar wird. Bei einer Sprache, die kein starres Programmtext-Format kennt, soll von Einrückungen (zur Sichtbarmachung der Verschachtelungsstufe) und von Leerzeilen ausgiebig Gebrauch gemacht werden, die Platzverschwendung lohnt sich!

Ein ewiges Problem stellt die leidige Dokumentation der Programme, gerade für den originellen Erfinder von Algorithmen, dar. Die in Sprachen wie PASCAL erzwungene „Minimaldokumentation" in der Form des Verwaltungsteils des Programms, sowie die Möglichkeit, Kommentare im Programmtext einzustreuen, genügen i.a. natürlich bei weitem nicht. Es handelt sich hier vielmehr um eine organisatorische Arbeit, welche einen erheblichen Anteil am Aufwand für die Erstellung eines größeren Programmes beansprucht.

3.4 Fortsetzung des Leitbeispiels

3.4.1 Das Detailprogramm

Das im ersten Abschnitt skizzierte Beispiel soll nun im Detail ausgeführt werden. Zur Entlastung des Textes sind einige wenige Teile weggelassen und durch Punkte markiert worden. Abgesehen von diesen Stellen kann das Programm genau in dieser Form übersetzt werden. Wir stellen die konkrete Aufgabe, eine Personalkartei nach einer Stammnummer zu sortieren. Die Daten werden als File mit dem Komponententyp *person* vorausgesetzt, welches nach dem Schlüsselfeld *nr* sortiert werden soll. Selbstverständlich könnte man dasselbe File auch nach einem anderen Schlüssel, z.B. dem Namen, sortieren.

Für das Verständnis des Programms sind noch einige Angaben bezüglich PASCAL-Notation erforderlich:
— Kommentare werden zwischen (* und *) eingeschlossen.
— Im Kopf der Prozedurdeklaration müssen die Typen der auftretenden Parameter angegeben werden. Falls es sich bei den Parametern um eine Namenssubstitution und nicht um eine Weitergabe von Werten handeln soll, wird dies durch das Symbol **var** angedeutet.

— Die Komponenten eines Records werden in der Form

< Recordname > . < Komponentenname >

angesprochen.
— Beim Lesen eines Files möchte man gelegentlich, besonders dann, wenn zwei Files gelesen und verglichen werden sollen, die nächste Komponente schon inspizieren können, ohne die Read-Anweisung auszuführen (und damit den Positionszeiger weiter zu schalten). Dies ist in PASCAL so gelöst, daß jedem File a bei der Deklaration automatisch eine Puffervariable $a\uparrow$ vom Komponententyp zugeordnet wird und daß bei jeder *read*-Operation der Wert der nächsten, noch nicht gelesenen Komponente in $a\uparrow$ abgelegt wird (die erste schon bei *reset*). So bedeutet etwa im folgenden Programm $x\uparrow.nr$ das Schlüsselfeld mit Namen nr der Puffervariabeln des Files x.

Man beachte, daß unser Leitbeispiel u.a. dazu dienen sollte, den Gebrauch von Prozeduren als Strukturierungsmittel zu demonstrieren. In der Praxis würde man wohl bei einem so kurzen Programm diese Gliederung noch nicht so weit treiben. Allerdings nimmt manches Projekt, das in bescheidenem Rahmen begann, nachher unerwartete Dimensionen an, wobei man dann froh ist, das Programm von Anfang an konsequent modular aufgebaut zu haben.

Die Struktur unseres Beispiels ist die folgende: Das Hauptprogramm *externsort* enthält im Verwaltungsteil die Deklaration der Prozedur *natmischsort*. Lokal zu dieser sind auf demselben Niveau die fünf Prozeduren *kopiere, koplauf, verteile, mischlauf, mische* deklariert, wobei die in dieser Reihenfolge früheren z.T. von späteren aufgerufen werden. Im Aktionsteil von *natmischsort* kommt nur noch der Aufruf von *verteile* und *mische* vor.

```
program externsort (input, output);
  type person = record
                  nr: integer;
                     . . . . . (*Übrige Record-Komponenten*)
                     . . . . .
                end;
       kartei = file of person;
  var f: kartei;

  procedure natmischsort;
    (*Eingabedaten als File f vorausgesetzt, werden nach dem Schlüsselfeld nr sortiert,
    Resultat wieder als File f*)
    var  l: integer; (*Anzahl Läufe auf f*)
         el: boolean; (*Ende des Laufs erreicht*)
         g1, g2: kartei; (*Lokale Hilfs-Files*)

    procedure kopiere (var x,y: kartei);
    (*Kopiert ein Element von x auf y. el gibt an, ob Ende des Laufs auf x erreicht*)
      var pu: person;
    begin
      read (x,pu); write (y,pu);
      if eof(x) then el:=true else el:=pu.nr > x↑.nr
    end;
```

3.4 Fortsetzung des Leitbeispiels

```
procedure koplauf (var x,y: kartei);
(*Kopiert einen Lauf von x auf y*)
begin
    repeat kopiere (x,y) until el
end;

procedure verteile;
(*Verteilt die Läufe von f alternierend auf g1 und g2*)
begin
    repeat koplauf (f,g1); if not eof(f) then koplauf (f,g2)
    until eof(f)
end;

procedure mischlauf;
(*Mischt je einen Lauf von g1 und g2 zu einem auf f*)
begin
    repeat
        if g1↑.nr < g2↑.nr then
            begin kopiere (g1,f); if el then koplauf (g2,f) end
        else
            begin kopiere (g2,f); if el then koplauf (g1,f) end
    until el
end;

procedure mische;
(*Mischt sukzessive je einen Lauf von g1 und g2 auf f. Kopiert am Schluß auf g1
oder g2 eventuell übrigbleibende Läufe auf f*)
begin
    l:=0;
    while not eof(g1) and not eof(g2) do
    begin mischlauf; l:=l+1 end;
    while not eof(g1) do
    begin koplauf (g1,f); l:=l+1 end;
    while not eof(g2) do
    begin koplauf (g2,f); l:=l+1 end
end;

begin (*natmischsort*)
    repeat
        reset (f); rewrite (g1); rewrite (g2);
        verteile;
        reset (g1); reset (g2); rewrite (f);
        mische;
    until l=1
end (*natmischsort*)

begin (*Hauptprogramm externsort*)
        ..... (*Bereitstellung des Files f*)
    natmischsort;
        ..... (*Weiterverwendung des Resultats*)
end (*externsort*).
```

3.4.2 Bemerkungen zur Verifikation

Ein ebenso leidiges Problem wie dasjenige der Dokumentation bildet bei jedem nichttrivialen Programm der Nachweis, daß es das leistet, was sein Verfasser von ihm erwartet. Dabei drängt sich die banale Feststellung auf, daß der Programmierer auch genau wissen sollte, was er unter welchen Voraussetzungen von seinem Produkt erwartet. Ferner dürfte es auch klar sein, daß das Verifikationsproblem umso eher in den Griff bekommen werden kann, je konsequenter das Programm durchstrukturiert ist.

Sicher verhält sich nicht jedes Programm dem Korrektheitsnachweis gegenüber gleich. So stellt z.B. ein mathematisches Entscheidungsprogramm, welches nach stundenlanger Rechnung eine Ja-Nein-Antwort produziert, einen Extremfall dar: Einem solchen Resultat wäre zunächst einmal grundsätzlich mit Mißtrauen zu begegnen. Bei manchen numerischen Rechnungen können dagegen Kontrollen mit einprogrammiert werden. Theoretische Untersuchungen über Korrektheitsbeweise haben für die Praxis bis jetzt nicht viel gebracht. Bei kleinen Übungsprogrammen lassen sich solche Beweise recht elegant formulieren, doch im Zeitalter der großen Benutzerpakete und Betriebssysteme beginnt man daran zu zweifeln, daß das, was unter Korrektheit verstanden wird, überhaupt genau definiert sei. So taucht der Begriff der „solid software" auf, hinter welchem die Vorstellung steht, daß einzelne Fehler in einem großen Programm toleriert werden und ganz andere Bewertungskriterien punkto Zuverlässigkeit dazu kommen müssen.

Immerhin ist das genaue Durchexerzieren eines Korrektheitsbeweises in einem überschaubaren Beispiel doch nicht verlorene Mühe, da man dabei auch für den komplizierteren Fall einiges an Systematik in der Argumentation lernen kann. Denn es ist nun doch allmählich eine Binsenweisheit geworden, daß es für das Austesten eines Programmes nicht genügt, einige einfache, von Hand gerechnete Beispiele erfolgreich durchzubringen.

Eine oft nützliche Idee bei der Diskussion einer Programmschleife ist die Aufstellung einer invarianten Bedingung, aus deren Gültigkeit vor Eintritt in die Schleife auf das Bestehen nach Verlassen der Schleife geschlossen werden kann (s. [3, 9]). Ein Punkt, der dabei leicht übersehen wird, ist die Tatsache, daß nicht nur die Invarianz einer solchen Bedingung verifiziert werden muß, sondern daß auch der Nachweis dafür, daß die Schleife überhaupt verlassen wird, dazu gehört (Beweis der Termination eines Prozesses).

In unserem Leitbeispiel wäre es etwa sinnvoll, bei jeder Prozedur genau zu eruieren, welches ihre Voraussetzungen und welches ihre Resultate sind. So würde diese Überlegung z.B. für die Prozedur *kopiere(x,y)* folgendes ergeben:

Voraussetzungen:
   File x im Zustand L,
   File y im Zustand S,
   eof(x) = false
Resultat:
   Eine File-Komponente (nicht nur das Schlüsselfeld, sondern das ganze Record) wurde von x auf y kopiert. *el = true*, genau wenn das Schlüsselfeld der kopierten Komponente das letzte Element in einem Lauf auf x war. Falls *el = false*, dann *eof(x) = false*.

Auf diese Weise können die Bausteine des Programms nahtlos zusammengefügt werden.

Man wird dann bei genauer Betrachtung z.B. auch feststellen, daß bezüglich l, l_1, l_2 (= Anzahl Läufe auf f, $g1$, $g2$) gilt:

Nach Ausführung von *verteile*:
    $l_1 \leq l - l$ **div** 2
    $l_2 \leq l$ **div** 2
    (**div** bedeutet ganzzahlige Division).
Nach Ausführung von *mische*:
    $l = Max\ (l_1, l_2)$

Aus diesen drei Beziehungen folgt insbesondere auch, daß l, solange es größer als *1* ist, bei jedem Durchlaufen der Repeat-Schleife der Prozedur *natmischsort* abnimmt, daß somit das Programm sicher terminiert. Man beachte, daß in den beiden obigen Ungleichungen i.a. nicht das Gleichheitszeichen gesetzt werden darf, da beim Verteilen zwei auf f vorher getrennte Läufe nun auf $g1$ oder $g2$ zu einem einzigen verschmelzen können. (Siehe auch das Beispiel im folgenden Unterabschnitt.)

3.4.3 Zahlenbeispiel

Den Schluß dieses Abschnittes bildet ein kleines Zahlenbeispiel; selbstverständlich sind nur die Schlüssel angegeben. Zur Erhöhung der Übersichtlichkeit wurden die Läufe durch Punkte abgeschlossen:

   f 35 84. 12 23 58 69. 44 47 63. 08 13 30 91 94. 87 93. 26 71.

   g1 35 84. 44 47 63 87 93.
   g2 12 23 58 69. 08 13 30 91 94. 26 71.

   f 12 23 35 58 69 84. 08 13 30 44 47 63 87 91 93 94. 26 71.

   g1 12 23 35 58 69 84. 26 71.
   g2 08 13 30 44 47 63 87 91 93 94.

   f 08 12 13 23 30 35 44 47 58 63 69 84 87 91 93 94. 26 71.

   g1 08 12 13 23 30 35 44 47 58 63 69 84 87 91 93 94.
   g2 26 71.

   f 08 12 13 23 26 30 35 44 47 58 63 69 71 84 87 91 93 94.

3.5 Allgemeine Bemerkungen zur Programmierung

In diesem Abschnitt werden noch einige weitere Fragen erörtert, die sich sehr oft beim Erstellen eines Computerprogramms erheben.

3.5.1 „Allgemeinheitsgrad" eines Programms

Bevor man ein Programm, oder auch einen Programmteil entwirft, lohnt es sich, genau zu überlegen, wie speziell oder allgemein man planen soll. Z.B. wird man in einem Extrem innerhalb eines numerischen Prozesses, in welchem immer wieder die Auflösung eines linearen Gleichungssystems mit genau drei Unbekannten vorkommt, diese Teilaufgabe gestreckt, d.h. ohne Schleifen, ausprogrammieren. Das andere Extrem ist das Bibliotheksprogramm mit allen möglichen Schikanen für die Auflösung von n Gleichungen. Oder wieder allgemein: wie ärgerlich ist es, wenn man nach zwei Monaten beinahe dasselbe Programm nochmals schreiben muß, oder sich gar dazu verleiten läßt, am alten herumzuflicken (und dabei vielleicht sogar einige Stellen vergißt, die auch hätten geändert werden müssen), nur weil man sich vorher über die zu erwartenden Anwendungsfälle nicht klar war. Ebenso ärgerlich ist es aber, wenn man nachträglich entdeckt, daß man einen unverhältnismäßigen Aufwand getrieben hat, der dem Ehrgeiz entsprang, ein möglichst universell verwendbares Programm zu konstruieren. Um hier das Richtige zu treffen, braucht man Glück und Erfahrung.

3.5.2 Rechenzeit contra Speicherplatz

Die beiden Forderungen, ein schnelles Programm zu bekommen, und wenig Speicherplatz zu beanspruchen, laufen einander oft genau zuwider. Die Art, wie man sich aus diesem Dilemma herauswindet, hängt in erster Linie von der zur Verfügung stehenden Rechenanlage ab. Zur Illustration möge wieder ein einfaches Beispiel dienen: Wenn man eine numerisch gegebene Funktion benötigt, so erhält man durch sehr feinmaschige Tabellierung mit entsprechendem Platzaufwand raschen Zugriff zu den Werten. Muß man dagegen wegen Speicherrestriktionen in großen Abständen tabellieren, so wird man den entsprechenden Rechenaufwand für einen Interpolationsalgorithmus in Kauf nehmen müssen.

3.5.3 Darstellungsprobleme

Computer sind zuallererst einmal als *Rechen*maschinen konzipiert worden: Sie sind im Stande, in kurzer Zeit viele Rechenoperationen auszuführen. Vom Rechnen her ergab sich auch die natürliche Gliederung des klassischen Speichers in Zellen, von denen jede ein Wort faßt, dessen Länge der Stellenzahl bei den arithmetischen Operationen entspricht. Diese selben Maschinen erwiesen sich dann auch als sehr geeignet für das Operieren mit logischen Entscheidungen. Wollte man indes das Wortkonzept nicht aufgeben und dennoch nicht unsinnig Platz verschwenden, dann mußte man anfangen, logische Werte (Bits) in ein Wort zu packen und in der Hardware Befehle für die wortweise Bitmanipulation vorzusehen. Als dritte Art von Informationseinheit, bzw. Wortinterpretation, drängte sich schließlich das alphanumerische Zeichen (Byte) auf. „Datenverarbeitung" bedeutet heute weitgehend Verarbeitung riesiger Massen von alphanumerischen Zeichen, wobei das Operieren auf Texten, die in Wörter gegliedert sind, durch die modernen Datenverarbeitungs-Sprachen unterstützt wird. Auch die Arbeit des Compilers selbst besteht hauptsächlich aus logischen Entscheidungen und Zeichenmanipulation.

Mit fortschreitender Entwicklung der Anlagen erweiterte sich auch der Kreis der Anwendungen ständig, und diese entfernten sich immer mehr von der ursprünglichen Idee der Rechner. Damit ergaben sich entsprechend schwierige Darstellungsprobleme. Wenn sich z.B. in der Kartographie die Höhenkurven als Hilfsmittel zur Darstellung eines Geländes bewährt haben, so muß man für die Bearbeitung im Computer schon nach geeigneteren Methoden suchen. Soll man bei der Darstellung von einfachen geometrischen Figuren (z.B. in „Puzzleproblemen") die Ebene mit einem Bit-Raster überziehen und in jedem Punkt angeben, ob er durch eine Figur belegt ist, oder soll man die Koordinaten von Eckpunkten speichern? Eine verwandte Fragestellung ergibt sich bei der Simulation von zeitlich ablaufenden Prozessen: Soll der Zustand aller Elemente in kleinen, konstanten Zeitschritten abgefragt werden, oder soll jedes Element einen Wecker tragen, der angibt, wann es das nächste Mal wieder aktiv wird, womit die Simulation in unregelmäßigen, individuell angepaßten Zeitschritten abläuft?

Wir haben in diesem Abschnitt einige naheliegende Probleme herausgegriffen. Als weitergehende, den Rahmen dieses Beitrages sprengende Fragestellungen seien als Beispiele lediglich erwähnt: Der Einfluß von Dialogbetrieb und parallelem Rechnen auf die Programmierung. Für diese und andere Themenkreise muß der Leser auf die umfangreiche Fachliteratur verwiesen werden.

3.6 Literatur zu Kapitel 3

1. Bowles, K.L.: Microcomputer problem solving using PASCAL. Berlin, Heidelberg, New York: Springer 1977
2. Conway, R., Gries, D., Zimmerman, E.C.: A Primer on PASCAL. Cambridge, Mass.: Winthrop Publishers, Inc. 1967
3. Dahl, O.-J., Dijkstra, E.W., Hoare, C.A.R.: Structured Programming. London, New York: Academic Press 1972
4. Jensen, K., Wirth, N.: PASCAL User Manual and Report, 2nd edition. Berlin, Heidelberg, New York: Springer 1978
5. Kaucher, E., Klatte, R., Ullrich, Ch.: Höhere Programmiersprachen ALGOL, FORTRAN, PASCAL. Reihe Informatik, Band 24. Zürich: Bibliographisches Institut 1978
6. Knuth, D.E.: The Art of Computer Programming, Vol. 3, Sorting and Searching. Reading, Mass.: Addison-Wesley Publishing Company, Inc. 1973
7. Naur, P.: Concise Survey of Computer Methods. Lund: Studentenlitteratur 1974
8. Wirth, N.: Algorithmen und Datenstrukturen, Teubner Studienbücher Informatik. Stuttgart: Teubner 1975
9. Wirth, N.: Systematisches Programmieren, 2. Aufl. Teubner Studienbücher Informatik. Stuttgart: Teubner 1975

4. Daten

Von C.A. Zehnder

4.1 Vom Zeichen zur Datei

Während das Programm die dynamische Seite des Computers verkörpert, bilden die Daten nicht nur das Objekt der Computertätigkeit, sondern stellen auch das statische und *auf die Dauer ausgerichtete Element* eines Datenverarbeitungssystems dar. Damit die Daten zur rechten Zeit und in der rechten Form zur Verfügung stehen, müssen sie entsprechend vorbereitet werden und organisiert sein.

Die Datenorganisationsformen in der EDV haben oft große Ähnlichkeit mit Speichertechniken, die aus herkömmlichen Registraturen, Archiven etc. bekannt sind. Das ist kein Zufall, denn große Datenmengen gab es schon bisher (Bibliotheken, Archive). Neu an der EDV-Lösung ist die Automatisierbarkeit der Datenverwaltung, was gleichzeitig zu klaren Konzepten und zu größter Sorgfalt in der Organisation zwingt. Es ist ein wichtiges Anliegen dieses Kapitels, diese Organisationsformen in einer Art darzustellen, die über die elektronische Datenverarbeitung hinaus Gültigkeit hat und verständlich ist.

Weitaus die meisten Daten, die hier interessieren, sind als Zahlen oder Wörter mit Schriftzeichen irgendwo festgehalten. Daher ist das einzelne *Zeichen* (engl. character) ein Ausgangspunkt für alle Datenüberlegungen und die wichtigste Maßeinheit für die Speicherkapazität, die „Größe" von Speichermedien. (Als technische Maßeinheit wird statt „Zeichen" auch *„Byte"* verwendet, wie unten erläutert wird.)

Aus diesen Zeichen lassen sich nun (wie auch ohne Computer) *Zahlen und Wörter* bilden. Mehrere zusammengehörige Daten – z.B. über eine Person – bilden einen *Datensatz* (record), und eine Sammlung von gleichartigen Datensätzen heißt *Datei* (file).

Das Zeichen ist allerdings nicht die kleinste Organisationseinheit für Daten, die sich denken läßt. Diese Rolle hat das *Bit* inne. Ein Bit ist eine Binärziffer (Binary digIT), eine zweiwertige Größe, die somit Ja/Nein, 0/1, 1/0 oder weiß/schwarz bedeuten kann. Alle elektronischen Speicher sind elementar aus Bitspeichern zusammengesetzt. Für den Anwender ist aber das Bit nur in Ausnahmefällen von Interesse; er arbeitet mit Zeichen und höheren Organisationsformen.

Zur Illustration seien die wichtigsten verschiedenen Stufen von Datenbegriffen mit Beispielen erläutert:

Bit: Zweiwertige Begriffe, wie „Geschlecht", 0/1, „Vorzeichen" benötigen nur *ein* Bit zur Darstellung.

Zeichen (Character): Ein „Zeichen" kann irgendeinen der Werte eines sog. Zeichensatzes (z.B. aus „ABCD...Z Ø123..9, .+–*") annehmen. Je nach Umfang spricht man von 48–, 64–, 96–, 128– Zeichensätzen, welche zur internen Darstellung eine bestimmte Anzahl Bits pro Zeichen benötigen. So können 6 Bits 64 Zeichen, 8 Bits 256 Zeichen darstellen. Eine Bit-Gruppe von 6–8 Bits (je nach Computertyp) heißt *Byte* und dient

4.1 Vom Zeichen zur Datei

der Speicherung eines Zeichens. Viele Speicher sind in Bytes gegliedert, sie sind Byte-orientiert.

Datenelemente, Datenfelder, Zahlen, Wörter, Merkmale: Verschiedene Begriffe werden hier in der Praxis nebeneinander gebraucht; alle bezeichnen elementare Daten. Beispiele: 3.1416, MEIER, KURVENSTRASSE, ROT, 1978. Dabei ist es wichtig, *Bedeutung* und Inhalt eines Merkmals auseinanderzuhalten; das *Datenelement* umfaßt somit:
— Bedeutung: *Merkmal*   Bsp. Familienname
— Inhalt: *Merkmalswert*   Bsp. MEIER
— möglicher Inhalt: *Wertebereich*   Bsp. alphabetische Zeichen

Manche Speicher sind technisch so aufgebaut, daß sie nicht Bytes, sondern ganze Byte-Gruppen, sog. *Wörter*, als adressierbare Einheiten enthalten; das sind Wort-orientierte Speicher.

Datensatz (record): Erst die Verbindung mehrerer Datenelemente zu einem Datensatz stellt eine nutzbare Aussage dar.

| Name MEIER, Vorname HANS, Alter 26 | bedeutet „HANS MEIER ist 26

Jahre alt". Ein Datensatz umfaßt verschiedene Datenelemente, welche die gleiche Person, Sache etc. betreffen. Dabei unterscheidet die Praxis zwischen *formatierten Daten* (Abb. 4.1 oben) und *unformatierten Daten* (Abb. 4.1 unten).

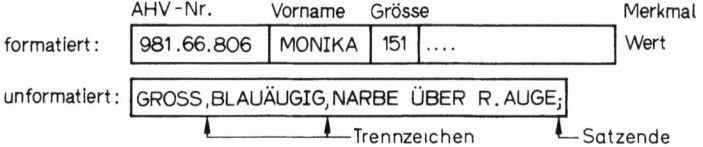

Abb. 4.1. Formen von Datensätzen

Für die Bearbeitung und bei vielen gleichartigen Daten ist die formatierte Darstellung (reservierter Platz für jeden Merkmalswert) schnell und platzsparend. Für unregelmäßige Daten erlaubt die unformatierte Form jedoch eine konzentrierte Darstellung.

Datei (file): Diese Wortneubildung (in Analogie zu „Kartei") bezeichnet eine ganze Sammlung von gleichartigen Datensätzen, wie diese in Personalabteilungen, Versicherungen, Lagerverwaltungen, aber auch bei Meßdaten, in Stücklisten und anderswo häufig vorkommen. Die Datei kann dabei auf verschiedene Arten organisiert sein; allerdings versteht man in der Praxis darunter sehr oft den Sonderfall einer „sequentiellen Datei", einer Liste.

Aufbau und Benützung einer Datensammlung benötigen eine *Datenorganisation.* Die beiden elementaren Datenorganisationsformen sind Liste und Tabelle.

Liste (oder sequentielle Datei): Eine Liste gliedert alle Komponenten (hier Datensätze) linear hintereinander und schließt sie mit einer Endmarke ab. Wie Abb. 4.2 zeigt, ist beim Schreiben und beim Lesen immer nur eine Komponente gleichzeitig zugänglich. Für alle übrigen Komponenten muß das Speichermedium zuerst vor- oder rückwärts bewegt werden. Die Liste ist somit eine sehr einfache Speicherstruktur, die beliebig viele Daten auf-

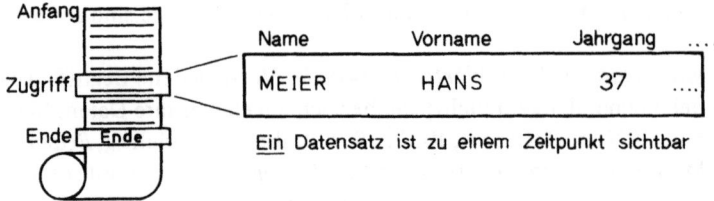

Ein Datensatz ist zu einem Zeitpunkt sichtbar

Abb. 4.2. Liste oder sequentielle Datei

nehmen kann, aber den Nachteil hat, daß alle Daten nur mit *sequentiellem Durchsuchen* zugänglich sind. In der Praxis sind sequentielle Speicher sehr verbreitet. (Bsp. Magnetband, Lochkartenpaket, Schriftrollen.)

Tabelle (array, auch Vektor, Matrix): In einer Tabelle (Abb. 4.3) sind alle Komponenten *gleichzeitig* zugänglich und zwar adressiert, d.h. über eine *Adresse,* welche ihren Standort *direkt* bezeichnet. In den echten Tabellen ist diese Adresse eine Größe, die den Daten natürlich zugeordnet ist: Ein Hotelregister hat genau einen Platz für jedes Zimmer. Und in einer Distanztabelle wird die Distanz d_{ik} unter den Einträgen der Orte i und k gespeichert.

in Zimmer:	
21	MEIER, Bern
22	SCHMIDT, Berlin
23	DUBOIS, Paris
24	WISON, London
25	COPPIN, Rom

Hotel - Register

	nach: Basel	Bern	....	Ort k
von: Basel	0	89	....	
Bern	89	0		
⋮	....			
Ort i				d_{ik}

Distanztabelle

Abb. 4.3. Ein- und zweidimensionale Tabelle (array)

Der Entwurf eines Datensystems erfordert Verständnis für die Anwendung einerseits und für die technischen Speichermöglichkeiten andererseits. Die bisher genannten Möglichkeiten der *sequentiellen Liste* und der adressierbaren *Tabelle* sind dabei zwei besonders einfache und ausgezeichnete Speicher-Strukturen, auf welche im Abschnitt 4.3 zurückzukommen sein wird.

Dennoch ist es dem *Anwender* im allgemeinen ziemlich gleichgültig, in welcher Form Datensätze zu Dateien zusammengefügt werden. Für ihn ist beim Entwurf nur wichtig, welche Daten (Merkmale) mit welchem Detailliertheitsgrad (Wertebereich) gespeichert werden. Dieses Gespräch auf der *logischen Ebene* ist die Voraussetzung dafür, daß anschließend der EDV-Spezialist die *physische Datenorganisation* durchführen kann. Da-

4.2 Sequentielle Datenverarbeitung

tenbanksysteme (Abschn. 4.6) schaffen für eine solche nach logischem und physischem Entwurf getrennte Arbeitsweise besonders gute Voraussetzungen.

Zum Abschluß des Überblicks über verschiedene Stufen von Daten vom Bit bzw. Zeichen bis zur Datei sei noch kurz auf Daten hingewiesen, welche vorerst nicht in diese Systematik passen, also z.B. Zeichnungen, Kurven, akustische Signale etc.

Auch diese *geometrischen* und anderswie nicht-alphanumerischen Daten werden im Computer intern bitweise, also digital, dargestellt. Dazu bedarf es einiger *Umformungsgeräte*:

— *Dateneingabe:* Abtastgeräte (Scanner), Analog-Digital-Wandler (für die Digitalisierung von Kurven) etc.
— *Datenausgabe:* Zeichengeräte (plotter), Bildschirme mit feiner Punktrasterauflösung, akustische Umformer etc.

Damit lassen sich extern, also auf Seiten des Anwenders, nicht-alphanumerische Daten in benutzbarer Form darstellen. Intern müssen aber auch diese Daten in Datenelementen, Datensätzen und Dateien untergebracht und verwaltet werden.

4.2 Sequentielle Datenverarbeitung

Gleichsam als Illustration für die soeben eingeführte „sequentielle Datei" von „Datensätzen" sei hier jene Form der Datenverarbeitung kurz dargestellt, welche bis vor wenigen Jahren bei größeren Datenmengen allein anwendbar war und noch heute für die meisten Massenarbeiten typisch ist, die sequentielle Datenverarbeitung. Die Darstellung erfolgt am schnellsten an einem *Beispiel,* einer etwas vereinfachten Lagerbuchhaltung (Abb. 4.4).

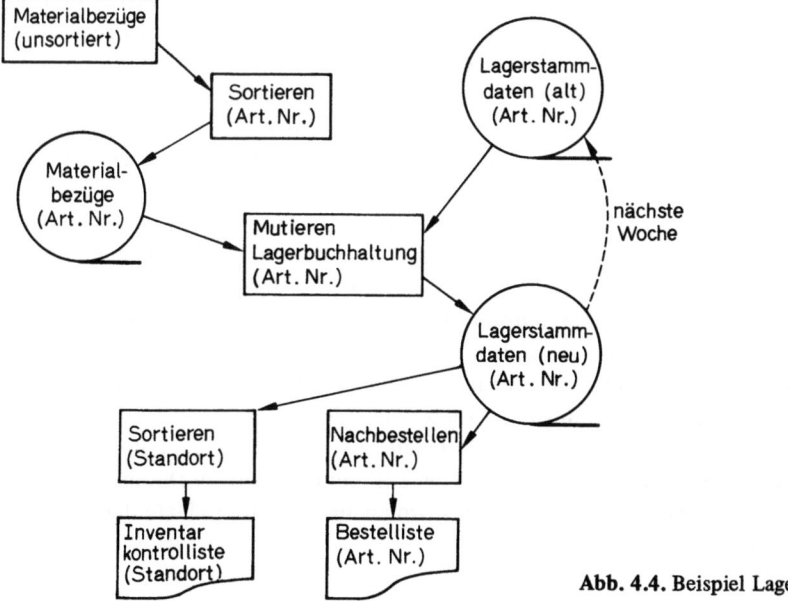

Abb. 4.4. Beispiel Lagerbuchhaltung

Dabei geht es darum, die notwendigen Listen für die Lagerverwaltung zu erstellen, insbesondere die Inventarkontrolliste (Anzahl von Exemplaren jedes Artikels, die im Lager vorhanden sein sollten) und die Bestelliste (Artikel und Menge, falls der Lagerbestand unter eine vorgegebene Bestellgrenze gesunken ist). Wie löst man dieses Problem?

Auf der Ebene der *Dateien* läßt sich eine Lösung wie folgt formulieren: Man mutiere wöchentlich die Lagerbuchhaltung (= „Lagerstammdaten") gemäß den erfolgten Materialbezügen. Auf Grund der neuen, mutierten Lagerstammdaten können die gewünschten Listen erstellt werden.

Diese Lösung muß jetzt aber präzisiert werden. Aus was besteht die erwähnte Lagerstammdatei eigentlich? Sie besteht aus einer Folge von Datensätzen, von denen jeder einzelne die Stammdaten *eines Artikels* enthält. Jeder Datensatz umfaßt etwa folgende Merkmale:

— *Artikelstammdatensatz:* Artikelnummer, Artikelbezeichnung, aktuelle Lagermenge, minimale Lagermenge (= Bestellgrenze), Bestellmenge, Standort im Lager, Preis pro Einheit etc.

Die Meldung der Materialbezüge muß dementsprechend enthalten:
— *Materialbezugsdatensatz:* Artikelnummer, bezogene Menge.

Der aufmerksame Leser hat sicher festgestellt, daß für größere Datenmengen der Prozeß „Mutieren der Lagerbuchhaltung" außerordentlich mühsam ist, es sei denn, daß die Materialbezüge *in der gleichen Reihenfolge* gemeldet werden, wie die Lagerstammdaten gespeichert sind. Um diese Voraussetzung zu erfüllen, erfordert das Beispiel entsprechende *Sortierprozesse;* in Kapitel 3 wurde ein solcher „externer Sortierprozeß" geschildert, und in jedem Rechenzentrum sind dafür fertige Bibliotheksprogramme verfügbar.

In Abb. 4.4 sind zwei solche Sortierprogramme verwendet, und für jede Datei und für jeden Prozeß (sie alternieren gegenseitig im Systemflußdiagramm der Abb. 4.4) wurde die Sortier- bzw. Arbeitsreihenfolge angegeben. Der Leser möge selber den Systemablauf nachverfolgen und dabei erkennen, wie die gesamte Verarbeitung auf der sequentiellen Bearbeitung von „Dateien von Datensätzen" aufgebaut ist.

Die beiden prinzipiell bedeutsamen Prozesse in einer sequentiellen Lösung sind *Verarbeiten* und *Sortieren.* Jede Arbeit muß in der gleichen Art und Weise wie im geschilderten Beispiel in solche Arbeitsschritte zerlegt werden, wobei die Verbindung über sequentielle *Dateien* erfolgt.

Dieses Arbeitskonzept gilt übrigens keineswegs nur für EDV-Anlagen. Auch die früheren konventionellen Datenverarbeitungsanlagen („Lochkarten-Maschinen") mußten auf die gleiche Weise organisiert werden, wobei allerdings die Verarbeitungs-Schritte viel einfacher als beim Computer bleiben mußten. Und in einem manuellen Bürobetrieb gelten die gleichen Regeln wiederum; auch dort lohnt es sich, Betriebsabläufe, Sortierreihenfolgen bei abzulegenden Akten etc. genau zu untersuchen. Das Konzept der sequentiellen Datenverarbeitung — Trennung der Arbeiten in *Verarbeitungsschritte für Datensätze* und *Sortierprozesse* — gilt für alle sequentiellen *Massenarbeiten,* auch im Computer. Erst mit dem Auftreten ganz anderer Bedürfnisse, z.B. bei interaktiven Datenabfragen über Terminals, sind andere Datenorganisationsformen auch für große Datenmengen unumgänglich geworden.

4.3 Einfache Speicherstrukturen

Bereits im Abschnitt 4.1 sind die beiden Grundstrukturen *Liste* und *Tabelle* vorgestellt worden.

— *Liste* (Abb. 4.2): *Sequentielle* Folge von einzelnen Komponenten, wobei der Zugang zu jeder Komponente grundsätzlich nur sequentiell möglich ist. Das Durchlaufen durch die Liste wird bei einem *End*-Element abgebrochen.
— *Tabelle* (array, Abb. 4.3): *adressierbare* Speicherplätze für jede Komponente, wobei der Zugriff bei bekannter Adresse *direkt* erfolgt. Die eigentlichen Adressen bilden im allgemeinen eine endliche Teilfolge der ganzen Tabelle.

Diese Strukturen sind in Abb. 4.5 nochmals schematisch dargestellt.

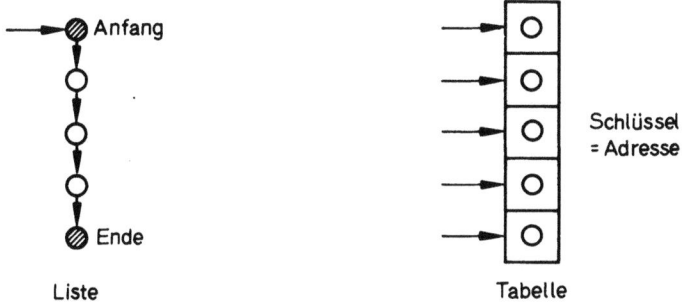

Abb. 4.5. Struktur von Liste und Tabelle

Der Hauptnachteil der Tabelle als Speicherstruktur liegt nun aber darin, daß praktische Speicherprobleme nur ganz selten Datenmengen betreffen, die *eine fortlaufende interne Numerierung* aufweisen, wie dies bei Hotelzimmergästen etwa der Fall ist. Schon wenn die Numerierung nur allzuviel Lücken aufweist, *versagt* das Verfahren, weil es zuviel Speicherplatz braucht. (Bsp. Speicherung aller Schweizer Einwohner nach der Sozialversicherungsnummer: Die 11-stellige Nummer braucht 10^{11} Plätze für $6 * 10^6$ Personen, was eine Ausnützung von 0.006% ergäbe.)

Abb. 4.6 zeigt eine Kompromißlösung, welche erlaubt, die Vorteile der Tabelle auch auszunützen, wenn die Voraussetzung der Adressierung auf Grund eines internen fortlaufenden Nummernsystems nicht möglich ist. Dazu *ordnet* man die zu speichernde Datei nach jenem Begriff, dem *Schlüssel,* nach welchem die Daten anschließend abgerufen werden sollen. Danach wird die Datei fortlaufend (ohne Lücken) in der Tabelle abgespeichert.

Wird nun eine Anfrage an das System gerichtet, z.B. „Wie heißt die Telefonnummer von Herrn *Feger*?", so versagt die *direkte* Adressierung („Feger" ist nicht Adresse) und das sequentielle Absuchen ist (bei längeren Listen) langsam. Hingegen empfiehlt sich ein Verfahren, das jedermann beim Aufschlagen des Telefonbuchs anwendet: Man schlägt das Buch an der vermuteten Stelle auf und geht anfänglich in großen, dann in kleineren

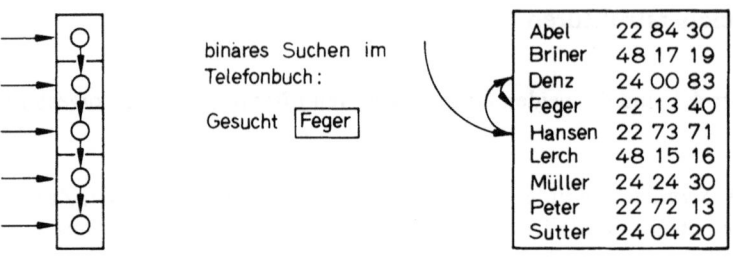

Abb. 4.6. Listen in Tabellenform, Struktur und binäres Suchen

Schritten vor und zurück, bis die richtige Seite gefunden ist. (Innerhalb der Seite geht man wiederum so vor.)

Für eine Liste in einem adressierbaren Speicher, also in Tabellenform, läßt sich dieses *Verfahren des binären Suchens* wie folgt exakt beschreiben (Abb. 4.6):

— *Binäres Suchen:* Man halbiert die Liste und stellt durch Vergleich mit dem mittleren Element fest, ob die gesuchte Komponente in der vordern oder hintern Teilliste liegt. Mit der so ermittelten Teilliste fährt man gleich weiter, bis die gesuchte Komponente gefunden ist. Diese Halbierungsmethode führt bei einer Liste mit n Komponenten nach $_2\log n$ Datenzugriffen und Vergleichen zum Ziel.

Damit stehen jetzt *drei Verfahren* zur Verfügung, um Daten aus einem Speicher wieder abzufragen. Sie sind allerdings *nicht für alle Speicherformen* anwendbar, wie nachfolgende Aufstellung zeigt. Zur Illustration diene das Beispiel Telefonbuch (n = 100'000 Einträge, alphabetisch geordnet).

— *Direkte Adressierung:* 1 Zugriff pro Abfrage; höchstmögliche Zugriffsgeschwindigkeit, aber nur für spezielle („numerierte") Datenmengen brauchbar. (Bsp. Telefonbuch: direkte Adressierung nicht anwendbar.)

— *Binäres Suchen:* $_2\log n$ Zugriffe, damit sehr schnell; Voraussetzung ist dabei, daß die Liste nach dem Suchschlüssel sortiert ist, (Bsp. Telefonbuch: $_2\log 100'000 \sim 17$ Zugriffe).

— *Sequentielles Suchen:* im Durchschnitt n/2 Zugriffe; langsam, da etwa die Hälfte aller Komponenten durchsucht werden muß; das Verfahren ist aber in allen Speichermedien, auch in sequentiellen, möglich, sowie für Merkmale, nach welchen die Liste *nicht* geordnet ist. (Bsp. Telefonbuch: n/2 = 50'000 Zugriffe sequentiell.)

Generell sind für die *Beurteilung* einer Speicherstruktur drei Hauptkriterien maßgebend:

4.3 Einfache Speicherstrukturen

— *Zugriffsgeschwindigkeit:* Wieviele Schritte (meist Speicherzugriffe und Vergleiche) sind nötig, bis die gesuchte Komponente gefunden ist?

— *Speicherdichte:* Wie gut ist die Ausnützung des Speichers?

— *Mutationsmöglichkeit:* Wie groß ist der Aufwand, neue Komponenten in den Speicher an einer bestimmten Stelle einzufügen oder unerwünschte zu entfernen?

Von diesen drei Kriterien hat der Leser Zugriffsgeschwindigkeit und Speicherdichte bereits kennengelernt. Die *Mutationen* spielen zwar nicht bei allen Speicherproblemen die gleich wichtige Rolle. In gewissen Anwendungen kommen Mutationen häufig vor (Bsp. Flugreservationssystem), während andere weitgehend stabil sind (Bsp. Bibliothekskatalog). Aber die Mutationsmöglichkeiten sind ein schwacher Punkt der bisher genannten Speicherverfahren. Während die Tabellenspeicherung sowieso nur für Sonderfälle funktioniert, können Listen in sequentiellen und in adressierbaren Speichern nur dann neue Komponenten an irgendeiner Stelle aufnehmen (bzw. alte ausscheiden), wenn der *ganze Rest* der Liste *umkopiert* wird. Das ist aufwendig, gibt es Abhilfe?

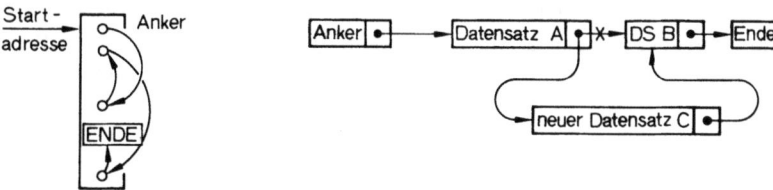

Abb. 4.7. Listen in verketteter Form, Struktur und Einfügen

Abb. 4.7 zeigt das Prinzip der *Verkettung*. Auch hier sind Listenkomponenten in einem adressierbaren Speicher untergebracht, aber nicht in fortlaufenden Feldern, sondern irgendwo, wo freier Platz vorhanden ist. Damit die Sequenz der Liste trotzdem erkennbar bleibt, wird jeder Komponente noch ein *Zeiger* (pointer) angehängt, der auf die nächste Komponente weist; dieser Zeiger ist natürlich die Speicheradresse. Der Zugriff auf eine Kette ist ausschließlich über das erste Element, den Anker, möglich; das bedeutet immer langsame sequentielle Suchverfahren. Die Speicherausnützung ist gut und sehr flexibel. Die Mutationen sind nun aber sehr einfach, indem (Abb. 4.7) für eine neue Komponente bloß zwei Zeiger abgeändert werden müssen.

Der Vergleich verschiedener Speichertechniken zeigt somit schon bei den vier vorgestellten Beispielen von einfachen Strukturen, daß jedem Verfahren gewisse Unzulänglichkeiten eigen sind:

Speicherformen	Speicher	Daten	immer möglich?	Zugriff gut?	Mutationen einfach?
Listen auf sequentiellem Speicher	sequent.	sequent.	ja	–	–
Tabellen auf adressierbarem Speicher	adressierbar	adressierbar	nein	+	+
Listen in Tabellenform	"	sequent.	ja	+	–
Listen in verketteter Form	"	"	ja	–	+

Daher muß bei der Anwendung das geeignetste Verfahren zuerst ausgewählt werden. Allerdings kommen diese *bei großen Datenmengen* meistens gar nicht in reiner Form zum Einsatz. Im Abschnitt 4.4 wird an Beispielen gezeigt, wie durch Kombinationen elementarer Verfahren deren Nachteile weitgehend eliminiert werden können.

Die Datenorganisation spielt aber nicht nur für große, permanente Datenbereiche eine Rolle. Auch *innerhalb* von einzelnen Computerprogrammen geht es darum, die bearbeiteten Daten geschickt zu speichern und wieder abzurufen. Dazu dienen die geschilderten Grundtechniken, aber auch zusätzliche, vor allem *dynamische Strukturen* (z.B. Stacks), auf die an dieser Stelle nicht weiter eingegangen werden kann. Der interessierte Leser findet darüber mehr in [4].

4.4 Zusammengesetzte Speicherorganisationen

Mehrfach wurde bisher auf „große Datenmengen" hingewiesen, welche in der Praxis zu Modifikationen der bisher vorgestellten Speicherorganisationen zwingen. Im vorliegenden Abschnitt sollen daher diese Größenordnungen sichtbar gemacht werden. Anschließend erfährt der Leser an zwei wichtigen Beispielen – indexsequentielle Organisation und invertierte Dateien – wie durch geringfügige Änderungen und Ergänzungen der einstufigen Speicherverfahren auch die realen Probleme der Praxis sehr wohl zufriedenstellend gelöst werden können.

Die Speichermedien, die in den einstufigen Organisationen benötigt werden, sind entweder *sequentielle Speicher* oder *adressierbare Speicher*. Technisch stehen dafür folgende Gerätegruppen zur Verfügung:

— *Sequentielle Speicher:* Magnetbänder (Kapazität pro Band bis 10^8 Bytes, Zugriffsgeschwindigkeit nur für Daten direkt unter dem Lese/Schreib-Kopf 10^{-4} s).

— *direktadressierbare Speicher:* Halbleiterspeicher, Magnetkernspeicher (jede Speicherposition ist über Verbindungsleitungen direkt zugänglich! Kapazität 10^5–10^7 Bytes, Zugriffsgeschwindigkeit für alle Daten 0.1–1 Mikrosekunden = 10^{-7}–10^{-6} s).

4.4 Zusammengesetzte Speicherorganisationen

— *blockadressierbare Speicher:* Magnetplatten, Magnettrommeln (bei jeder Abfrage muß zuerst abgewartet werden, bis die rotierenden Datenträger die angesprochene Datenposition unter den Lese/Schreibkopf bewegt haben; Kapazität 10^7–10^{10} Bytes, Zugriffsgeschwindigkeit für jede Abfrage 10–100 Millisekunden = 10^{-2}–10^{-1} s; benachbarte Daten, „Blöcke", lassen sich praktisch gleichzeitig mit der Erstabfrage erreichen.).

Es ist klar, daß der beste Speicher, der eigentliche *direktadressierbare Speicher, teuer* ist (viele Leitungen!) und nur für den Arbeitsspeicher und schnellste Pufferbedürfnisse in Frage kommt. Er ist aber für große Datenmengen auch in der Größe ungenügend. (Ein Telefonbuch für Zürich enthält bereits $3*10^7$ Zeichen; technische und administrative Datenbanken enthalten oft 10^8–10^{10} Zeichen.) Magnetbänder sind *sequentiell,* und lassen nur sequentielle Suchprozesse zu; sie eignen sich trotz hoher Zugriffsgeschwindigkeit nicht für interaktive Systeme, sondern vor allem für Archivierungs- und Sicherheitsaufgaben und für rein sequentielle Datenverarbeitung (vgl. Abschn. 4.2).

Somit bleibt für große Datensysteme und die entsprechenden Datenorganisationen nur der *blockadressierbare Speicher,* die Magnetplatte (magnetic disk). Mit ihren Zugriffszeiten, die *10'000–100'000 mal* größer sind als jene des Arbeitsspeichers, ist es aber ausgeschlossen, die Speicherorganisationsformen für direktadressierbare Speicher unbesehen zu übernehmen. Sogar die elegante binäre Suchmethode mit einigen Dutzend Datenzugriffen pro Abfrage würde sofort mehrere Sekunden Wartezeit für jede Datenabfrage benötigen, dies alles wegen des langsamen Plattenzugriffs.

Hier hilft nun aber ein Verfahren, wie es auch der Mensch beim Lesen des Telefonbuchs verwendet, indem er *zweistufig* vorgeht, die indexsequentielle Speicherorganisation.

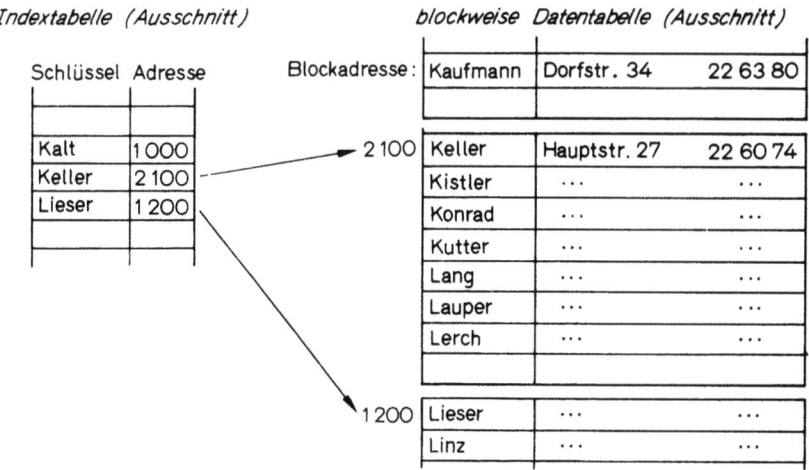

Abb. 4.8. Indexsequentielle Datei (Bsp. Telefonbuch)

Der Leser des Telefonbuchs, der einen Namen gemäß alphabetischer Ordnung aufschlägt, um anschließend dort die Telefonnummer abzulesen, sucht zuerst die *richtige*

Seite, anschließend auf der richtigen Seite den *richtigen Datensatz.* Alle übrigen Seiten braucht er nicht. In einem ersten Arbeitsgang, einem Hilfsverfahren, wird die Seite bestimmt. Dazu benützt man die fettgedruckten Seitenüberschriften oder in anderen Fällen ein Inhaltsverzeichnis. Dieses Inhaltsverzeichnis nennt man bei der indexsequentiellen Methode Indextabelle. Diese funktioniert wie folgt (Abb. 4.8):

— In einem ersten Plattenzugriff wird jener Datenblock eingelesen, der die Indextabelle enthält. Die ganze Indextabelle wird im Arbeitsspeicher gespeichert, darin kann binär die Speicheradresse der benötigten Datentabelle (Block mit den gesuchten Daten) gesucht werden.

— In einem zweiten Plattenzugriff wird ein zweiter Datenblock gelesen, der den gewünschten *Ausschnitt* aus den eigentlichen Daten, also die *Datentabelle* enthält. Auch darin kann wiederum binär gesucht werden.

Mit diesem Verfahren lösen sich übrigens mehrere Probleme auf einmal:

— Die Zahl der langsamen *Plattenzugriffe* pro Abfrage ist auf 2 reduziert.

— Der *Mutationsdienst* in einer indexsequentiellen Datei ist viel rationeller als in einer einstufigen Datei. Dort muß der *gesamte* hintere Teil der Datei verschoben werden, wenn ein Datensatz eingefügt/entfernt wird. In der indexsequentiellen Organisation wird im Normalfall nur *ein* Datenblock durch Verschiebungen betroffen, da man beim erstmaligen Einspeichern die Datenblöcke absichtlich nicht ganz füllt. Und wird dann trotzdem einmal ein Datenblock überfüllt, so teilt man dessen Inhalt auf zwei Datenblöcke auf (die physisch auf dem Plattenspeicher durchaus an verschiedenen Orten plaziert sein dürfen) und paßt die Indextabelle an.

Damit ist der schwache Punkt der „Listen in Tabellenform" eliminiert; durch die doppelte, zweistufige Anwendung der elementaren Speichertechnik geht man den unhandlichen unstrukturierten „großen Datenmengen" aus dem Weg. Die Einfügung solcher Strukturierungsstufen ist übrigens nicht auf zwei beschränkt. Sollte die Indextabelle zu groß werden, kann auch sie wieder indexsequentiell organisiert werden.

Das indexsequentielle Verfahren ist nicht das einzige, das schnelle blockweise Datenzugriffe erlaubt. Auch die *Berechnung* von Blockadressen aus bestimmten Dateieigenschaften („Hash"-Coding) und andere dienen diesem Zweck. Der Leser erkennt aber aus der Art der Darstellung in diesem Abschnitt, daß es sich bei der Datenorganisation auch lohnt, die Erfahrungen aus manuellen Verfahren auszunützen, insbesondere durch *Unterteilung* allzugroßer Datenmengen in „handlichere" Gebilde. Diese Gliederung und Strukturierung ist das wichtigste Merkmal effizienten Datenmanagements [1].

Nicht nur die Daten brauchen Analyse und Strukturierung. Auch die *Abfragemöglichkeiten* müssen untersucht und vorbereitet werden. Alle bisherigen Datenorganisationen haben dabei eine einzige Abfrage unterstützt, den sogenannten *Primärschlüssel,* nach welchem die Datei sortiert oder gar adressiert gespeichert ist. (Bsp.: Abfrage des Telefonbuchs nach dem Namen (= Primärschlüssel); was aber wenn jemand eine Telefonnummer hat und wissen möchte, wem diese gehört?) Natürlich läßt sich jede Datei auch nach anderen gespeicherten Merkmalen absuchen, aber nur mit sequentiellem langsamem Such-

4.4 Zusammengesetzte Speicherorganisationen

verfahren. (Bsp.: Man geht alle Telefonnummern der Reihe nach durch, bis man den Abonnenten gefunden hat.) In vielen Fällen besteht aber ein echtes Bedürfnis, auch für Suchschlüssel, die nicht Primärschlüssel sind, für die sogenannten *Sekundärschlüssel,* eine schnellere Zugriffsmethode zur Verfügung zu haben.

Die wichtigste Methode für diesen Zweck besteht im Bereitstellen von Hilfstabellen, *invertierten Dateien,* welche nach dem Sekundärschlüssel organisiert sind und erlauben, rasch den Primärschlüssel abzulesen, womit dann in der normalen primären Speichertabelle der Rest der Daten aufgesucht werden kann. (Bsp.: Im Telefonamt existiert eine Liste aller Abonnenten, sortiert nach Telefonnummern, welche zu jeder Nummer noch den Namen angibt. Hat jemand nur die Telefonnummer und sucht die Adresse, so holt er zuerst aus der Hilfsliste den Namen (= Primärschlüssel des Telefonbuchs), und darauf mit dem Namen aus dem Telefonbuch die Adresse.)

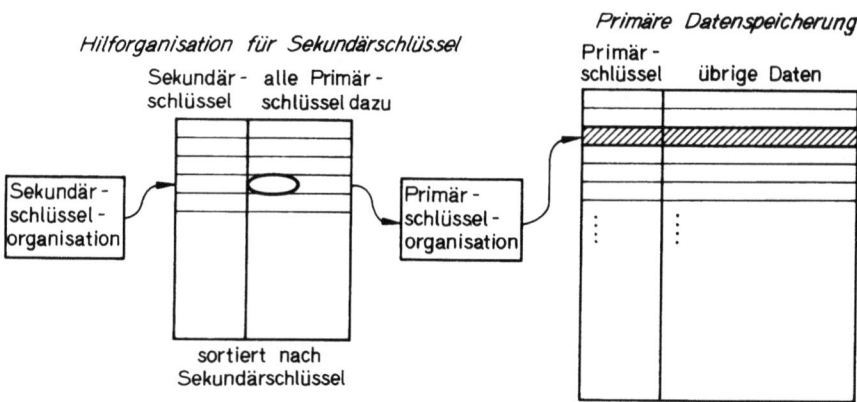

Abb. 4.9. Invertierte Datei für Sekundärschlüsselzugriff

Das Konzept ist in Abb. 4.9 allgemein dargestellt. Für einen Sekundärschlüssel wird eine invertierte Datei aufgebaut, wobei dafür jede geeignete Datenorganisation, z.B. die indexsequentielle, eingesetzt werden kann. Sollen mehrere Sekundärschlüssel gleichzeitig unterstützt werden, so ist für jeden eine eigene Hilfsorganisation nötig. Daraus erkennt der Leser auch die Hauptnachteile solcher Hilfsorganisationen, die natürlich redundante Daten enthalten:

— Sie brauchen Speicherplatz.

— Der Mutationsdienst muß nun nicht nur die Primärdaten, sondern gleichzeitig alle Hilfsdateien umfassen, wird also wesentlich aufwendiger.

Der Entscheid für oder gegen die Unterstützung eines Sekundärspeicherzugriffs durch eine Hilfsorganisation muß somit hohe Geschwindigkeit im Zugriff gegen die Nachteile abwägen.

4.5 Optimierungsüberlegungen

Der Entwurf eines Datensystems erfordert verschiedenartige Optimierungsüberlegungen, eine Denkweise, die dem Ingenieur und Konstrukteur sehr nahe liegt. Mehrfach wurde bisher auf diese Optimierung hingewiesen:

— Verkettete Liste: hochflexibel, langsam im Zugriff.

— Invertierte Dateien: schnelle Sekundärzugriffe, mehr Speicherbedarf und Mutationsaufwand.

In diesem Abschnitt kann es nicht darum gehen, alle Entwurfsparameter und ihre gegenseitigen Abhängigkeiten präzis zu erläutern. Der Hinweis auf einige wichtige Optimierungskriterien erlaubt aber dem Leser, einige Zusammenhänge besser zu überblicken.
Die schon früher erwähnten, *zentralen Kriterien* für Datensysteme sind

— Zugriffsgeschwindigkeit (Abfrage),
— Speicherbedarf und
— Mutationsaufwand.

Nun seien zusätzlich noch betrachtet

— Art der Speichermedien und Speicherhierarchien,
— Sicherheit,
— Komplexität und Aufwand für Überwachung und Reorganisation.

Speicherhierarchien: Nicht alle Speicher sind gleich teuer. Darum geht es beim Speicherbedarf nicht einfach um „mehr oder weniger Speicher", sondern um eine optimale Kombination verschiedener Medien. Ein wichtiger Steuerparameter ist dabei die *Größe der Datenblöcke,* die jeweils gesamthaft zwischen schnellem, teurem Arbeitsspeicher und langsamerem, aber billigerem Sekundärspeicher (Platten und Bänder) transferiert werden. Bei der Schilderung indexsequentieller Speicherorganisationen (s. Abschn. 4.4) wurde darauf hingewiesen: Mit großen Datenblöcken braucht ein Verarbeitungsablauf im allgemeinen *weniger* Plattenzugriffe, aber diese großen Datenblöcke müssen im Arbeitsspeicher in sogenannten *Pufferbereichen* aufgenommen werden können, kosten also teuren Arbeitsspeicherplatz. Jeder angeschlossene Sekundärspeicher belastet so auch den Arbeitsspeicher. Und da alle modernen Computersysteme über eine ganze Hierarchie verschiedener Speicher verfügen (vom schnellsten internen Register und Pufferspeicher (Cache) über den Arbeitsspeicher zu verschiedenen schnellen Platten und Massenspeichersystemen), ist die Optimierung der gegenseitigen Transfereinheiten (Blöcke) eine der wichtigsten Regulierungsaufgaben.

Sicherheit: Wenn ein Programm einmal nicht richtig läuft, läßt sich der Versuch normalerweise leicht wiederholen. Wenn Daten aber nicht korrekt gespeichert werden, dann sind sie verloren. Daher ist die Sicherheit von den Daten her ein viel kritischeres Kriterium als vom Programm her (vgl. Abschn. 4.7). Die wichtigste Maßnahme gegen Datenverlust besteht in der *geschickten* Erstellung von *Kopien der Dateien*, so daß im Fall eines Datenverlustes eine automatische Rekonstruktion (recovery) der Daten möglich ist. Anhand des Beispiels eines interaktiven Bank-Terminal-Systems sei das Problem erläutert: Zur Absicherung der Daten wird in bestimmten Abständen (täglich, stündlich) eine Kopie aller aktuellen Datenbestände (dump) erstellt. Das genügt aber für eine automatische Rekonstruktion bei Systemzusammenbruch nicht, es müssen *alle* Transaktionen zusätzlich *laufend und sofort* (z.B. auf ein dafür reserviertes Magnetband) kopiert werden. Erfolgt nun ein Systemzusammenbruch, so läßt sich der aktuelle Datenstand aus der alten Gesamtkopie und aus den seit deren Erstellung hingekommenen Transaktionen (auf dem Magnetband) rekonstruieren. Dabei dauert diese Rekonstruktion länger (kürzer), wenn die Gesamtkopien mit Hunderten von Megabytes selten (häufig) erstellt werden. Auch hier erkennen wir ein Optimierungsproblem!

Komplexität und Organisationsaufwand: Zusammengesetzte Speicherorganisationen (Abschn. 4.4) haben Vorteile gegenüber einfachen Speicherkonzepten (Abschn. 4.3). Diese Erkenntnis führte zu immer komplizierteren Datensystemen, als Extrem in den späten Sechzigerjahren zu sogenannten Management-Informations-Systemen, die dann kaum jemals fertig wurden oder massiv vereinfacht werden mußten. Auch die Komplexität von Systemen ist nämlich ein wichtiges Kriterium bei der Optimierung. Und weil Datensysteme meist auf längeren Gebrauch ausgerichtet sind, ist Einfachheit und Übersichtlichkeit von besonderer Bedeutung. Müssen komplizierte Systeme dann noch abgeändert werden, kann der Reorganisationsaufwand dies vereiteln. Insbesondere diese Probleme haben zu ganz neuen Datenorganisationskonzepten geführt, den Datenbanken.

4.6 Datenbanken

In Abschnitt 4.2 wurde die Lösung einer Lagerbuchhaltung mit Methoden der sequentiellen Datenverarbeitung gezeigt (Abb. 4.4). Mehrere Programme benützen darin die zentralen Lagerstammdaten, ändern sie, erstellen Bestellungen und Kontrollisten. Angenommen, es müsse nun irgendetwas an diesen Lagerstammdaten systematisch geändert werden, z.B. wird eine neue Artikelnummer eingeführt, welche mehr Stellen aufweist als die bisherige. Dies führt dazu, daß alle betroffenen Programme geändert werden müssen, obwohl sich nur die Datenseite ändert.

Derartige Unzulänglichkeiten, die natürlich bei interaktiven Datensystemen noch viel gravierender sind, haben zur systematischen Trennung von Daten und Programmen geführt. Das Beispiel der Lagerbuchhaltung präsentiert sich damit gemäß Abb. 4.10.

Die Trennung der Daten von der Verarbeitung erlaubt eine viel unabhängigere Organisation der Daten, ausschließlich kontrolliert vom Datenverwaltungssystem. Alle Programme beziehen Daten vom Datenverwaltungssystem und speichern sie durch Weitergabe an dieses. Das *Datenverwaltungssystem* (Daten-Management-System, DMS)

— übernimmt die eigentliche Speicherorganisation,

— stellt den Datenverkehr mit den Anwendungsprogrammen sicher,

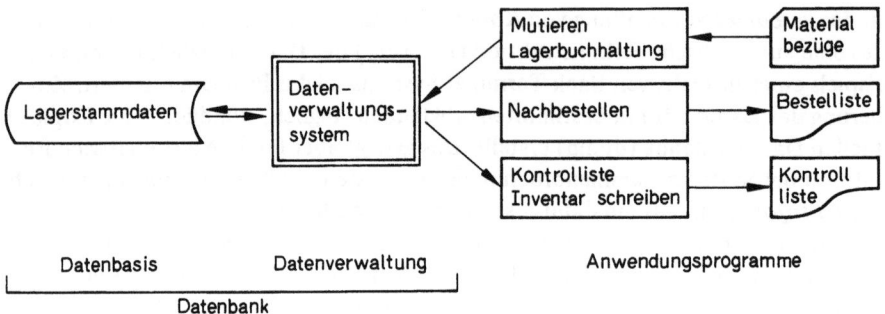

Abb. 4.10. Datenbank-Konzept (Bsp. Lagerbuchhaltung)

— erfüllt zentral verschiedene Funktionen zur Datenpflege, wie Datenprüfung, Zugriffsüberwachung (vgl. Abschn. 4.7), Sicherheitskopien von Daten, automatische Rekonstruktion bei Systemzusammenbruch.

Das Datenverwaltungssystem bildet zusammen mit den Daten (der Datenbasis) die eigentliche *Datenbank*. Die Datenbank stellt verschiedenen Benutzern Daten zur Verfügung und verwaltet sie nach einheitlichen Regeln, ohne unnötige Doppelspurigkeiten (Redundanz).

Nun sind aber Datensysteme für Banken, industrielle Unternehmungen, Verkehrsbetriebe und öffentliche Verwaltungen weitgehend *Abbilder* der Realitäten, welche in diesen Organisationen bearbeitet werden. Diese Datensysteme weisen daher untereinander große Unterschiede auf. Daher wurden in den letzten Jahren *Datenmodelle* entwickelt, welche als Entwurfswerkzeug für Datenbanksysteme (analog den Programmiersprachen für Programme) eine anwendungsnahe Formulierung gestatten. Bei diesen Datenmodellen spricht man von Daten-Hierarchien, Daten-Netzwerken und Datentabellen oder Relationen (vgl. [1], [3]).

Auch sind heute Datenbanksysteme käuflich erhältlich. Diese Standardsysteme sind für alle größeren Computer-Systeme verfügbar und gestatten dem Benützer, sein Datenproblem in einem bestimmten Datenmodell zu formulieren (d.h. alle zu speichernden Datensätze und Merkmale anzugeben). Darauf erzeugt das *Standard-Datenbanksystem* das dafür nötige Datenverwaltungssystem (Abb. 4.10) und unterstützt auch alle notwendigen Organisationsarbeiten bis zu später notwendigen Systemanpassungen, wenn neue Datensätze und Merkmale hinzugefügt werden müssen, oder wenn — unabhängig von den Programmen! — die Speicherorganisation abgeändert werden muß, wie dies aus Optimierungsgründen (vgl. Abschn. 4.5) sehr wohl nötig werden kann.

Datenbanksysteme unterstützen aber nicht nur die zentrale Datenverwaltung. Sie bieten auch eigentliche *Abfragesprachen* an, mit denen ohne zusätzliche Programmierung, z.B. von Terminals aus, Datenabfragen möglich sind. Es ist aber wichtig, die Terminalfrage keineswegs als gleichbedeutend mit „Datenbank" zu betrachten. Es gibt auch Datenbanken ohne Terminals (vgl. Abb. 4.10) und ohne Standard-Datenbanksysteme. Das Wichtigste ist die Trennung der Daten von deren Verarbeitung. Die Daten werden zum zentralen und permanenten Element des Datensystems, die Programme bilden den Rahmen.

4.7 Datenschutz und Datensicherheit

Ein Kapitel über Daten darf die Frage des Datenmißbrauchs nicht unbeachtet lassen.

— *Datenschutz* verhindert Mißbrauch von Daten und schützt somit die von den Daten betroffenen Personen, Organisationen usw.

— *Datensicherung* ist die technische und organisatorische Sicherstellung des ordnungsgemäßen Betriebs eines Datensystems.

Die beiden Ausdrücke werden heute im deutschen Sprachraum einheitlich in diesen Bedeutungen verwendet. (Übersetzungen sind nicht eindeutig, das englische „data privacy" umfaßt einen Teilbereich des Datenschutzes.)

Der *Datenschutz* ist heute in den meisten Industrieländern bereits ein Thema der Gesetzgebung geworden. Das Problem ist an sich nicht neu (Datensammlungen über Personen und ihr Eigentum gab es bei Polizei, Banken, Versicherungen etc. schon seit Jahrhunderten), aber der Computer hat die Datenzentralisierbarkeit und damit deren mögliche Häufung und die Mißbrauchsgefahren gewaltig vergrößert. Datenschutzregelungen betreffen meist etwa folgende Gebiete für öffentliche und/oder private Datenbanken:

— *Zweckangabe:* Verhinderung des Zugangs zu geschützten, meist persönlichen Daten für Unberechtigte; Sicherstellung des Datenzugangs für Berechtigte (auch fehlende Daten können zu unrichtigen Maßnahmen führen!)

— *Datenverzeichnis:* Es ist öffentlich bekannt zu geben, welche Datenmerkmale in Datenbanken gespeichert werden.

— *Datenverkehr:* Es ist festzulegen, wer wem welche Daten weitergeben darf.

— *Einsicht und Berichtigung:* Der von den gespeicherten Daten Betroffene erhält das Recht, die ihn betreffenden Daten bei einer darüber verfügenden Stelle einzusehen und bei Differenzen vor Gericht eine Berichtigung verlangen zu können. Über den Wahrheitsgehalt hat ein Gericht zu entscheiden. (Der Betroffene sagt nicht automatisch die Wahrheit!)

— *Überwachung:* Eine unabhängige Instanz (in der Bundesrepublik: Datenschutzbeauftragter) sorgt für die Einhaltung der Datenschutzregelungen und kann Mißbräuche vor Gericht bringen.

Die Problematik des Datenschutzes läßt sich nicht in wenigen Worten erledigen. Eine umfassende Darstellung findet sich in [2]. Aber auch hier, in diesem eher technisch orientierten Buch, ist es angebracht, darauf hinzuweisen, daß zur Sicherstellung des Datenschutzes die *Datensicherheit* eine zentrale Rolle spielt.

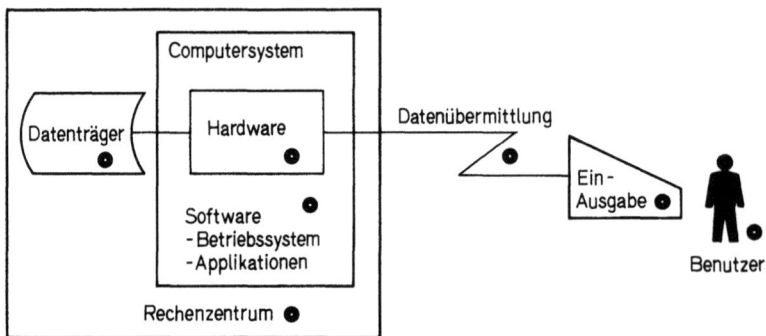

Abb. 4.11. Angriffspunkte von Gefahren für die Daten

Die Gefahren (Abb. 4.11) für die Datensicherheit lauern nicht nur im Computer, sondern auf dem ganzen Weg bis zum Benutzer. Daten können — vor allem durch Fahrlässigkeit, viel häufiger als durch eine Straftat — verloren gehen, verfälscht werden, unberechtigt kopiert werden etc. Daher muß ein *Sicherheitskonzept für Daten* nicht nur einzelne Gefahren besonders gut bekämpfen, sondern alle Gefahren ihrer Wahrscheinlichkeit entsprechend in Betracht ziehen und entsprechende Abwehrmaßnahmen planen und durchführen. Diese umfassen technische Maßnahmen, z.B. Sicherheitskopien von Dateien und feuersichere Schränke, aber auch (und besonders) klare Weisungen und Kontrollen beim Personal. Insbesondere ist für den Fall irgendwelcher Schwierigkeiten ein *Katastrophenhandbuch* notwendig, da sich gerade bei unvorhergesehenen Ereignissen die menschlichen Fehlmaßnahmen in einem „automatischen" EDV-System kumulieren.

Die notwendigen Maßnahmen umfaßen aber auch systematische Datenkontrollen, wozu der *Computer* weitgehend selbst herangezogen werden kann. Er muß dazu selbstverständlich vorbereitet werden, z.B. mit einer Zugriffsbefugnistabelle (Abb. 4.12), die die Aufgaben und Kompetenzen im Datenbereich genau regelt.

Benutzerbereiche	Bereiche von Personaldaten		
	Name, Adresse	Lohnangaben	medizinische Daten
Personaldienst	Lesen, Ändern	Lesen, Ändern	
Postbüro	Lesen		
Betriebsarzt	Lesen		Lesen, Ändern

Abb. 4.12. Daten-Zugriffsbefugnis-Tabelle

Klare Ordnungen und übersichtliche Systeme sind ein wichtiger Beitrag für funktionsfähige Datensysteme, sowohl im Sicherheits- wie in jedem anderen Bereich.

4.8 Literatur zu Kapitel 4

1. Bauknecht, Zehnder: Grundzüge der Datenverarbeitung, Teubner-Verlag, 1980
2. IBM-Datenschutz-Seminar, 7./8.11.1977, Reihe Computer und Recht, Band 6, Bauknecht, Forstmoser, Zehnder, Schulthess, Polygraphischer Verlag, 1978
3. Schlageter, Stucky: Datenbanksysteme, Teubner Verlag 1977
4. Wirth, N.: Algorithmen und Datenstrukturen, Teubner Verlag, 1975

5. Sprachen und Compiler

Von F.L. Nicolet

5.1 Höhere Programmiersprachen

Jeder Benutzer eines Computers verwendet irgend eine Computersprache. Es gibt eine große Zahl verschiedener Computersprachen, vom einfachsten Konsolenbefehl bis zu komplexen Systemen für besondere Anwendungen. Wir wollen uns hier mit einer besonderen Klasse von Sprachen befassen: den höheren algorithmischen Programmiersprachen (engl. high-level procedural languages). Zu dieser Klasse gehören unter vielen anderen die Sprachen ALGOL, PASCAL, FORTRAN, COBOL, PL/1, um nur einige der bekanntesten zu nennen. Höhere algorithmische Programmiersprachen gehören heute zu den wichtigsten Werkzeugen des Programmierers. Als Programmierer bezeichne ich jeden programmierenden Computerbenutzer.

Der Programmierer, der sich einer höheren Programmiersprache bedient, braucht keine spezifischen Kenntnisse über Eigenschaften der Computerhardware, wie etwa Register, numerische Speicheradressen, interne Darstellung von Daten, Speicherstrukturen, Wirkungsweise von Eingabe-/Ausgabe-Kanälen, usw. Die höhere Programmiersprache ersetzt diese Begriffe durch „höhere" Konzepte wie Datenstrukturen, Programmblöcke, iterative Elemente, Dateien, usw.

Für den Benutzer einer höheren Programmiersprache scheint die Hardware-Maschine ersetzt zu sein durch eine FORTRAN-, COBOL- oder PASCAL-„Maschine" mit Eigenschaften, die verschieden sind von jenen der Hardware, auf welcher die Programme tatsächlich ausgeführt werden.

Ein in einer höheren Programmiersprache formuliertes Programm ist weitgehend maschinenunabhängig: es ist mit höchstens kleinen Anpassungen auf jeder Maschine ausführbar. Diese Eigenschaft heißt *Portabilität*.

Höhere Programmiersprachen erlauben eine problemorientierte Formulierung der Programme durch symbolische Namen für Datenelemente oder ganze Datenstrukturen, symbolische Namen für Prozeduren, durch mathematische Operatoren und arithmetische Ausdrücke in einer dem Benützer geläufigen Notation.

Höhere Programmiersprachen ermöglichen eine knappe, lesbare Formulierung der Programme; gute höhere Programmiersprachen fördern dies sogar. Damit werden Programmierfehler besser vermieden.

Eine Programmiersprache ist vollständig definiert durch Syntax und Semantik. Die *Syntax* einer Sprache ist ein Satz von Regeln für die Erzeugung korrekter Programme. Ein Programm, welches gegen keine der Syntaxregeln verstößt, heißt *wohlgeformt*. Die *Semantik* einer Sprache ist ein Satz von Regeln, welches die Ausführung eines Programmes mit dem Verhalten eines Computers in Zusammenhang bringt. Die Semantik definiert die Bedeutung der Sprachelemente.

5.2 Compiler

Ein in einer höheren Programmiersprache formuliertes Programm ist ein Text, d.h. eine Folge von Schriftzeichen. Dieser Text heißt *Quellenprogramm* (engl. source program). Seine Bedeutung ergibt sich aus den Regeln der Syntax und der Semantik. Die Hardware-Maschine „versteht" einen solchen Text jedoch nicht: Der Prozessor eines Computers ist so gebaut, daß er lediglich im Zentralspeicher gespeicherte Folgen von binär verschlüsselten Maschinenbefehlen ausführen kann. Eine solche Folge von Maschinenbefehlen heißt *Objektprogramm* (engl. object program).

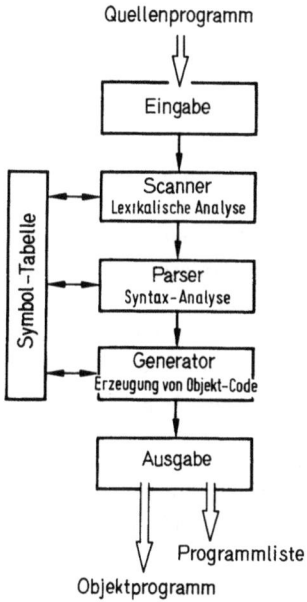

Abb. 5.1. Anatomie eines Compilers

Es ist demnach notwendig, daß ein Quellenprogramm (mit Konzepten wie Variablen, Datenstrukturen, Blöcke und Prozeduren) in ein entsprechendes Objektprogramm (mit Konzepten wie Register, numerische Speicheradressen, indirekte Adressierung, Interrupts) verwandelt, übersetzt wird. Diese Umwandlung wird von einem *Compiler* durchgeführt. Ein Compiler ist ein Programm, dessen Eingabe ein Quellenprogramm(-text) und dessen Ausgabe ein Objektprogramm ist.

5.3 Eigenschaften von Sprachen

Wenn ein Compiler ein Quellenprogramm in ein Objektprogramm umwandeln soll, so muß er die Regeln enthalten, mit dem die Quellensprache definiert ist: er muß also diese Regeln „kennen", um die Quellensprache zu „verstehen". Es sind also dieselben Regeln, an die sich der Programmierer für die Erzeugung eines wohlgeformten (korrekten) Programmes halten muß, und anhand welcher der Compiler das Programm interpretiert.

Wir wollen im folgenden sehen, wie diese Regeln aussehen müssen, und sodann, Schritt für Schritt, von der Formulierung dieser Regeln zum Compiler schreiten.

Eine Sprache ist ein Spiel: Ein Spiel ist ein Regelsystem, das heißt, ein Satz von Regeln, das für jede Spielsituation vorschreibt, welche Spielhandlungen erlaubt sind; eine Sprache ist ein Regelsystem, das vorschreibt, wie Satzelemente zu Sätzen zusammengereiht werden dürfen. Weitere Analogien werden wir noch besprechen.

Mit dem im Anschluß an dieses Kapitel auf S. 102 vorgestellten SERATA-Spielregelsystem wollen wir folgendes illustrieren:

(1) Spielregeln müssen so formuliert sein, daß der Leser sie nicht anders auslegen kann, als der Verfasser sie ausgelegt haben will. Man braucht dafür eine absolut *eindeutige* Sprache, die nur eine einzige präzise Auslegung zuläßt. Unser Beispiel zeigt, was wir auch schon aus Erfahrung wissen, daß natürliche Sprachen diese Anforderung nicht erfüllen. Deshalb benützt man formale Sprachen als Programmiersprachen.

(2) Spielregeln müssen vollständig und widerspruchsfrei sein: sie müssen vollständig sein in dem Sinne, daß sie für jede Spielsituation bestimmen, welche Spielhandlungen zulässig sind, und sie müssen widerspruchsfrei sein in dem Sinne, daß keine Regel eine Spielhandlung zuläßt, die von anderen Regeln verboten wird.

(3) Interessant sind nur jene Spiele, bei welchen in den meisten Spielsituationen mehrere verschiedene Spielhandlungen zulässig sind. Damit hängt der Ausgang des Spiels von den Entscheiden des Spielers (oder der Spieler) ab. Wir wollen deshalb für unsere weiteren Betrachtungen unterscheiden:

- Ein *Spiel* ist ein Regelsystem, welches dem Ausführenden Entscheidungsfreiheit läßt.
- Bei einem *Algorithmus* muß der Ausführende sklavisch nach den ihm vorgegebenen Vorschriften arbeiten, die alles bis ins Kleinste regeln.

Eine Sprache ist ein Spiel. Bezeichnet man eine Spielsituation als *Zustand* des Spiels (engl. state), dann kann man sagen: das Regelsystem definiert alle zulässigen *Zustandsübergänge* (engl. state transitions), die dem Spieler zur Wahl stehen. Die Spielregeln sind *Übergangsfunktionen* (engl. state transition functions). Zustand, Zustandsübergang, Übergangsfunktion sind Begriffe aus der Automatentheorie. Wir werden sie bei der Besprechung der formalen Sprachen wieder antreffen.

5.4 Formale Sprachen

Die Syntax der ersten Programmiersprachen (FORTRAN als bekanntester Vertreter) wurde in englischer Sprache beschrieben. Dadurch entstanden Unklarheiten und Mißverständnisse, weil man sich in einer natürlichen Sprache nicht immer eindeutig ausdrücken kann. Zudem läßt sich aus einer solchen Beschreibung nicht unmittelbar ein Compiler oder Interpreter ableiten. Man ist deshalb dazu übergegangen, mit Hilfe der Werkzeuge der Mathematik und der Logik Programmiersprachen *formal* zu beschreiben. Man spricht daher von *formalen Sprachen*.

Die Formalisierung verwandelt dieses schwer zu erfassende Problem in eine Form, die mit Präzision und mathematischer Strenge untersucht und behandelt werden kann.

Eine formale Sprache ist ein Spiel: Wir haben Spielsteine, Figuren, mit denen wir nach ganz bestimmten Regeln spielen können. Die Figuren, mit denen wir spielen, heißen *Symbole* oder *Grundsymbole*. Die Menge der Grundsymbole, die uns zum Spielen zur Verfügung steht, nennt man das *Vokabular* der Sprache. Die Regeln beschreiben, wie Symbole aneinandergereiht werden dürfen. Das Regelsystem heißt die *Syntax* der Sprache. Mit einem gegebenen Vokabular kann man also gemäß der Syntax *Symbolfolgen* bilden. Symbolfolgen, die so erzeugt werden, heißen *wohlgeformt* (engl. well-formed), weil sie die Syntaxregeln nicht verletzen. Die Menge wohlgeformter Symbolfolgen ist die durch Vokabular und Syntax definierte Sprache.

Ein weiteres Regelsystem, die *Semantik*, definiert, wie die Symbole und wohlgeformte Symbolfolgen ausgelegt werden sollen, ihre Bedeutung also. Diese Regeln lassen sich im allgemeinen leider nicht formal beschreiben.

5.5 Scanner

Die meisten Sprachen bestehen aus Grundsymbolen, die aus mehr als nur einem Schriftzeichen zusammengesetzt sind, etwa IF, CALL, GOTO, ** (Potenzierung) in FORTRAN, oder ‚if‘, ‚then‘, ‚else‘, := in ALGOL und PASCAL.

Zeichen sind die elementaren Einheiten im Quellentext des Compilers, Symbole sind die Bausteine der durch die Syntax unabhängig von bestimmten Zeichensätzen definierten Sprache. Es ist von der Syntax einer Sprache gesehen nicht relevant, wie Symbole im Einzelnen „buchstabiert" sind. Etwa könnten die Symbole =, $\neq$ und $\geq$ auch dargestellt werden als =, <> und >=. oder sogar wie in FORTRAN als .EQ., .NE. und .GE., oder etwa ‚eq‘, ‚ne‘, ‚nl‘ (‚nl‘ für „not less"), dies hängt vom verfügbaren Zeichensatz ab, nicht von der Sprache. Deshalb ist es auch sinnvoll, diese „Rechtschreibung", die lexikographische Darstellung der einzelnen Symbole, in einer Prozedur festzuhalten. Compiler haben daher zweckmäßigerweise eine Eingabeprozedur, die nicht Zeichen um Zeichen liefert, sondern gleich ganze Grundsymbole. Diese Prozedur heißt *Scanner*. Der Übergang zu einer anderen Darstellung für Symbole bedeutet dann lediglich eine Änderung im Scanner und hat keinen Einfluß auf den Rest des Compilers.

Praktisch wird ein Scanner durch eine Tabelle realisiert, welche die Grundsymbole als Zeichenfolgen enthält, und einer Suchprozedur, die Zeichen um Zeichen aus dem Quellentext mit der Tabelle vergleicht. Diese Methode hat den Vorteil, daß Symbole in der Tabelle hinzugefügt oder geändert werden können; der Scanner bleibt sonst unverändert.

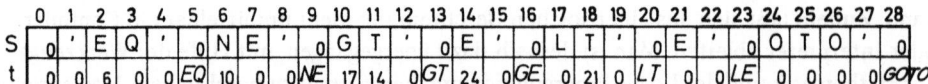

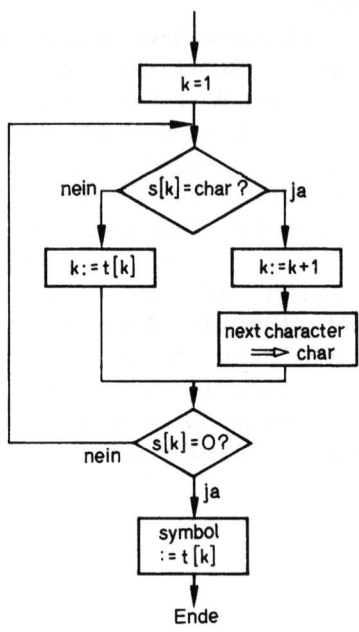

Abb. 5.2. Scanner

procedure *get symbol;*
   const *s* [0 . . 28] = (0, „'", „E", „Q", „'", 0, „N", . . .),
        t [0 . . 28] = (0, 0, 6, 0, 0, 1, 10, . . .);
  var *k;*
  begin *k* := 1;
    repeat
      if *s* [*k*] = *char* **then**
      begin *k* := *k* + 1; *next character* **end**
      else *k* := *t* [*k*];
    until *s* [*k*] = 0;
    symbol := *t* [*k*];
  end.

5.6 Produktionssysteme

Wir konstruieren und beschreiben eine ganz einfache Sprache. Wir haben zwei Mengen: Die Menge A enthält als Elemente die Buchstaben r und s, die Menge B die Buchstaben x

und y. Alle Wörter (Symbolfolgen) unserer Sprache bestehen aus zwei Buchstaben (Symbole): einem aus der Menge A gefolgt von einem aus der Menge B. Die durch diese Syntax definierte Sprache besteht aus den vier wohlgeformten Symbolfolgen
   rx   ry   sx   sy.
   Formal sieht das so aus:
   S → AB
   A → r|s   (1)
   B → x|y
Lies: „S besteht aus A gefolgt von B.
       A besteht aus dem Grundsymbol r oder dem Grundsymbol s.
       B besteht aus dem Grundsymbol x oder dem Grundsymbol y."
   Jede Zeile ist eine Substitutionsregel oder *Produktion,* alle drei Zeilen zusammen bilden ein *Produktionssystem.* Jede wohlgeformte Symbolfolge kann durch wiederholte Anwendung der Substitutionsregeln aus dem *Startsymbol* S hergeleitet werden. Die durch das Produktionssystem S definierte Sprache, das heißt die durch das Produktionssystem S erzeugten Symbolfolgen sind
   rx   ry   sx   sy.
Die Symbole r, s, x, y sind die Grundsymbole, aus denen die Symbolfolgen gebildet werden. Sie heißen *terminale Symbole.* Sie bilden das Vokabular der Sprache S. Dementsprechend heißen S, A und B *nicht-terminale Symbole.*
   Für die Symbolfolge rx, ry, sx, sy haben wir noch keine Bedeutung festgelegt, die Semantik der Sprache S ist noch nicht definiert.
   Die eben beschriebene Sprache S besteht aus genau vier verschiedenen Symbolfolgen, also einer endlichen Anzahl Symbolfolgen. Man kann auch eine unendliche Zahl wohlgeformter Symbolfolgen erzeugen:
   R → pA
   A → q|xA   (2)
In der zweiten Zeile kommt das nichtterminale Symbol A sowohl im linken Teil, als auch im rechten Teil der Regel vor: die Regel ist *rekursiv.* Die Rekursion hat zur Folge, daß durch die endliche Menge von Produktionen eine unendliche Menge von Symbolfolgen erzeugt wird:
   pq   pxq   pxxq   pxxxq   pxxxxq   ...

5.7 Erzeugung von Zahlen

Das nächste Beispiel führt uns näher an die Programmiersprachen heran. Es ist ein historisches Beispiel und stammt aus der formalen Definition der Programmiersprache ALGOL aus dem Jahre 1963 (Naur, P. „Revised Report on the Algorithmic Language ALGOL 60", Communications of the ACM, Vol. 6 (1963), Nr. 1). Es beschreibt, wie Zahlen in ALGOL dargestellt werden.

```
<number>         →  <decimal number> | <exponent part> |
                    <decimal number> <exponent part>
<decimal number> →  <integer> | <decimal fraction> |
                    <integer> <decimal fraction>
<exponent part>  →  E <integer> | E+ <integer> | E− <integer>                    (3)
<decimal fraction> → . <integer>
<integer>        →  <digit> | <integer> <digit>
<digit>          →  0 | 1 | 2 | 3 | 4 | 5 | 6 | 7 | 8 | 9
```

Hier sind die nichtterminalen Symbole etwas anders dargestellt: sie werden als Begriffe semantischer Natur zwischen spitzen Klammern dargestellt, um die Lesbarkeit des Produktionssystems durch semantische Hinweise zu verbessern. Diese Notation wurde zuerst zur Definition der Programmiersprache ALGOL verwendet und heißt nach ihren Schöpfern „Backus-Naur-Form" (BNF).

Die Syntax <number> enthält rekursive Produktionen. Sie erzeugt deshalb eine unendliche Zahl von Symbolfolgen, wie zum Beispiel
   47895   43.751   .125   13.7E12
Der Leser möge selbst anhand der Produktionen Symbolfolgen erzeugen!

Wie in den beiden vorhergehenden Beispielen geben wir der Sprache denselben Namen wie das Startsymbol: <number>.

Im Gegensatz zu den ersten Beispielen hat <number> nun auch einen semantischen Inhalt: zu jeder wohlgeformten Symbolfolge gehört eine Bedeutung, nämlich ein numerischer Wert. Dieser semantische Inhalt ist nicht ausdrücklich definiert, er wird durch die Darstellung der nichtterminalen Symbole angedeutet und ist auch implizit dadurch gegeben, daß wir die erzeugten Symbolfolgen als „Zahlen" erkennen, daß wir also die Ziffern und ihren Stellenwert im dezimalen Zahlensystem kennen.

5.8 Analyse

Wir haben mit Produktionssystemen eine Methode für die formale Beschreibung der Syntax von Sprachen gefunden: Ein Produktionssystem *erzeugt* alle Symbolfolgen der Sprache, die es definiert.

Unser nächstes Ziel ist nun nicht die Erzeugung, sondern die Erkennung oder *Analyse* einer Symbolfolge und seiner Struktur. Dies ist die Aufgabe eines Übersetzers oder Compilers. Wenn wir die Syntax einer Sprache durch ein Produktionssystem definieren, so wollen wir möglichst ebendieses Produktionssystem auch für die Analyse der Symbolfolgen verwenden. Wenn wir sowohl für die Erzeugung als auch für die Analyse von Symbolfolgen dasselbe Produktionssystem verwenden, dann haben wir die Gewähr, daß Erzeugung und Analyse von Symbolfolgen denselben Regeln genügen. Das selbe Produktionssystem dient dem Programmierer als Regelwerk für korrekte (wohlgeformte) Programme wie auch dem Compiler als Algorithmus für die Erkennung des Programms.

5.8 Analyse

In der Praxis ist ein Compiler ein Computerprogramm, von dem wir erwarten, daß es möglichst effizient in der Ausführung ist. Deshalb fordern wir vom Erkennungs-Algorithmus:
- Die Symbolfolge wird sequentiell, also ein Symbol nach dem anderen, gelesen, ohne je zurückzugehen.
- Jeder Analysenschritt wird nur bestimmt durch den jeweiligen Zustand der Analyse und das eben gelesene Symbol.

Eine Konsequenz dieser Forderung ist auch, daß die Analyse einer endlichen Symbolfolge nach endlich vielen Schritten endet.

Wir wollen nun versuchen, mit Hilfe der Syntax (2) der Sprache R
$R \to pA$
$A \to q|xA$
eine vorgegebene Symbolfolge, etwa „pxxq" daraufhin zu prüfen, ob sie wohlgeformt ist oder nicht. Wir wissen, daß dies der Fall ist. Die Analyse beginnt mit einem Vergleich des ersten Symbols der vorgegebenen Folge mit der Produktion des Startsymbols.

Symbolfolge	Produktion	Erklärung
pxxq ↑	$S \to pA$	Das Startsymbol erzeugt tatsächlich p (terminales Symbol) gefolgt von A (nichtterminales Symbol). Wir müssen also nun prüfen, ob sich die Restfolge xxq aus A herleiten läßt.
xxq ↑	$A \to q$	xxq läßt sich nicht aus $A \to q$ herleiten. Versuch mit der alternativen Produktion.
	$A \to xA$	xxq läßt sich aus $A \to xA$ herleiten. Es bleibt zu prüfen, ob sich die Restfolge xq aus A herleiten läßt.
xq ↑	$A \to q$	xq läßt sich nicht aus $A \to q$ herleiten. Versuch mit der alternativen Produktion.
	$A \to xA$	xq läßt sich aus $A \to xA$ herleiten. Es bleibt zu prüfen, ob sich die Restfolge q aus A herleiten läßt.
q ↑	$A \to q$	q läßt sich aus $A \to q$ herleiten. Die Analyse ist beendet, sie hat ergeben, daß die vorgegebene Symbolfolge pxxq wohlgeformt ist.

Versuchen wir jetzt, unsere Methode auch auf die Syntax (1) der Sprache S
$S \to AB$
$A \to r|s$
$B \to x|y$
anzuwenden, indem wir prüfen, ob die Symbolfolge „sx" wohlgeformt ist! Wir wissen

zum Vornherein, daß dies zutrifft. Trotzdem versagt unsere Methode bereits im ersten Analyseschritt.

5.9 Reguläre Syntax

Voraussetzung für einen einfachen Erkennungs-Algorithmus:

Für jede Produktion $A \rightarrow \sigma_1 \mid \sigma_2 \mid \cdots \mid \sigma_n$ wird
verlangt, daß
(1) jede Symbolfolge σ_i mit einem terminalen Symbol
    beginnt, und daß
(2) jede Symbolfolge σ_i ein und derselben Produktion
    mit einem verschiedenen terminalen Symbol beginnt.

Eine Syntax, die diese Regeln erfüllt, heißt *regulär*.

Verletzt eine Syntax diese Regeln, d.h. ist sie nicht regulär, so brauchen wir auf unsere Methode nicht zu verzichten. Es ist oft einfach, die Syntax so abzuändern, daß sie regulär wird, und trotzdem dieselbe Sprache erzeugt. Dies zeigen wir nun, indem wir die Syntax (3) der Sprache <number> entsprechend abändern:

<number>	→	<decimal number> | <decimal number> <exponent part>
<decimal number>	→	<integer> | <decimal fraction> | <integer> <decimal fraction>	(3)
<exponent part>	→	E <integer> | E+ <integer> | E− <integer>
<decimal fraction>	→	· <integer>
<integer>	→	<digit> | <integer> <digit>
<digit>	→	0 | 1 | 2 | 3 | 4 | 5 | 6 | 7 | 8 | 9

<number>	→	*d* <rest number> | · <decimal fraction>
<rest number>	→	*d* <rest number> | · <decimal fraction> | E <exponent part> | ϵ
<decimal fraction>	→	*d* <rest decimal fraction>	(4)
<rest decimal fraction>	→	*d* <rest decimal fraction> | E <exponent part> | ϵ

(Fortsetzung nächste Seite)

5.10 Zustandstabellen

<exponent part>	→	*d* <rest integer> |
		+ <integer> |
		− <integer>
<integer>	→	*d* <rest integer>
<rest integer>	→	*d* <rest integer>
		ε

mit den terminalen Symbolen *d* (eine Ziffer)   + (Vorzeichen)
                                                    · (Dezimalpunkt)   − (Vorzeichen)
                                                    E (Buchstabe E)   ε (leere Folge)

5.10 Zustandstabellen

Die Syntax (4) kann man als Tabelle darstellen:

Zustand	*d*	·	E	+	−	ε
1 <number>	2	3				
2 <rest number>	2	3	5			ENDE
3 <decimal fraction>	4					
4 <rest decimal fraction>	4		5			ENDE
5 <exponent part>	7			6	6	
6 <integer>	7					
7 <rest integer>	7					ENDE

Eine solche Tabelle heißt Zustandstabelle. Die Analyse ist ein Spiel, wie wir es in Abschnitt 5.3 definiert haben. Der Erkennungs-Algorithmus ist die Spielregel:
   Man beginnt mit Zustand 1 der Zustandstabelle. Die Symbole werden nacheinander gelesen und jedes bestimmt den Zustand, in welchem das Spiel übergehen soll, bevor das nächste Symbol gelesen wird. Der Spalteneintrag „ENDE" bedeutet das Ende des Spiels mit einer wohlgeformten Symbolfolge. Stößt man auf eine leere Spalte, so bedeutet dies, daß die Symbolfolge nicht wohlgeformt ist.
   Diese Spielregel entspricht genau der im Abschnitt 5.8 beschriebenen Methode. Als Beispiel werde die Symbolfolge „34.675E−12" durchgespielt:

Zustand	1	2	2	3	4	4	4	5	6	7	7	
Symbol	3	4	·	6	7	5	E	−	1	2	ε	
Neuer Zustand	2	2	3	4	4	4	5	6	7	7	ENDE	

5.11 Automaten

Ein Spiel, ein System also mit Zuständen und Zustandsübergängen, heißt *Automat*. Ein Teilbereich der Informatik, die Automatentheorie, befaßt sich mit Automaten und ihren Eigenschaften. Wenn in jedem Zustand für jedes Eingangssymbol ein neuer Zustand, in den der Automat übergeht, definiert ist, dann heißt das System ein deterministischer Automat.

Unser Erkennungs-Algorithmus erkennt endliche Symbolfolgen in endlich vielen Zustandsübergängen, er endet nach endlich vielen Schritten, er ist ein *endlicher Automat*.

Die Zustandstabelle kann auch als Zustandsdiagramm (Übergangsdiagramm) dargestellt werden. Seien r, s Zustände und a, b, c, d Eingangssymbole:

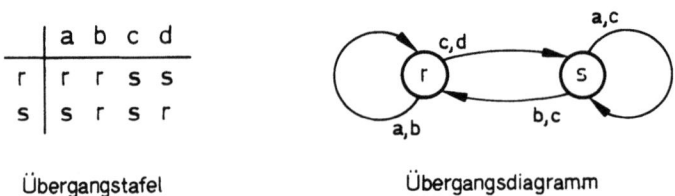

Übergangstafel   Übergangsdiagramm

Abb. 5.3. Übergangstafel und Übergangsdiagramm

5.12 Syntaxgraphen

Die Zustandstabelle <number> (Abschnitt 5.10) kann man auch als Syntaxgraphen darstellen:

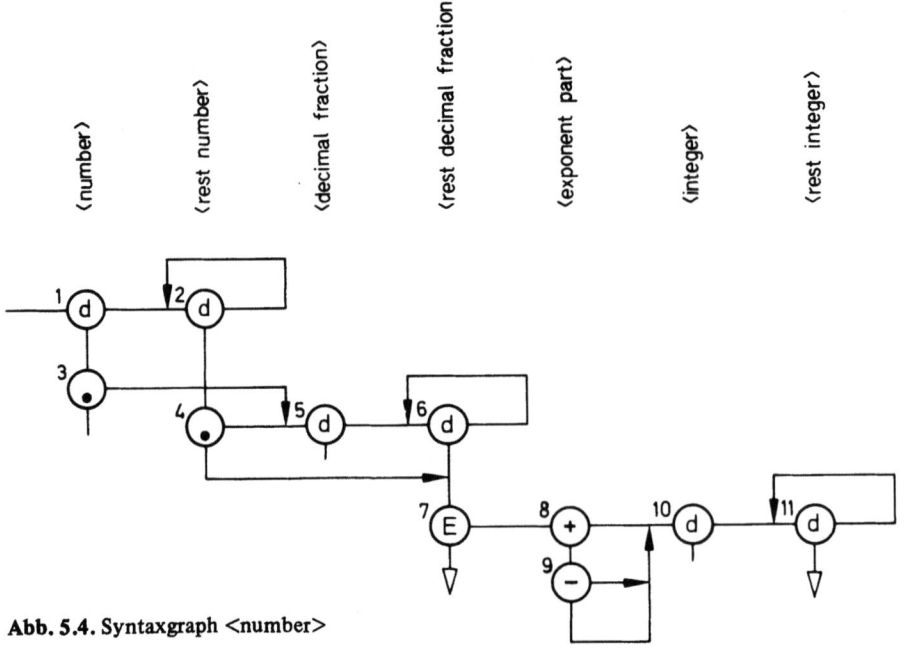

Abb. 5.4. Syntaxgraph <number>

5.12 Syntaxgraphen

Mit dem Syntaxgraphen haben wir ein Spielbrett geschaffen, auf dem wir mit einer Spielfigur spielen können. Statt zu würfeln lesen wir Eingangssymbole nacheinander, z.B. die Symbolfolge „34.675E12".

Spielregel: Jeder Kreis heißt Zustand, das Symbol im Kreis heißt Wert (d bezeichnet auch hier eine Ziffer 0 | 1 | · · · | 9). Man beginnt mit Zustand 1 und liest das erste Eingangssymbol. Wenn das Eingangssymbol mit „Wert" übereinstimmt,
dann liest man das nächste Eingangssymbol und geht der rechten Verbindungslinie entlang zum nächsten Zustand;
sonst geht man, noch mit dem selben Symbol, der Verbindungslinie nach unten entlang zum nächsten Zustand.

Syntaxgraphen eignen sich bestens, um Erkennungsalgorithmen für Symbolfolgen zu definieren, ohne daß man sich um Spracheigenschaften zu kümmern braucht. Es genügt, daß sich die Syntax als Syntaxgraph darstellen läßt. Syntaxgraphen sind übersichtlicher als Produktionssysteme. Sie vermitteln eine unmittelbare Vorstellung über die syntaktische Struktur. Die Regeln von Abschnitt 5.9 für eine reguläre Syntax werden anschaulich und selbverständlich: sie fordern, daß in jedem Zustand anhand des nächsten Grundsymbols (nichtterminales Symbol) im Quellentext der nächste Zustand eindeutig bestimmt ist.

Unser Automat soll nun, um einen Schritt weiterzugehen, nicht mehr nur analysieren, d.h. erkennen, ob die Symbolfolge im Quellentext wohlgeformt ist oder nicht. Er soll nun auch die Symbolfolge *interpretieren*, das heißt: im Sinne des semantischen Inhalts der Symbolfolge eine Reihe von Handlungen, von Aktionen ausführen.

Diese Aktionen sollen durch Unterprogramme verwirklicht sein. Wir erweitern den Syntaxgraphen mit Hinweisen auf die Aktionen, die ausgeführt werden sollen, wenn der Automat in den nächsten Zustand übergeht:

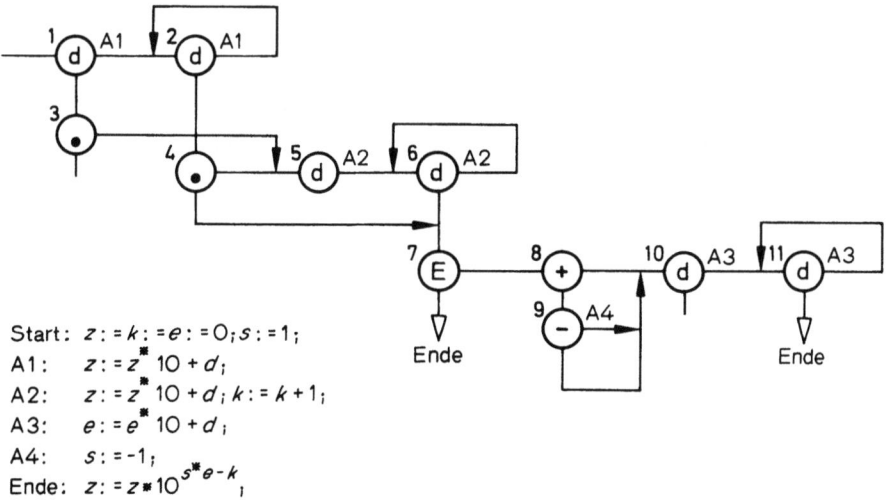

Start: $z := k := e := 0; s := 1;$
A1: $z := z * 10 + d;$
A2: $z := z * 10 + d; k := k + 1;$
A3: $e := e * 10 + d;$
A4: $s := -1;$
Ende: $z := z * 10^{s*e-k};$

Abb. 5.5. Syntaxgraph <number> mit Aktionen

Als Beispiel spielen wir die Symbolfolge „34.675E−12" durch:

Zustand	Symbol	Aktion		Ergebnis	
1	3	A1:	z := z * 10 + d	z = 3	
2	4	A1:	z := z * 10 + d	z = 34	
2	.				
3	6	A2:	z := z * 10 + d; k := k + 1	z = 346	k = 1
4	7	A2:	z := z * 10 + d; k := k + 1	z = 3467	k = 2
4	5	A2:	z := z * 10 + d; k := k + 1	z = 34675	k = 3
4	E				
5	−	A4:	s := −1	s = −1	
6	1	A3:	e := e * 10 + d	e = 1	
7	2	A3:	e := e * 10 + d	e = 12	
7	ϵ	ENDE:	z := z * 10^{s*k-e}	z = 34675 · 10^{-15}	

Man könnte sich fragen, wozu soviel Aufwand nötig ist, um zu berechnen, daß 34.375E−12 = 34675 · 10^{-15}. Das ist jedoch eine falsche Fragestellung: unser Automat verwandelt eine Folge von Schriftzeichen (Ziffern, Dezimalpunkt, Vorzeichen, Buchstabe E) in den entsprechenden numerischen Wert.

5.13 Parser

In der Praxis ist ein Erkennungsalgorithmus für Symbolfolgen ein Bestandteil des Compilers. Er heißt Parser (engl. to parse = grammatisch zerlegen, analysieren). Ein Parser ist durch den zugehörigen Syntaxgraphen vollständig definiert. Er wird realisiert durch eine Prozedur, welche den Syntaxgraphen „durchspielt". Dafür ist es notwendig, den Syntaxgraphen in einer geeigneten Form, nämlich als Tabelle, darzustellen:

5.13 Parser

Zustand	Wert	Aktion falls „gleich"	Folgezustand falls „gleich"	falls „ungleich"
1	digit	A1	2	3
2	digit	A1	2	4
3	.		5	FEHLER
4	.		5	7
5	digit	A2	6	FEHLER
6	digit	A2	6	7
7	E		8	ENDE
8	+		10	9
9	−	A4	10	10
10	digit	A3	11	FEHLER
11	digit	A3	11	ENDE

Mit dem dazugehörigen Algorithmus:

procedure *number;*
   const *syntax* [1,1 . . 4] = (*digit*, 1, 2, 3),
       syntax [2,1 . . 4] = (*digit*, 1, 2, 4),
       syntax [3,1 . . 4] = („.", 0, 5, −11),
       syntax [4,1 . . 4] = („.", 0, 5, 7),
       syntax [5,1 . . 4] = (*digit*, 2, 6, −12),
       syntax [6,1 . . 4] = (*digit*, 2, 6, 7),
       syntax [7,1 . . 4] = („E", 0, 8, 0),
       syntax [8,1 . . 4] = („+", 0, 10, 9),
       syntax [9,1 . . 4] = („−", 4, 10, 10),
       syntax [10,1 . . 4] = (*digit*, 3, 11, −13),
       syntax [11,1 . . 4] = (*digit*, 3, 11, 0);
   var z, k, e, *sign, state, action;*
   begin *state* := 1; z := k := e := 0; *sign* := 1;
      repeat
        if *chara* = *syntax* [*state*, 1] **then**
        begin *action* := *syntax* [*state*, 2]; *state* := *syntax* [*state*, 3];
          case *action* **of**
            0: ;
            1: z := z * 10 + *value;*
            2: **begin** z := z * 10 + *value;* k := k + 1 **end**;
            3: e := e * 10 + *value;*
            4: *sign* := −1;
          end;
        get next character;
      end else *state* := *syntax* [*state*, 4];
     until *state* ≤ 0;
     value := z * 10 ↑ (s * e − k);
     if *state* ≠ 0 **then** *error (state);*
  end.

Bemerkungen:

chara ist eine globale Variable, die das zuletzt gelesene Quellenzeichen enthält,

get next character ist eine Prozedur, die das nächste Quellenzeichen liest und der Variablen *chara* zuweist.

5.14 Arithmetische Ausdrücke

Die Syntax einfacher arithmetischer Ausdrücke, wie etwa

$$1 + 2 * 3 + (4 + 5) * 6 \tag{5}$$

kann sehr einfach sein:

$$\langle\text{expr}\rangle \rightarrow n \mid \langle\text{expr}\rangle \, op \, \langle\text{expr}\rangle \mid (\langle\text{expr}\rangle) \tag{6}$$

<expr> ist das Startsymbol. Terminale Symbole sind *n* (eine Zahl), *op* (ein arithmetischer Operator), die linke und die rechte Klammer.

Die Syntax (6) beschreibt, wie ein arithmetischer Ausdruck im einfachsten Fall eine Zahl ist, wie ein arithmetischer Ausdruck auch eine alternierende Folge von Zahlen und Operatoren sein kann, deren erstes und letztes Glied je eine Zahl sein muß; wie schließlich auch ein Ausdruck zwischen Klammern Operand sein kann. — Man sieht auch hier, wie schwierig es ist, einen formal so einfachen Sachverhalt wie (6) in einer natürlichen Sprache präzis und eindeutig zu beschreiben!

Die Syntax (6) erzeugt arithmetische Ausdrücke. Für die Erkennung solcher Ausdrücke ist (6) jedoch nicht geeignet, weil sie nicht regulär ist (vgl. Abschnitt 5.9). Sie befriedigt aus einem weiteren Grund nicht: Der Vorrang unter den Operatoren wird nicht berücksichtigt, es geht aus der Syntax nicht hervor, daß in (5) z.B. zuerst 2 * 3 berechnet, und dann erst 1 zum Produkt addiert werden muß.

Wir haben in Abschnitt 5.9 gesehen, daß verschiedene Syntaxen dieselbe Sprache erzeugen können. Der Syntax (6) stellen wir nun eine andere gegenüber, die dieselbe Sprache erzeugt:

$$\begin{aligned}
\langle\text{expr}\rangle &\rightarrow \langle\text{term}\rangle \mid \langle\text{expr}\rangle + \langle\text{term}\rangle \mid \langle\text{expr}\rangle - \langle\text{term}\rangle \\
\langle\text{term}\rangle &\rightarrow \langle\text{factor}\rangle \mid \langle\text{term}\rangle * \langle\text{factor}\rangle \mid \langle\text{term}\rangle / \langle\text{factor}\rangle \\
\langle\text{factor}\rangle &\rightarrow \langle\text{primary}\rangle \mid \langle\text{factor}\rangle \uparrow \langle\text{primary}\rangle \\
\langle\text{primary}\rangle &\rightarrow (\langle\text{expr}\rangle) \mid n
\end{aligned} \tag{7}$$

Startsymbol ist <expr>; terminale Symbole sind *n* (eine Zahl), die Operatoren „+", „−", „*", „/" und „↑" (Potenzierung), sowie die linke und die rechte Klammer.

Im Gegensatz zur Syntax (6) zeigt die Syntax (7) die *Struktur* der Sprache <expr>. Diese Struktur zeigt eine Hierarchie der einzelnen nichtterminalen Symbole, die semantisch gedeutet werden kann: Bei der Auswertung eines arithmetischen Ausdrucks wird der Rang der Sprachelemente berücksichtigt. Ein nach dieser Syntax arbeitender Auto-

5.14 Arithmetische Ausdrücke

mat wertet einen Ausdruck so aus, wie wir es von der Schule her gewohnt sind: erst Klammerausdrücke (bei Schachtelung von innen nach außen), dann Potenzierung, dann Multiplikation und schließlich Addition. Bei benachbarten gleichrangigen Operationen geschieht die Auswertung von links nach rechts.

Die Beschreibung einer Programmiersprache muß nicht nur Symbolfolgen angeben, sondern auch darüber Auskunft geben, wie diese Symbolfolgen interpretiert werden sollen. Eine Syntax dient einerseits dem Benutzer der Sprache als Beschreibung dieser Sprache, sie beschreibt die Regeln, die der Programmierer beachten muß, um wohlgeformte Programme zu schreiben. Andererseits dient sie als Automat für die Auswertung des vom Programmierer formulierten Algorithmus.

Wir sollten nun für die Sprache <expr> dieselben Überlegungen vollziehen, die wir mit der Sprache <number> getan haben, um vom Produktionssystem zum Syntaxgraphen und schließlich zum Parser zu gelangen. Dies wird uns für <expr> nicht gelingen, ohne auf die Struktur zu verzichten. Wenn wir versuchen, die Syntax (7) abzuändern, daß sie gemäß Abschnitt 5.9 *regulär* wird, dann verlieren wir die hierarchische Struktur der Syntax. Auf diese Struktur wollen wir aber nicht verzichten, nachdem wir festgestellt haben, daß sie die korrekte Interpretation des Ausdrucks bewirkt. Wir gehen deshalb anders vor.

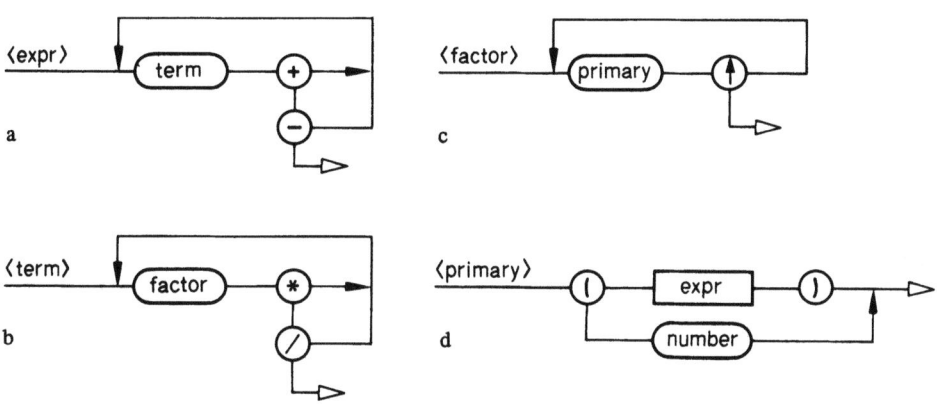

Abb. 5.6. Syntaxgraphen für <expr>

In der ersten Zeile der Syntax (7) spielt <term> die Rolle eines terminalen Symbols (Abb. 5.6a). Dies bedeutet, daß der Parser jedesmal, wenn er für <expr> ein neues Grundsymbol der Symbolfolge liest, dieses von einem zweiten (untergeordneten) Automaten erhält, der selbst die Sprache <term> erkennt (Abb. 5.6b). Entsprechend ist in der Syntax <term> das Symbol <factor> ein terminales Symbol, welches von einem Automaten geliefert wird (Abb. 5.6c). Für die Sprache <factor> ist <primary> ein terminales Symbol, das von einem weiteren Automaten geliefert wird (Abb. 5.6d). Terminale Symbole der Sprache <primary> sind <number>, welches wieder von einem Automaten erkannt und geliefert wird, und die linke und die rechte Klammer. <expr> wird mittelbar rekursiv verwendet, was bei der Programmierung des Parsers berücksichtigt werden muß.

Diese Kaskade von Automaten für die Interpretation von arithmetischen Ausdrücken ist eine brauchbare Methode, die in vielen Compilern angewendet wird. Wir wollen ihr eine andere gegenüberstellen.

5.15 Stapelautomat[1]

Wenn wir die Hierarchie der Operationen berücksichtigen, lauten die Regeln für die Auswertung des arithmetischen Ausdrucks

a * b + c * d

wie folgt:
(1) multipliziere a mit b und behalte das Produkt im Register r_1 (ein Register kann ein Blatt Papier sein, oder das Register einer Rechenmaschine),
(2) multipliziere c mit d und behalte das Produkt im Register r_2,
(3) addiere r_1 und r_2 und behalte die Summe im Register r_1,
(4) Ende der Auswertung: das Resultat ist im Register r_1.

Diese Regeln sollen nun verallgemeinert werden, damit sie anwendbar sind für alle arithmetischen Ausdrücke, die aus Zahlen und Operatoren bestehen. Sie berücksichtigen bereits die Hierarchie der Operationen, sollen aber auch die Forderungen von Abschnitt 5.8 erfüllen, die einen effizienten Algorithmus ermöglichen:
- Die Symbolfolge wird sequentiell, also ein Symbol nach dem anderen gelesen, ohne je zurückzugehen.
- Jeder Analysenschritt wird nur bestimmt durch den jeweiligen Zustand der Analyse und das eben gelesene Symbol.

Wenn man von der operationellen Hierarchie absieht, wird die Syntax einfach:

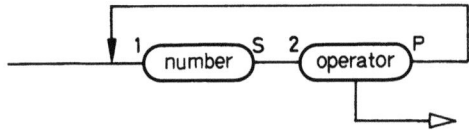

Abb. 5.7. Syntaxgraph für <expr>

---

1 Die theoretische Informatik unterscheidet zwischen Stapelautomaten (engl. stack automaton) und Kellerautomaten (engl. pushdown automaton). In diesem Abschnitt ist von Kellerautomaten die Rede. Es scheint dem Verfasser jedoch der Begriff „Stapel" in diesem Zusammenhang anschaulicher: der Stapel Teller im Selbstbedienungs-Restaurant illustriert bestens, wovon die Rede sein soll.

5.15 Stapelautomat

Der Syntaxgraph berücksichtigt keine operationelle Hierarchien. Wenn der arithmetische Ausdruck nicht einfach von links nach rechts ausgewertet werden soll, so braucht es entsprechende Vorkehrungen in den Aktionen S und P. Die Comic Strips Abb. 5.8 illustrieren diese Methode.

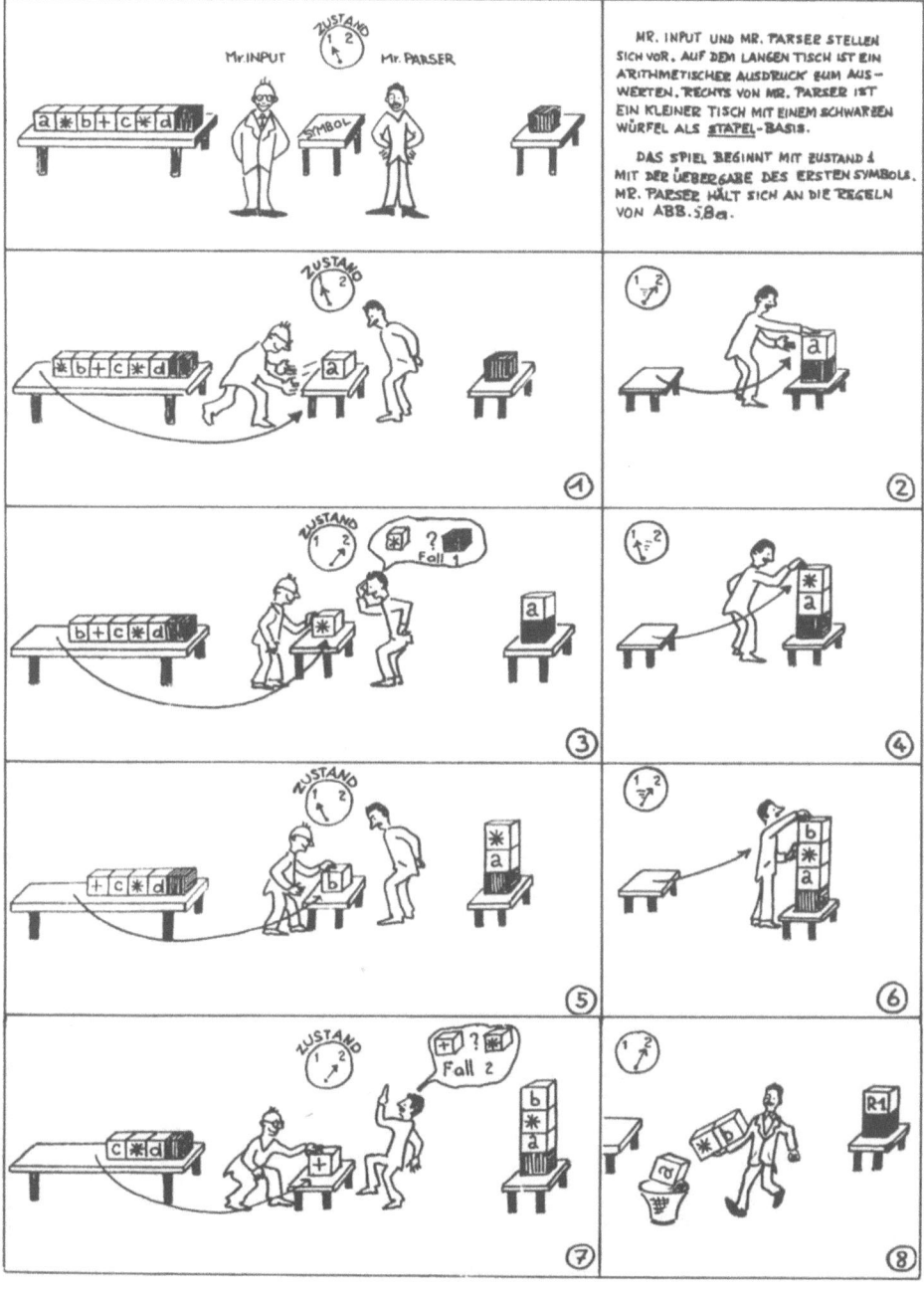

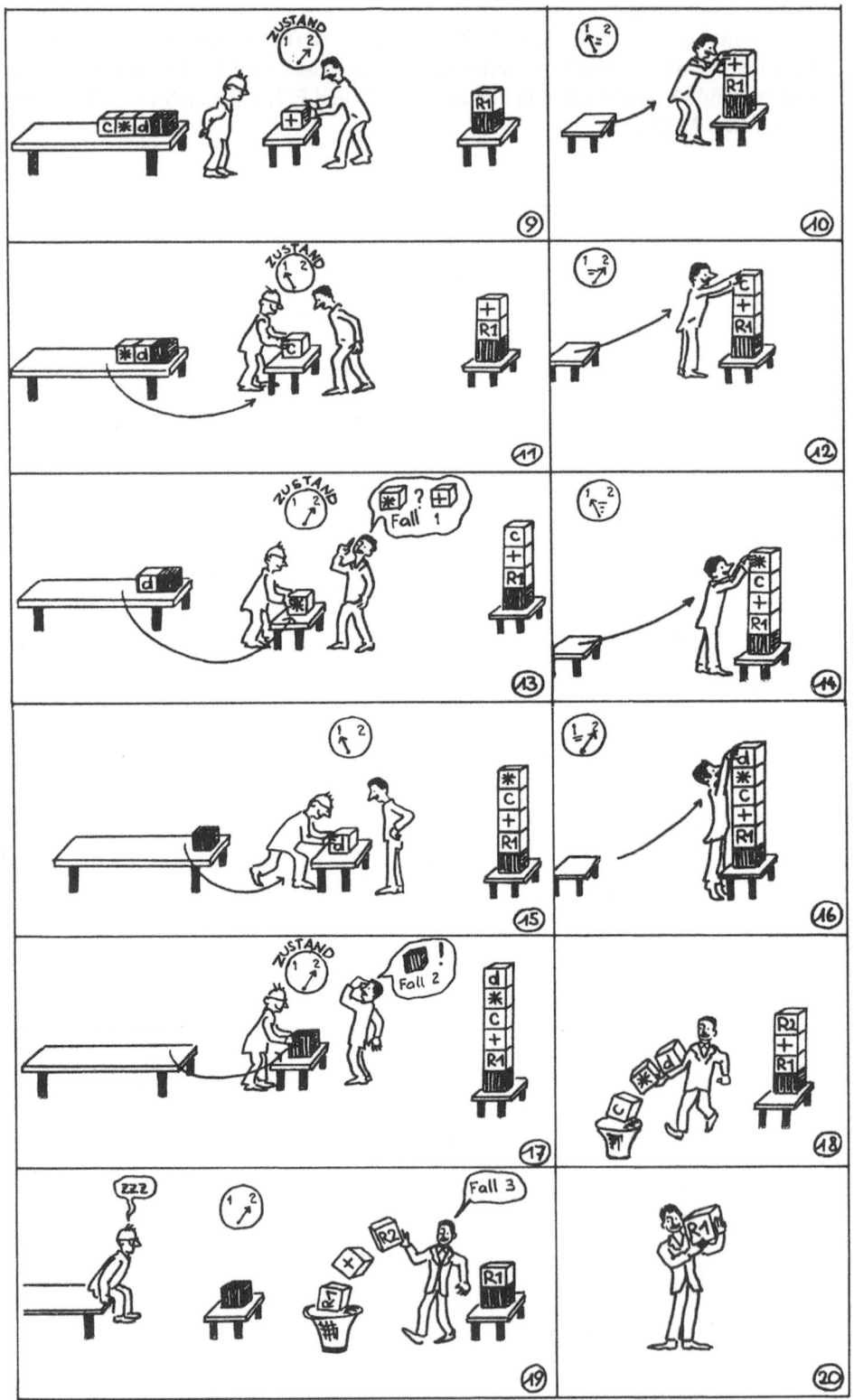

5.15 Stapelautomat

Regeln für Stapelautomat

ZUSTAND = 1 (SYMBOL ist eine Zahl)

S: Lege das SYMBOL auf den Stapel. Stelle ZUSTAND auf 2.
Verlange das nächste SYMBOL.

ZUSTAND = 2 (SYMBOL ist ein Operator)

P: Fallunterscheidung gemäß Vorrangtabelle je nach SYMBOL und
LETZTEM Operator im Stapel (stets an zweitoberster Stelle).

Fall 1: Lege das SYMBOL auf den Stapel.
Stelle ZUSTAND auf 1. Verlange das
nächste SYMBOL.

Fall 2: Nimm die drei obersten Symbole vom
Stapel und führe die Operation aus.
Behalte das Ergebnis im Register
R_i (i = 1,2, ...) und lege es auf
den Stapel. Weiter bei P.

Fall 3: Ende der Auswertung. Das Ergebnis
ist im Register R1.

Vorrangtabelle

		Letzter Operator				
Symbol		■	+	−	*	/	↑
	■	3	2	2	2	2	2
	+	1	2	2	2	2	2
	−	1	2	2	2	2	2
	*	1	1	1	2	2	2
	/	1	1	1	2	2	2
	↑	1	1	1	1	1	2

Abb. 5.8a

Die korrekte Reihenfolge in der Ausführung der Operationen wird durch zwei Mechanismen bewirkt: die Vorrangtabelle, in der die Hierarchie der Operationen festgehalten ist, und den Stapel (engl. stack) in welchem Operationen vorübergehend aufgestapelt werden, während die gemäß Tabelle vorrangigen Operationen ausgeführt werden.

Der Stapelautomat kann erweitert werden, so daß er auch Ausdrücke mit Klammern erkennt und auswertet:

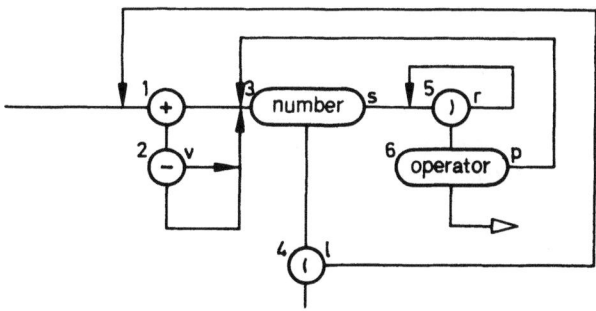

Abb. 5.9. Erweiterter Automat für arithmetische Ausdrücke

Dabei wird die Rekursion, wie sie in Abb. 5.6d auftritt, vermieden. Dafür zeigt der Graph, sowenig wie der von Abb. 5.7 eine syntaktische Struktur. Insbesondere geht daraus *nicht* hervor, daß zu jeder linken Klammer zwingend eine rechte gehört. So wie die Hierarchie der Operationen, muß auch das paarweise Auftreten der Klammern in den Aktionen erkannt und überwacht werden.

Unter der Annahme, daß ein Scanner Zahlen, arithmetische Operatoren und Klammern als Grundsymbole aus dem Quellentext erkennt, kann man den erweiterten Parser für arithmetische Ausdrücke als Prozedur schreiben:

procedure *expression;*
   const *syntax* [1,1 .. 4] = („+",   0, 3,   2),
         syntax [2,1 .. 4] = („–",   v, 3,   3),
         syntax [3,1 .. 4] = (*numbr*, s, 5,   4),
         syntax [4,1 .. 4] = („(",   1, 1, −21),
         syntax [5,1 .. 4] = („)",   r, 5,   6),
         syntax [6,1 .. 4] = (*optor*, p, 3,   0);
                    { *last op* = ↑ * / + − (■ }
   const *precedence* [1,1 .. 7] = (2, 1, 1, 1, 1, 1, 1),   { *symbol* = ↑ }
         precedence [2,1 .. 7] = (2, 2, 2, 1, 1, 1, 1),   { *symbol* = * }
         precedence [3,1 .. 7] = (2, 2, 2, 1, 1, 1, 1),   { *symbol* = / }
         precedence [4,1 .. 7] = (2, 2, 2, 2, 2, 1, 1),   { *symbol* = + }
         precedence [5,1 .. 7] = (2, 2, 2, 2, 2, 1, 1),   { *symbol* = − }
         precedence [6,1 .. 7] = (2, 2, 2, 2, 2, 3, 0),   { *symbol* =) }
   var *state, action, bcount;*
begin *state* := 1; *bcount* := 0;
   repeat
      if *symbol* = *syntax* [state, 1] **then**
      begin *action* := *syntax* [*state*, 2]; *state* := *syntax* [*state*, 3];
         case *action* **of**
           s: *stack (symbol);*
           p: **case** *precedence* [*symbol, last*] **of**
              1: *stack (symbol);*
              2: **begin** *unstack(z); unstack(y); unstack(x);*
                  generate(x,y,z); stack(x); **goto** *p* **end**;
              3: **begin** *unstack(x); unstack(y); stack(x)* **end**;
           end;
           l: **begin** *bcount* := *bcount* + 1; *stack (symbol)* **end**;
           r: **begin** *bcount* := *bcount* − 1;
              if *bcount* ≥ 0 **then goto** *p* **else** *error* **end**;
           v: **begin** *stack (zero); stack (symbol)***end**;
         end;
         get next symbol
   until *state* ≤ 0;
   if *state* ≠ 0 **then** *error (state);*
end.

5.15 Stapelautomat

Hierzu einige Erläuterungen:
1. Kommentare im Programm stehen zwischen geschweiften Klammern.
2. Tabellen:

   syntax [1 . . 6,1 . . 4] stellen den Syntaxgraphen Abb. 5.9 als Tabelle dar.

   precedence [1 . . 6,1 . . 7] ist die Vorrangtabelle, in der die Hierarchie der Operatoren definiert ist.

3. Prozeduren:

   stack (symbol) fügt ein Symbol „zuoberst" in den Stapel ein.

   unstack (symbol) ist die Umkehrfunktion zu stack: das „oberste" Symbol wird vom Stapel entfernt und als Argument zurückgegeben.

   last liefert das „zweitoberste" Symbol im Stapel als Funktionswert, läßt sonst den Stapel unverändert.

   get next symbol ist der Scanner. Er liest vom Quellentext das nächste Grundsymbol und weist es der globalen Variablen *symbol* zu.

   generate(x,y,z) generiert die aus den Operanden x und z und dem Operatoren y zusammengesetzte Operation (vgl. Abschnitt 5.16).

4. Aktionen:

   s und *p* entsprechen den Regeln *s* und *p* von Abb. 5.8a

   l und *r* mit dem Zähler *bcount* wird die Übereinstimmung von linken und rechten Klammern überwacht.

   v Anstelle eines negativen Vorzeichens wird die Zahl Null und ein Minuszeichen gestapelt.

In Abb. 5.10 wird die Prozedur *expression* für den Ausdruck

$$A * B + C / (D - E * (-F/G) + H) + I$$

durchgespielt. Der Quellentext in seinen einzelnen Verarbeitungszuständen ist in der Spalte INPUT gezeigt. Der Übersichtlichkeit halber sind links davon der jeweilige Wert der Variablen *symbol* und der Inhalt des Stapels gezeigt. Symbol nach Symbol wird der Quellentext in den Automaten geschoben. Das jeweilige Symbol (Wert der Variablen *symbol*) und der Zustand der Analyse (Wert der Variablen *state*) bestimmen allein die auszuführende Aktion. Dies entspricht den Forderungen für einen effizienten Erkennungsalgorithmus vom Abschnitt 5.8.

Man sieht: je nach Vorrang der Operatoren werden die Operationen gestapelt oder zur Auswertung vom Stapel entnommen. Die Auswertung erfolgt in der Reihenfolge, wie wir sie erwarten:

Das Produkt $A * B$ kann gleich als erstes ausgewertet werden; dies steht allerdings erst fest, nachdem die Analyse festgestellt hat, daß die folgende Operation gegenüber der Multiplikation keinen Vorrang hat. Das Produkt wird dem Register r_1 zugewiesen.

Die nächste Operation, die ausgeführt werden kann, ist der Inhalt der innersten Klammer: $(-F/G)$. Bis hierher wird der Ausdruck Symbol nach Symbol in den Stapel geschoben, weil stets eine vorrangige Operation folgt. Nach der Auswertung wird der Wert des Quotienten $(-F/G)$ dem Register r_2 zugewiesen (r_1 ist schon besetzt).

STACK	Symbol	INPUT	State	Action	
■		A*B+C/ (D−E* (−F/G) +H) +I■			
■	A	*B+C/ (D−E* (−F/G) +H) +I■	3	s	
■A	*	B+C/ (D−E* (−F/G) +H) +I■	6	p1	
■A*	B	+C/ (D−E* (−F/G) +H) +I■	3	s	
■A*B	+	C/ (D−E* (−F/G) +H) +I■	6	p2	$A*B \Rightarrow r_1$
■r_1	+			p1	
■r_1+	C	/ (D−E* (−F/G) +H) +I■	3	s	
■r_1+C	/	(D−E* (−F/G) +H) +I■	6	p1	
■r_1+C/	(	D−E* (−F/G) +H) +I■	4	l	bcount=1
■r_1+C/ (	D	−F* (−F/G) +H) +I■	3	s	
■r_1+C/ (D	−	E* (−F/G) +H) +I■	6	p1	
■r_1+C/ (D−	E	* (−F/G) +H) +I■	3	s	
■r_1+C/ (D−E	*	(−F/G) +H) +I■	6	p1	
■r_1+C/ (D−E*	(	−F/G) +H) +I■	4	l	bcount=2
■r_1+C/ (D−E* (	−	F/G) +H) +I■	2	v	
■r_1+C/ (D−E* (0−	F	/G) +H) +I■	3	s	
■r_1+C/ (D−E* (0−F	/	G) +H) +I■	6	p1	
■r_1+C/ (D−E* (0−F/	G	) +H) +I■	3	s	
■r_1+C/ (D−E* (0−F/G	)	+H) +I■	5	r	bcount=1
■r_1+C/ (D−E* (0−F/G	)			p2	$F/G \Rightarrow r_2$
■r_1+C/ (D−E* (0−r_2	)			p2	$-r_2 \Rightarrow r_2$
■r_1+C/ (D−E* (r_2	)			p3	
■r_1+C/ (D−E* r_2	+	H) +I■	6	p2	$E*r_2 \Rightarrow r_2$
■r_1+C/ (D−r_2	+			p2	$D-r_2 \Rightarrow r_2$
■r_1+C/ (r_2	+			p1	
■r_1+C/ (r_2+	H	) +I■	3	s	
■r_1+C/ (r_2+H	)	+I■	5	r	bcount⇒1
■r_1+C/ (r_2+H	)			p2	$r_2+H \Rightarrow r_2$
■r_1+C/ (r_2	)			p3	
■r_1+C/ r_2	+	I■	6	p2	$C/r_2 \Rightarrow r_2$
■r_1+r_2	+			p2	$r_1+r_2 \Rightarrow r_1$
■r_1	+			p1	
■r_1+	I	■	3	s	
■r_1+I	■		6	p2	$r_1+I \Rightarrow r_1$
■r_1	■				

Abb. 5.10. Auswertung eines arithmetischen Ausdrucks

Als nächste Operation wird $E*r_2$ ausgewertet, deren Ergebnis wieder r_2 zugewiesen werden kann.

Von den gleichrangigen Operationen $D-r_2$ und r_2+H wird die linke zuerst ausgewertet, womit nun $r_2 = (D-E*(-F/G)+H)$ ausgewertet ist. Es folgen $C/r_2 \Rightarrow r_2$, $r_1+r_2 \Rightarrow r_1$ und schließlich $r_1 + I \Rightarrow r_1$.

In Programmiersprachen hat ein arithmetischer Ausdruck als Operanden normalerweise auch einfache und indizierte Variable und Funktionen. Die Prozedur *get next symbol* erkennt demgemäß nicht nur Zahlen, sondern auch einfache und indizierte Variable und Funktionen.

Namen stehen stellvertretend für bestimmte Dinge wie Variable, Funktionen usw. Die Prozedur *get next symbol* baut sich während der Compilation eine Tabelle auf, in der sie alle im Quellentext vorkommenden Namen und deren Attribute (Variablen- oder Funktionsname, Referenz oder Definition, lokal, global, extern, etc., Datentyp) festhält. Wenn während der Compilation eine Zahl, ein Variablen- oder ein Funktionsname vorkommt, wird dieser Name jedesmal in der Symboltabelle gesucht und wenn nötig ein neuer Eintrag gemacht.

5.16 Code-Erzeugung

Zweck eines Compilers ist die Übersetzung eines Quellenprogrammes in ein entsprechendes Objektprogramm, d.h. in eine Folge von Maschinenbefehlen. Die syntaktische und semantische Erkennung des Quellenprogrammes, wie sie anhand der Analyse eines arithmetischen Ausdrucks illustriert wurde, dient nur diesem Zweck. Damit auch Maschinenbefehle erzeugt werden, muß der Parser Aktionen enthalten, die Maschinenbefehle erzeugen. Im Parser *expression* ist es die Prozedur *generate(x,y,z)*. Die von dieser Prozedur für unser Beispiel erzeugten Befehle sieht man, symbolisch notiert, in Abb. 5.10, letzte Spalte:

$A * B \Rightarrow r_1$
$F / G \Rightarrow r_2$
$-r_2 \Rightarrow r_2$ etc.

Die in Wirklichkeit erzeugten Befehle hängen vom verfügbaren Befehlsrepertoire und von der Architektur der verwendeten Hardware-Maschine ab. Zur Illustration der Code-Erzeugung verwenden wir einen hypothetischen Minicomputer mit einem Register (Akkumulator) und mindestens die folgenden Befehle:

LOD a „load": Kopiere den Inhalt der Speicherzelle a in den Akkumulator.
STO a „store": Kopiere den Inhalt des Akkumulators in die Speicherzelle a.
CHS „change sign": Vorzeichenwechsel im Akkumulator.
ADD a „add": Summe aus Inhalt des Akkumulators und Inhalt der Speicherzelle a in Akkumulator.
SUB a „substract": Inhalt des Akkumulators minus Inhalt der Speicherzelle a (Reihenfolge!) in Akkumulator.
MPY a „multiply": Produkt aus Inhalt des Akkumulators und Inhalt der Speicherzelle in Akkumulator.
DIV a „divide": Inhalt des Akkumulators dividiert durch Inhalt der Speicherzelle a (Reihenfolge!) in Akkumulator.

Der Generator würde dann für den arithmetischen Ausdruck

$A * B + C / (D - E * (-F/G) + H) + I$

gemäß Abb. 5.10, letzte Spalte die folgenden Befehlsfolgen erzeugen:

(1)	$A*B \Rightarrow r_1$	LOD A MPY B
(2)	$F/G \Rightarrow r_2$	STO r LOD F DIV G
(3)	$-r_2 \Rightarrow r_2$	CHS
(4)	$E*r_2 \Rightarrow r_2$	MPY E
(5)	$D-r_2 \Rightarrow r_2$	STO $r+1$ LOD D SUB $r+1$
(6)	$r_2+H \Rightarrow r_2$	ADD H
(7.)	$C/r_2 \Rightarrow r_2$	STO $r+1$ LOD C DIV $r+1$
(8)	$r_1+r_2 \Rightarrow r_1$	ADD r
(9)	$r_1+I \Rightarrow r_1$	ADD I

Jeder Aufruf der Prozedur *generate(x,y,z)* hat die Erzeugung einer oder mehrerer Maschinenbefehle zur Folge. So wie sie in der Prozedur *expression* verwendet wird, gibt sie im ersten Parameter ein „Register" für das Zwischenergebnis zurück (r_1, r_2, usw.), wie wenn die Hardware-Maschine eine beliebige Zahl Resultatregister aufweisen würde. Der Code-Generator ist also der einzige Bestandteil des Compilers, in dem die Architektur der Hardware eine Rolle spielt.

Man beachte, daß die im ersten Aufruf erzeugten Maschinenbefehle das erste Zwischenergebnis r_1 im Akkumulator stehen lassen. Erst im zweiten Aufruf wird, weil der Akkumulator für die Division gebraucht wird, das erste Zwischenergebnis in eine Speicherzelle (Speicheradresse r) abgelegt. — Bei einem Computer mit mehreren Registern (Akkumulatoren) wäre diese Operation nicht notwendig.

Man beachte auch, daß der Generator zwischen kommutativen und nichtkommutativen Operationen unterscheiden muß: Im Aufruf (5) soll die Operation

$$D - r_2$$

erzeugt werden, wobei r_2 im Akkumulator ist. Der Subtraktionsbefehl subtrahiert den Inhalt einer Speicherzelle *vom* Inhalt des Akkumulators, nicht umgekehrt. Der Generator muß deshalb erst ein Abspeichern des Akkumulator-Inhaltes (Speicheradresse $r+1$) erzeugen, gefolgt von einem Laden der Speicherzelle D, bevor die Subtraktion erzeugt werden kann. — Auch hier müßte der Generator für eine andere Hardware-Architektur eine andere Befehlsfolge erzeugen.

5.17 Verallgemeinerung

Arithmetische Ausdrücke sind nur ein Bestandteil einer Programmiersprache. Weil arithmetische Ausdrücke in fast jeder Programmiersprache eine zentrale Bedeutung haben und weil sie syntaktisch interessant sind, wurde ihre Analyse als Beispiel gewählt. Dieser Beitrag will nicht eine Anleitung für Compiler-Entwicklung sein, sondern nur einen „Blick hinter die Kulissen" eines Compilers vermitteln.

In der Praxis wird der Compiler für jede Anweisung je einen Parser beinhalten; für einige wird *expression* ein Unterprogramm sein, so wie *number* zu *expression* ein Unterprogramm ist. Ein allen übergeordneter Parser (Syntaxtabelle und Aktionen) definiert die Programmstruktur; die einzelnen Anweisungs-Parser sind zu diesem Unterprogramme. Bei rekursiv definierten Syntaxen (z.B. ALGOL, PASCAL) werden auch die Aufrufe der einzelnen Parser rekursiv. Beispiele:

- In FORTRAN IV (und anderen Sprachen) ist in einem arithmetischen Ausdruck ein FUNCTION-Aufruf als Operand zulässig. Jedes Argument in einem FUNCTION-Aufruf ist ein arithmetischer Ausdruck.
- In ALGOL (sowie PASCAL und verwandte Sprachen) ist ein <block> Bestandteil eines <statement> und umgekehrt.

Nicht alle Compiler sind tabellengesteuert wie wir es beschrieben haben. Die beschriebene Methode führt zu sehr kompakten, Speicherplatz sparenden Compilern, ihre Entwicklung ist rasch und einfach. Änderungen oder Erweiterungen der Sprachdefinition führt zu Änderungen der Syntaxtabellen. Es gibt aber andere Methoden, die zu schnelleren Compilern führen.

Wir sehen nun, warum eine Programmiersprache gewisse Eigenschaften haben muß. Wir verstehen, daß eine Programmiersprache durch sehr präzise, formal formulierte und möglichst einfache Regeln definiert sein muß, um compilerbar zu sein.

Präzis formulierte und möglichst einfache Regeln machen die Programmiersprache benutzerfreundlich, sie erleichtern dem Programmierer das Erlernen und die Verwendung der Sprache.

Eine gute Programmiersprache ermöglicht es dem Programmierer, seine Programme so zu formulieren, daß Programm- und Datenstrukturen aus dem Quellentext klar erkennbar sind. Mit einer guten Programmiersprache wird der Programmierer zwangsläufig so programmieren, daß diese Strukturen offenkundig werden, daß das Wesentliche des Algorithmus' gegenüber dem Unwesentlichen hervorgehoben wird. Dies ist für das Verständnis, die Korrektheit und den Unterhalt der Programme sehr wesentlich.

5.18 Literatur zu Kapitel 5

Bauer, F.L. et al.: Compiler Construction, An Advanced Course, Lecture Notes in Computer Science, Berlin: Springer, 1974
Glass, R.L., An Elementary Discussion of Compiler/Interpreter Writing, Computing Surveys, Vol. 1, No. 1 (1969)
Gries, D., Compiler Construction for Digital Computers, New York: Wiley, 1971

Higman, B., A Comparative Study of Programming Languages, London: Macdonalds, 1969
Hopgood, F.R.A., Compiling Techniques, London: Macdonald, 1969
Lee, J.A.N., Anatomy of a Compiler, New York: Reinhold, 1967
Lewis, P.M., Rosenkrantz, D.J., Stearns, R.E., Compiler Design Theory, Reading, Mass.: Addison-Wesley, 1976
Maurer, W.D., Lewis, T.D., Hash table methods, Computing Surveys, Vol. 7, No. 1 (1975)
Morris, R., Scatter storage techniques, Comm. ACM, Vol. 11, No. 1 (1968)
Price, C.E., Table lookup techniques, Computing Surveys, Vol. 3, No. 2 (1971)
Rohl, J.S., An Introduction to Compiler Writing, London: Macdonald, 1975
Wirth, N., Compilerbau, Stuttgart: Teubner, 1977

SERATA — Spielregeln (von Peter Ryhiner)

Ausgangslage. Die beiden Partner nehmen das Spielbrett zwischen sich und legen vorerst einmal in jedes der runden Grübchen 6 Steine. Das Spiel kann mit 3, 4, 5, oder 6 Steinen gespielt werden (Kleinkinder können sogar mit 1 oder 2 Steinen beginnen). Je mehr Steine Sie bei Spielbeginn pro Teich setzen, desto interessanter wird die Begegnung. Mit 6 Steinen (Standard-Spiel) haben Sie die größten Kombinationsmöglichkeiten. Die beiden größeren Aushöhlungen (links und rechts des Brettes), welche während des Spieles als Sammelbecken dienen, bleiben vorläufig leer. In der Folge nennen wir die kleinen Grübchen „Teich", die seitlichen Aushöhlungen „SERATA-Bank".

Jeder Spieler übernimmt die 6 Teiche auf seiner Seite sowie die SERATA-Bank zu seiner Rechten. Die Farben der Steine sollen das Zählen erleichtern und haben für das Spiel keinerlei Bedeutung.

Ziel des Spieles ist möglichst viele Steine in der eigenen SERATA-Bank anzusammeln.

Spielverlauf. Spieler *A* beginnt, indem er einen beliebigen Teich auf seiner Seite *völlig leert* und die Steine in die anschließenden Teiche (einen Stein pro Teich *nach rechts* verteilt. Reicht die Anzahl Steine weiter als die eigene SERATA-Bank, so wird die Verteilung auf der Seite des Gegners fortgesetzt; einzig die SERATA-Bank Ihres Partners wird dabei übersprungen. Nun ist es am Spieler *B*, einen Teich zu leeren und die entsprechenden Steine nach rechts zu verteilen; darauf ist wieder Spieler *A* an der Reihe usw.

Die in der SERATA-Bank angesammelten Steine bleiben dort bis zum Ende des Spieles.

Zwei einfache Regeln müssen bei der Verteilung der Steine eingehalten werden:

Regel 1: Wenn der letzte Stein in Ihrer SERATA-Bank landet — was bei geschickter „Bewirtschaftung" der Teiche mehrere Male nacheinander vorkommen kann — *so dürfen Sie nochmals spielen!*

Diese Regel *muß* eingehalten werden, auch wenn sie sich (z.B. in der Endphase) nachteilig auswirken sollte.

Regel 2: Wenn der letzte Stein in einen *leeren* Teich auf *Ihrer Seite* fällt, fangen Sie alle Steine im gegenüberliegenden gegnerischen Teich. Diese Steine dürfen Sie nun — zusammen mit Ihrem Stein, welcher den Fang gemacht hat — in Ihre SERATA-Bank abführen. Ein Fang beendet Ihren Zug; es ist nun am Gegner, weiterzuspielen.

Es spielt in der Regel keine Rolle, ob Sie den leeren Teich auf Ihrer Seite erreichen, indem Sie z.B. einen einzelnen Stein um einen Teich vorwärts bewegen, oder ob Sie mit mehreren Steinen um die gegnerische Seite herum in Ihren leeren Teich gelangen.

Das Spiel ist zu Ende, wenn auf einer Seite alle Teiche leer sind. Der Spieler, welcher am Schluß der Begegnung noch Steine in seinen Teichen hat, darf diese in seine SERATA-Bank transferieren. Darauf zählen beide Partner ihre Steine. Der Spieler, welcher nun mehr Steine in seiner Bank hat, ist Sieger.

6. Numerik

Von W. Gander

6.1 Das Rechnen in endlicher Arithmetik

Die numerische Mathematik befaßt sich mit Algorithmen, die verwendet werden, um näherungsweise Lösungen von Gleichungen oder, allgemeiner, Funktionen von gewissen reellen Ausgangsdaten (oft gemessene Werte) zu berechnen. Dabei werden im wesentlichen die vier Grundoperationen (+, −, x, /) auf reelle Zahlen ausgeübt. Eine reelle Zahl a wird im Computer durch eine *Maschinenzahl* $\tilde{a}$ approximiert, welche mit a nur in den ersten Dezimalstellen (je nach der Genauigkeit des Computers) übereinstimmt[1]. Die Maschinenzahlen werden *halblogarithmisch* dargestellt, d.h. sie haben die Gestalt:

$$\tilde{a} = \pm m \times 10^{\pm e}$$

wobei

$$m = D.D \cdots D \text{ die } Mantisse \text{ und } e = D \cdots D \text{ der } Exponent$$

ist und D eine Ziffer (0, 1, 2, ..., 9) bedeutet. Die Anzahl der Ziffern der Mantisse variiert ungefähr von 6 bis 30. Der Exponent enthält üblicherweise 2 bis 3 Ziffern. Die Maschinenzahlen sind in der Regel *normalisiert* d.h. die Ziffer der Mantisse vor dem Dezimalpunkt ist ungleich Null. Mit den Maschinenzahlen können reellen Zahlen in einem gewissen Intervall der reellen Zahlenachse näherungsweise dargestellt werden. Betrachten wir als Beispiel einen Computer mit einer 6-stelligen Mantisse und einem 2-stelligem Exponenten. Die größte Maschinenzahl ist $\tilde{a} = 9.99999 \times 10^{99}$ und die kleinste ist $-\tilde{a}$. Wenn mit den Maschinenzahlen gerechnet wird, können Zahlen entstehen, die außerhalb von $(-\tilde{a},\tilde{a})$ liegen. In diesem Fall spricht man von *Überlauf*. Das Resultat ist im Computer nicht mehr darstellbar und die Rechnung sollte mit einer Fehlermeldung unterbrochen werden. Die kleinste positive normalisierte Maschinenzahl wäre in unserem Beispiel

$$\tilde{y} = 1.00000 \times 10^{-99}$$

und die größte negative Maschinenzahl ist $-\tilde{y}$. Im Intervall $(-\tilde{y},\tilde{y})$ liegt einzig die Maschinenzahl

$$0 = 0.00000 \times 10^{00}.$$

---

[1] Verschiedene reelle Zahlen, die in den ersten Dezimalstellen übereinstimmen, werden auf dieselbe Maschinenzahl abgebildet. Eine Maschinenzahl repräsentiert somit ein kleines Intervall auf der reellen Zahlenachse.

Wenn beim Rechnen eine Zahl entsteht, die ungleich Null ist, aber im Intervall $(-\tilde{y},\tilde{y})$ liegt, so spricht man von *Unterlauf*. Diese Zahl wird üblicherweise durch 0 ersetzt und es ist sinnvoll, wenn der Computer die Rechnung fortsetzt[2]. Wenn zwei Maschinenzahlen miteinander multipliziert werden, ist das Resultat im allgemeinen keine Maschinenzahl sondern muß auf die nächstliegende Maschinenzahl *gerundet* werden. Dies gilt analog auch für die anderen Operationen. Das Studium dieser so entstehenden *Rundungsfehler* ist für die Beurteilung eines Algorithmus wichtig, weil die an sich kleinen Rundungsfehler den Verlauf der Rechnung stark beeinflussen und so zu falschen Resultaten führen können. Die Rundungsfehler bewirken, daß gewisse Rechengesetze für eine endliche Arithmetik nicht gelten: Beispielsweise ist in exakter Arithmetik stets

$$(a + b) + c = a + (b + c) \quad \text{Assoziativgesetz der Addition.}$$

Man rechnet leicht nach, daß mit 6-stelliger endlicher Arithmetik für

$$a = 1.23456 \times 10^{-3} \quad b = -c = 1.00000 \times 10^0$$

gilt

$$(a + b) + c = 1.23000 \times 10^{-3} \neq a + (b + c) = a = 1.23456 \times 10^{-3}.$$

Die Reihenfolge der Operationen kann für einen Algorithmus von entscheidender Bedeutung sein.

Die kleinste Maschinenzahl $\tilde{\epsilon} > 0$ mit der Eigenschaft, daß numerisch $1 + \tilde{\epsilon} > 1$ ist, heißt *Maschinengenauigkeit*. In unserem Beispiel ist $\tilde{\epsilon} = 1.00000 \times 10^{-05}$, denn $1.00000 \times 10^0 + 1.00000 \times 10^{-05} = 1.00001 \times 10^0$, während für alle Maschinenzahlen $\tilde{x}$ mit $0 < \tilde{x} < 10^{-5}$ numerisch gilt[3]: $1 + \tilde{x} = 1$.

Der Einfluß der Rundungsfehler soll an einem Beispiel illustriert werden. Wir stellen uns die Aufgabe, die Exponentialfunktion mittels der Exponentialreihe

$$e^x = \sum_{k=0}^{\infty} \frac{x^k}{k!}$$

zu berechnen. Es sollen dabei solange Terme aufsummiert werden, bis die relative Differenz zweier aufeinanderfolgender Partialsummen kleiner als 10^{-6} ist. Ein Algorithmus dazu ist:

---

[2] Falls Unterlauf nicht bemerkt wird, kann dies zu groben Fehlern führen. Es liegt jedoch am Benutzer des Computers, den Unterlauf durch einen Vergleich mit 0 festzustellen und geeignete Gegenmaßnahmen zu treffen. Zum Beispiel kann durch **if** $1/x/x = 0$ **then** entschieden werden, ob bei der Berechnung von x^2 Überlauf eintreten wird.

[3] Falls die Rechenregister mehr Stellen enthalten und gerundet wird, ist $\epsilon = 0.5 \times 10^{-5}$, d.h. eine halbe Einheit der letzten Stelle.

6.1 Das Rechnen in endlicher Arithmetik

```
sn := 1 ; term := 1 ; eps := 1.0E−6 ; k := 1 ;
repeat s := sn ; term := term * x/k ;
       sn := s + term ; k := k + 1 ;
until abs(term) ≤ eps * abs(s) ;
```

Die folgende Tabelle wurde damit auf einem Computer mit 12-stelliger Mantisse berechnet. Dabei bedeuten k = Anzahl der aufsummierten Reihenglieder und f = relativer Fehler der berechneten Partialsumme und des exakten Wertes.

Tabelle 6.1. Berechnung von e^x mittels der Exponentialreihe

x	k	f
1	10	$1.0 \; 10^{-8}$
10	29	$2.5 \; 10^{-7}$
20	45	$4.5 \; 10^{-7}$
40	73	$9.6 \; 10^{-7}$
200	267	$2.7 \; 10^{-6}$
−5	26	$1.4 \; 10^{-7}$
−10	44	$7.4 \; 10^{-5}$
−15	63	$6.3 \; 10^{-1}$
−20	73	$1.5 \; 10^{4}$
−30	91	$4.0 \; 10^{13}$
−200	337	$\sim 10^{161}$

Für negative x versagt der Algorithmus vollkommen, obwohl die Reihe in exakter Arithmetik für alle x konvergiert. Betrachten wir als Erklärung die Reihe für $x = -20$:

$$1 - \frac{20}{1!} + \frac{20^2}{2!} - \ldots$$

ist eine alternierende Reihe. Die absolut größten Summanden sind

$$\frac{20^{20}}{20!} = \frac{20^{19}}{19!} \cong 4.3 \times 10^7.$$

Es ist aber $\exp(-20) \cong 2.06 \times 10^{-9}$. Aus einer Teilsumme von der Größenordnung 10^7 muß durch Addieren von Termen die Zahl 2.06×10^{-9} entstehen. Dies kann nur geschehen, wenn sich die führenden Ziffern auslöschen. Sollte das Resultat noch wenigstens eine richtige Dezimale enthalten, muß man mit mindestens 16 Dezimalen rechnen. Da aber nur 12 zur Verfügung stehen, ist das Resultat falsch.

Man spricht von einem *stabilen (instabilen)* Algorithmus, wenn die Rundungsfehler gedämpft bleiben (sich aufschaukeln). Als Beispiel wollen wir die Werte $\cos(2^{-n})$ für $n = 0, 1, \ldots, 11$ rationeller mit Hilfe der trigonometrischen Identitäten

$$\cos\left(\frac{\alpha}{2}\right) = \sqrt{\frac{1}{2}(1 + \cos\alpha)}$$

bzw.

$$\cos(2\alpha) = 2\cos^2(\alpha) - 1$$

berechnen. Die gesuchten Werte können nun mittels

$$x_o = \cos(1),\ x_{n+1} = \sqrt{(1+x_n)/2}\quad n = 0, 1, 2, \ldots, 10 \tag{1}$$

oder durch

$$y_o = \cos(2^{-11}),\ y_{n+1} = 2y_n^2 - 1 \quad n = 0, 1, \ldots, 10 \tag{2}$$

erhalten werden. Die folgende Tabelle wurde mit 12-stelliger Arithmetik berechnet:

Tabelle 6.2. Stabile (instabile) Berechnung von $\cos(2^{-n})$

n	x_n	y_{11-n}
0	0.5403023059	0.5403|351549
1	0.8775825619	0.8775|919197
2	0.9689124217	0.96891|48362
3	0.9921976672	0.99219|82756
4	0.9980475107	0.998047|6631
5	0.9995117585	0.9995117|966
6	0.9998779322	0.9998779|417
7	0.9999694826	0.99996948|50
8	0.9999923706	0.99999237|12
9	0.9999980921|6	0.9999980921|8
10	0.9999995232	0.9999995232
11	0.9999998808	0.9999998808

Die durch Rundungsfehler verfälschten Stellen sind durch den senkrechten Strich | abgetrennt.

Während die durch (1) berechneten Werte mit den exakten Werten übereinstimmen, sieht man bei den Werten von (2) deutlich, wie die Rundungsfehler anwachsen. (1) ist ein stabiler, (2) ein instabiler Algorithmus. Folgende Überlegungen erläutern dies: Sei y_i der mit exakter Arithmetik berechnete Wert und sei $\tilde{y}_i$ mit endlicher Arithmetik berechnet. Wir interessieren uns für das Verhalten des Fehlers $\epsilon_i = y_i - \tilde{y}_i$. Es ist

$$y_{i+1} = 2y_{i-1}^2 = 2(\tilde{y}_i + \epsilon_i)^2 - 1 = 2\tilde{y}_i^2 + 4\tilde{y}_i\epsilon_i + 2\epsilon_i^2 - 1$$

$$= \tilde{y}_{i+1} + 4\tilde{y}_i\epsilon_i + 2\epsilon_i^2 = \tilde{y}_{i+1} + \epsilon_{i+1}.$$

Somit in erster Näherung

$$\epsilon_{i+1} \sim 4\tilde{y}_i\epsilon_i \quad \text{oder wegen} \quad \tilde{y}_i \approx 1,\ \epsilon_i \sim 4^i\epsilon_0$$

6.1 Das Rechnen in endlicher Arithmetik

Die Rundungsfehler wachsen somit exponentiell und zerstören das Resultat. Eine analoge Analyse für die Folge (1) ergibt

$$\epsilon_{i+1} = \epsilon_i/4 + O(\epsilon_i^2)$$

d.h. die Rundungsfehler bleiben gedämpft.

Falsche Resultate können auch mit stabilen Algorithmen erhalten werden, wenn das Problem *schlecht konditioniert* ist. Ein Problem ist schlecht konditioniert, wenn die Lösung sehr empfindlich auf kleine Änderungen der Eingangsdaten reagiert, d.h. wenn kleine Änderungen der Daten große Lösungsunterschiede bewirken.

Neben den Rundungsfehlern ist der *Abbrech-* oder *Diskretisationsfehler* beim numerischen Rechnen von Bedeutung. Um ein gegebenes numerisches Problem zu lösen, werden meistens Näherungsverfahren verwendet, weil entweder exakte Methoden nicht existieren oder weil diese wegen zu hohen Rechenaufwands oder mangelnder numerischer Stabilität nicht brauchbar sind. Die vom Näherungsverfahren gelieferte Lösung konvergiert üblicherweise theoretisch gegen die exakte Lösung, wenn genügend viel Rechenaufwand in Kauf genommen wird. Der Fehler zwischen der Näherungslösung und der exakten Lösung wird Abbrech- oder Diskretisationsfehler genannt. Dieser Fehler ist selbst bei exakter Arithmetik vorhanden. Beim Rechnen in endlicher Arithmetik mischen sich Rundungs- und Diskretisationsfehler, so daß die Konvergenz zerstört wird. In der Regel nehmen die Rundungsfehler zu, wenn man versucht den Diskretisationsfehler zu verkleinern. Dieses Verhalten kann an folgendem einfachen Beispiel illustriert werden. Sei f eine reelle differenzierbare Funktion. Gesucht werde die Ableitung f' für $x = z$. Es ist

$$f'(z) = \lim_{h \to 0} T(h) \quad \text{mit } T(h) = (f(z+h) - f(z))/h$$

Benutzt man den Differenzenquotienten als Näherungsalgorithmus für kleines h, so gilt für den Diskretisationsfehler:

$$d(h) = T(h) - f'(z) = \frac{h}{2} f''(\xi) \quad \text{mit } z < \xi < z+h$$

Betrachten wir als Beispiel die Funktion $f(x) = 1/\sin(x)$ und $z = 0.1$. Es ist $f''(0.1) \cong 2000$ und somit $d(h) \sim 1000\, h$. In exakter Arithmetik konvergiert der Fehler gegen 0 für $h \to 0$ und somit $T(h)$ gegen $f'(0.1) = -99.83274896\ldots$ Die Tabelle 6.3 enthält die Werte $T(h_i)$ für $h_0 = 0.01$, $h_{i+1} = h_i/8$.

Man sieht, daß der Diskretisationsfehler nicht beliebig klein gemacht werden kann, da für kleines h das Resultat durch Rundungsfehler (hier Auslöschung) zerstört wird. Beim optimalen h erreicht der Rundungsfehler den Diskretisationsfehler. Man erreicht bei diesem Beispiel mit 12-stelliger Rechnung nur ein 5-stelliges Resultat. Wir werden später sehen, wie man durch ein anderes Verfahren (Extrapolation) höhere Genauigkeit erhalten kann.

Es stellt sich nun die Frage, wann die vom Näherungsalgorithmus gelieferte Lösung akzeptiert werden und die Rechnung abgebrochen werden soll. Sei z die gesuchte Lösung eines Problems und seien x_n und x_{n+1} zwei Näherungen. Als Schätzung für den Diskreti-

Tabelle 6.3. Numerische Differentiation

i	$T(h_i) = (f(0.1+h_i) - f(0.1))/h_i$	
0	−9|0.74177935	Diskretisations-
1	−9|8.59817264	Fehler nimmt ab,
2	−99|.67673856	Rundungsfehler
3	−99.8|1321728	wachsen.
4	−99.83|029248	
5	−99.832|95488	Optimaler Wert
6	−99.8|1394944	
7	−99|67763456	Rundungsfehler
8	−99.8|2443520	(Auslöschung)
9	−1|08.7163597	zerstören die
10	−1|07.3741824	Konvergenz.
11	0	$0.1 + h_{11} = 0.1!$

sationsfehler $|d_n| = |(x_n - z)|/|z|$ wird häufig die *relative Differenz zweier Näherungen* $|f_n| = |(x_n - x_{n+1})|/|x_{n+1}|$ verwendet[4]. Man muß sich jedoch bewußt sein, daß das Abbruchkriterium

$$|f_n| < \epsilon \tag{3}$$

nicht immer auch $|d_n| < \epsilon$ bedeutet. Als Beispiel betrachte man die Summe

$$s_n = \sum_{i=1}^{n} \frac{1}{i^2}$$

Wird s_n benützt, um $\lim_{n\to\infty} s_n = \frac{\pi^2}{6}$ zu berechnen, so gilt für die Differenz zweier Näherungen: $s_n - s_{n-1} = 1/n^2$. Man kann aber zeigen, daß für den absoluten Fehler gilt: $\pi^2/6 - s_n \sim 1/n$ und daß somit das Abbruchkriterium (3) auf falsche Resultate führt.

Es ist häufig möglich, die Rundungsfehler und die Eigenheiten der endlichen Arithmetik in Abbruchkriterien zu verwenden. Die Algorithmen werden damit maschinenunabhängig (sind nicht an die spezielle Genauigkeit eines Computers gebunden) und häufig auch narrensicher. Als Beispiel diene eine verbesserte Version für die Berechnung von exp(x) mittels der Exponentialreihe. Für $|x| < 1$ konvergiert die Reihe gut und die Auslöschung ist gering. Es ist daher sinnvoll zunächst exp(z) zu berechnen, wo $z = x \times 2^{-m}$ und m so gewählt wurde, daß $|z| < 1$. Aus exp(z) erhält man dann exp(x) durch m-maliges Quadrieren. Die Reihe für exp(z) wird solange aufsummiert, bis numerisch $s_n + z^n/s_n + z^n/n! = s_n$ ist. Dabei bedeute s_n die n-te Partialsumme der Reihe. Man kann zeigen, daß dadurch exp(z) auf Maschinengenauigkeit berechnet wird. Es resultiert folgender Algorithmus:

---

[4] Im Fachjargon sagt man, es werde der *relative Fehler* geprüft, wenn (3) als Abbruchkriterium benützt wird.

```
zhm := 1 ; m := 0 ;
while zhm ≤ abs(x) do begin m := m+1 ; zhm := 2*zhm end ;
z := x/zhm ; sn := 1 ; term := 1 ; k := 1;
repeat
    s := sn ; term := term*z/k ; sn := s + term ; k := k+1;
until sn = s ;
for i := 1 to m do sn := sqr(sn) ;
```

Mit wenigen Änderungen entsteht aus diesem Algorithmus eine brauchbare Methode, um die Matrix B = exp(A) zu berechnen (statt des Betrages $|x|$ verwende man für die Matrix A eine Matrixnorm)[5].

6.2 Nichtlineare skalare Gleichungen

In diesem Abschnitt sollen einige Methoden erwähnt werden, um *Nullstellen* von reellen Funktionen zu berechnen. Sei $f(x)$ eine Funktion, wir suchen eine Zahl s so, daß $f(s) = 0$ ist. Im allgemeinen berechnet man Näherungslösungen nach dem *Iterationsprinzip*: Die Gleichung $f(x) = 0$ wird durch algebraische Umformungen auf eine Form $x = F(x)$ gebracht. Hierauf berechnet man die Folge

$$x_0 \text{ beliebig}$$
$$x_{n+1} = F(x_n) \quad n = 0, 1, 2, \ldots$$

Die Folge x_n konvergiert gegen eine Lösung s, wenn für die *Iterationsfunktion* F gilt $|F'(s)| < 1$ und x_0 „genügend nahe" bei s gewählt wurde[6]. Beim Iterationsalgorithmus spielen die Rundungsfehler keine große Rolle, da jeder Wert x_n als neuer Startwert der Iteration aufgefaßt werden kann und der Grenzwert der Iteration nicht vom spezifischen Startwert abhängt. Das Verfahren ist *selbstkorrigierend*.
Für den Diskretisationsfehler gilt wegen $s = F(s)$

$$d_n = x_n - s = F(x_{n-1}) - F(s) = F'(s) \, d_{n-1} + \frac{F''(s)}{2} d_{n-1}^2 + \ldots$$

Also in erster Näherung, falls $F'(s) \neq 0$ ist

$$d_n \sim F'(s) \, d_{n-1} \tag{4}$$

Man sieht, daß der Fehler nur verkleinert wird, wenn $|F'(s)| < 1$. In diesem Fall spricht man von *linearer Konvergenz* (der Fehler nimmt linear ab). Falls $F'(s) = 0$ und $F''(s) \neq 0$ ist, gilt asymptotisch

---

5   Leider werden beim Quadrieren unerwünschte Rundungsfehler erzeugt, unter denen die Genauigkeit leidet. Die Methode ist jedoch besser als ihr Ruf.
6   Die Differenzierbarkeit von F ist nicht notwendig. Es genügt, wenn F eine Lipschitzbedingung erfüllt [6].

$$d_n \sim \frac{F''(s)}{2} d_{n-1}^2 \qquad (5)$$

d.h. der Fehler nimmt quadratisch ab und man hat *quadratische Konvergenz*. Für die Praxis sind höhere Konvergenzordnungen nicht sehr bedeutungsvoll. Andrerseits sind linear konvergente Verfahren mit einem Faktor $c = |F'(s)|$ größer als 0.5 als sehr langsam zu betrachten. Als Faustregel kann man sich merken, daß bei linearer Konvergenz mit $c = 0.5$ pro Schritt eine Dualstelle, mit $c = 0.1$ eine Dezimalstelle des Resultats berechnet wird. Bei quadratischer Konvergenz wird die Anzahl der richtigen Dezimalstellen pro Schritt verdoppelt[7].

Beispiel: Sei $f(x) = 1 - x\,e^x = 0$. Löst man die Gleichung nach der Unbekannten x vor der Exponentialfunktion auf, so ergibt sich

$$x = e^{-x} \qquad (6)$$

Iteriert man mittels Gleichung (6) so konvergiert die Folge x_n für jeden Startwert x gegen die Lösung $s = 0.567143290\ldots$ Die Konvergenz ist linear, da $F'(s) = -s = -0.567\ldots$ $\neq 0$ ist. Schreibt man dagegen die gegebene Gleichung um als

$$x\,e^x = 1 \text{ und}$$

addiert auf beiden Seiten x, ergibt sich

$$x\,(e^x + 1) = 1 + x.$$

Dividiert man noch durch die Klammer, so erhält man

$$x = (1 + x) / (e^x + 1) \qquad (7)$$

Es ist jetzt

$$F'(x) = (1 - x\,e^x) / (e^x + 1)^2 = f(x) / (e^x + 1)^2$$

somit $F'(s) = 0$ und die Iteration mit (7) liefert eine quadratisch konvergente Folge. Die Tabelle 6.4 illustriert das Konvergenzverhalten.
Man sieht, daß die Stellenverdoppelung bei der durch (7) erzeugten Folge erst gegen Ende der Iteration eintritt.

Durch geeignete Wahl der Iterationsfunktion F kann die lokale Konvergenz durch Verwendung von Ableitungen von f oder durch mehrgliedrige Rekursionsformeln verbessert werden. Im folgenden werden einige Verfahren angegeben:

---

[7] Diese Faustregel wäre exakt gültig, wenn bei den Gleichungen (4) und (5) statt dem $\sim$ das Gleichheitszeichen stünde. Das Konvergenzverhalten kann sehr verschieden sein, wenn x_n weit von s entfernt ist.

6.2 Nichtlineare skalare Gleichungen

Tabelle 6.4. Lineare und quadratische Konvergenz

n	$x_{n+1} = e^{-x_n}$	$y_{n+1} = (1+y_n) / (e^{y_n}+1)$
0	−8.00000000000000	−8.00000000000000
1	2980.95798704173	−6.99765254908674
2	0	−5.99217555036103
3	1.00000000000000	−4.97973506108192
4	0.367879441171442	−3.95255773258772
5	0.1692200627555346	−2.89692087149618
6	0.5100473500563637	−1.79770055598041
7	0.1606243535085597	−0.684322414499716
8	0.5145395785975027	0.1209831753432118
9	0.5179612335503379	0.5141682437773460
10	0.5610115461361089	0.5671025082860893
11	0.5171143115080177	0.5671432187881300
12	0.5614879347391050	0.5671432904097841
13	0.5618428725029061	0.5671432904097841
14	0.5616414733146883	0.567143290409784
15	0.5671556637328283	0.567143290409784
16	0.5661908911921495	0.567143290409784
17	0.5671276232175570	0.567143290409784
18	0.5671067898390788	0.567143290409784
19	0.5671186050099357	0.567143290409784
20	0.5671119040057215	0.567143290409784

Newtonverfahren

$F(x) = x - f(x) / f'(x)$. Dieses Verfahren liefert für eine einfache Nullstelle von f eine quadratisch konvergente Folge x_n. Geometrisch interpretiert, ergibt sich x_{n+1} als Schnittpunkt der Tangente an f in $(x_n, f(x_n))$ mit der X-Achse.

Halleyverfahren

$F(x) = x - 2f(x)f'(x) / (2[f'(x)]^2 - f(x)f''(x))$. Die Folge x_n konvergiert bei diesem Verfahren im allgemeinen kubisch[8]. Eine Beschreibung ähnlicher Verfahren findet man in [5].

Die nächsten Verfahren benötigen keine Ableitungen von f sind aber mehrgliedrige Rekursionsformeln vom Typus $x_{n+1} = F(x_n, x_{n-1}, \ldots, x_{n-r})$, $r \geq 1$.

Regula falsi und Sekantenmethode

Die Folge x_n wird nach der Vorschrift

$$x_{n+1} = F(x_n, x_{n-1}) = (x_n f(x_{n-1}) - x_{n-1} f(x_n)) / (f(x_{n-1}) - f(x_n))$$

berechnet. Geometrisch ergibt sich x_{n+1} als Schnittpunkt der Geraden durch die Punkte $(x_n, f(x_n))$ und $(x_{n-1}, f(x_{n-1}))$ mit der X-Achse. Wenn bei der Iteration darauf geachtet

---

[8] Man kann das Halleyverfahren als Newtonverfahren für die Funktion $g(x) = f(x) (f'(x))^{-1/2}$ interpretieren. Wegen $g'(s) \neq 0$ und $g''(s) = 0$ hat man kubische Konvergenz.

wird, daß sign($f(x_n)$) = −sign($f(x_{n-1})$), d.h. daß die Nullstelle von f zwischen x_n und x_{n-1} liegt *(Regula falsi)*, dann hat man globale lineare Konvergenz. Die Konvergenz kann jedoch sehr langsam sein, wenn schlechte Startwerte gewählt werden. Zum Beispiel werden für $f(x) = 1 - x\,e^x$ mit $x_0 = -5$ und $x_1 = 5$ für die erste Dezimalstelle der Lösung ungefähr 600 Iterationen benötigt. Ein besseres Konvergenzverhalten *(superlinear[9])* wird erreicht, wenn stets mit den beiden letzten Werten weitergerechnet wird *(Sekantenmethode)*. Allerdings kann dieses Verfahren bei schlechten Startwerten divergieren, und es besteht die Gefahr der Division durch 0.

Verfahren von Müller

Durch 3 Stützpunkte der Funktion $f : (x_i, f(x_i))$, $i = n-2, n-1, n$, wird eine Interpolationsparabel $P_2(x)$ gelegt, so daß $P_2(x_i) = f(x_i)$ für $i = n-2, n-1, n$ gilt. Der neue Wert x_{n+1} ist jene Nullstelle von P_2, welche x_n am nächsten liegt. Seien a, b, c drei Näherungswerte für die Lösung s. Folgender Algorithmus von Henrici [6]. berechnet s:

```
ya := f(a) ; yb := f(b) ; yc := f(c) ;
y := c−b ; z := y/(b−a) ; s := c ;
repeat
   a := z*(yc − (1+z)*yb + z*ya) ;
   b := (2*z + 1) *yc − sqr(1+z)*yb + sqr(z)*ya ;
   c := (1+z)*yc ; if b > 0 then sig := 1 else sig := −1 ;
   z := 2*c/(−b−sig*sqrt(sqr(b)−4*a*c) ;
   y := y*z ; s := s + y ; ya := yb ; yb := yc ; yc := f(s) ;
until abs(y) ≤ eps*abs(s) ;
```

Die Iteration wird abgebrochen, wenn die relative Differenz zweier Näherungen kleiner als eine vorgegebene Genauigkeit *eps* ist. Die Konvergenz dieses Verfahrens ist superlinear.

Quadratische Inverse Interpolation

Durch drei Stützpunkte von $f : (x_i, f(x_i))$, $i = n-2, n-1, n$ wird eine Interpolationsparabel $P_2(y)$ gelegt, so daß $P_2(f(x_i)) = x_i$ für $i = n-2, n-1, n$ gilt (P_2 interpoliert die inverse Funktion von f). Der neue Wert x_{n+1} ergibt sich durch: $x_{n+1} = P_2(0)$. Die Konvergenz dieses Verfahrens ist auch superlinear, die Berechnungen sind aber etwas einfacher als bei der Methode von Müller. Seien a, b und c wieder 3 Näherungen für s. Benützt man die Aitkeninterpolationsformel (s. 6.5.2) so resultiert folgender Algorithmus:

```
ya := f(a) ; yb := f(b) ; yc := f(c) ;
b := (yc*b − yb*c) / (yc − yb) ; a := (yc*c − ya*b) / (yc − ya) ;
repeat
   ya := yb ; yb := yc ; yc := f(a) ;
   c := (yc*c − yb*a) / (yc − yb) ;
   b := (yc*b − ya*c) / (yc − ya) ;
   h := c ; c := a ; a := b ; b := h ;
until abs(c−a) ≤ eps*abs(a) ;
```

---

[9] Bei superlinearer Konvergenz gilt $d_{n+1} \sim c\,d_n^{\kappa}$ mit $1 < \kappa < 2$.

6.2 Nichtlineare skalare Gleichungen

Die Lösung s befindet sich nach Beendigung dieses Algorithmus in a. Wieder werden zwei aufeinanderfolgende Näherungen verglichen, um die Iteration abzubrechen.

Die beiden letzten angegebenen Algorithmen sind nicht narrensicher. Da nur die relative Differenz zweier Näherungen geprüft wird, kann die Iteration zu früh abgebrochen werden. Ferner können die Folgen x_n bei schlechten Startwerten divergieren. Die beiden Verfahren benötigen aber wenig Variabeln und können daher auch auf Taschenrechner implementiert werden. Die folgende Methode ist global konvergent, narrensicher und maschinenunabhängig:

Bisektion (Intervallhalbierung)

Sei $a < b$ und f stetig mit sign($f(a)$) $\neq$ sign($f(b)$). Folgender Algorithmus berechnet eine Nullstelle von f auf Maschinengenauigkeit im Intervall (a,b):

```
s := (a+b) /2 ; if f(b) > 0 then c := 1 else c := -1 ;
while (a < s) ∧ (s < b) do
  begin if c*f(s) < 0 then a := s else b := s ; s := (a+b) /2 end ,
```

Dieser einfache schöne Algorithmus ist nur linear konvergent mit dem Faktor 0.5, berechnet aber ohne die Maschinengenauigkeit zu kennen einen bestmöglichen Wert für s. Das Intervall wird solange halbiert, bis es keine Maschinenzahl mehr enthält. Falls die Nullstelle mit kleinerer absoluter Genauigkeit *eps* berechnet werden soll, verwende man das Abbruchkriterium

while ($\underbrace{(b-a) > eps}_{\text{Schranke für abs. Fehler}}$) ∧ ($\underbrace{(a < x) \wedge (x < b)}_{\text{vermeidet unendliche Schleife bei zu kleinem eps!}}$) do

Bei mehrfachen Nullstellen konvergieren die beschriebenen Verfahren nicht oder sind nur linear konvergent. Es ist daher empfehlenswert, bei einer Doppelnullstelle die Nullstelle der Ableitung zu berechnen.

Mit Ausnahme der Regula falsi und der Bisektion ist im allgemeinen nur lokale Konvergenz vorhanden, d.h. gute Startwerte sind erforderlich. Ein extremes Beispiel, das dies illustriert ist $f(x) = (x^{11} - 1)^{1/11} + \sin(x)/2 + 0.1$. Diese Funktion hat als Nullstelle $s = 0.9993059...$ Der Startwert $x_0 = 1$ ist jedoch für die Newtoniteration zu wenig genau und die Folge divergiert!

Lokal konvergiert die mit der Newtonmethode erzeugte Folge x_n monoton gegen die Nullstelle s. Es ist häufig möglich, die Iteration abzubrechen, wenn infolge der endlichen Arithmetik die monotone Konvergenz zerstört wird. Als Beispiel diene die Berechnung von $\sqrt{a}$ als Nullstelle von $x^2 - a$ mittels Newton:

```
s := (a+1) /2 ;
repeat x := s ; s := (x+a/x) /2 until s ⩾ x ;
```

Dieser Algorithmus würde in exakter Arithmetik eine unendliche Schleife erzeugen, dank den Rundungsfehlern wird aber $\sqrt{a}$ auf Maschinengenauigkeit berechnet.

6.3 Lineare Gleichungssysteme

In diesem Abschnitt werden Methoden beschrieben, um ein lineares Gleichungssystem

$$A x = b \tag{8}$$

zu lösen. Die Koeffizientenmatrix **A**, der Unbekanntenvektor **x** und die rechte Seite **b** sehen wie folgt aus:

$$A = \begin{bmatrix} a_{11} \cdots a_{1n} \\ \cdot \quad \cdot \\ \cdot \quad \cdot \\ \cdot \quad \cdot \\ a_{n1} \cdots a_{nn} \end{bmatrix} \quad x = \begin{bmatrix} x_1 \\ \cdot \\ \cdot \\ \cdot \\ x_n \end{bmatrix} \quad b = \begin{bmatrix} b_1 \\ \cdot \\ \cdot \\ \cdot \\ b_n \end{bmatrix}$$

Es bezeichne ferner

$$a_{.i} \begin{bmatrix} a_{1i} \\ \cdot \\ \cdot \\ \cdot \\ a_{ni} \end{bmatrix}$$

den i-ten Kolonnenvektor der Matrix **A**. Dann läßt sich das Gleichungssystem (8) auch schreiben als

$$a_{.1} x_1 + a_{.2} x_2 + \ldots + a_{.n} x_n = b$$

d.h. gesucht ist eine geeignete Linearkombination von Kolonnenvektoren von **A**, um den gegebenen Vektor **b** darzustellen. Es ist klar, daß für beliebiges **b** eine Lösung nur existiert, wenn die Kolonnenvektoren $a_{.j}$ den ganzen $I\!R^n$ aufspannen. Dies ist der Fall, wenn sie linear unabhängig sind oder, gleichbedeutend, wenn der Rang der Matrix **A** gleich n ist[10].

Die Gleichung (8) kann mit Hilfe der *inversen Matrix* A^{-1} explizit gelöst werden: $x = A^{-1} b$. Es zeigt sich aber, daß die Berechnung der Inversen rechenaufwendiger ist, oft mehr Speicher benötigt und auch eine ungenauere Lösung liefern kann, als die im folgenden besprochenen Methoden. Diese Methoden berücksichtigen die Gestalt der Matrix **A**.

6.3.1 Gleichungssysteme mit vollbesetzter unsymmetrischer Matrix

Diese Systeme werden mittels der *Gauß'schen Dreieckzerlegung* gelöst[11]. Die Matrix **A** wird dabei faktorisiert in das Produkt

---

10 Unter dem Rang einer Matrix versteht man die maximale Anzahl linear unabhängiger Kolonnen- oder Zeilenvektoren (der Kolonnenrang ist gleich dem Zeilenrang für jede Matrix).

11 Die heute geläufige Dreieckzerlegung ergibt sich aus der Gauß-Elimination in natürlicher Weise. Die beiden Verfahren führen dieselben Rechenoperationen in anderer Reihenfolge durch [9].

6.3 Lineare Gleichungssysteme

$$A = U R \tag{9}$$

wobei U eine *untere Dreiecksmatrix* ($u_{ij} = 0$ für $i < j$) und R eine *obere Dreiecksmatrix* ($r_{ij} = 0$ für $i > j$) ist[12]. Die Zerlegung (9) ist eindeutig (falls sie existiert) wenn die Diagonalelemente von U oder von R vorgegeben werden. Wir wollen annehmen, daß $u_{ii} = 1$ für $i = 1, 2, \ldots, n$. Betrachtet man (9) als einen Ansatz, so ergeben sich folgende Gleichungen aus den Matrixmultiplikationsregeln und unter Berücksichtigung der Dreiecksgestalten von U und R:

$$a_{kj} = \begin{cases} \sum_{i=1}^{k-1} u_{ki} r_{ij} + r_{kj} & \text{für } k \leq j \\ \\ \sum_{i=1}^{j} u_{ki} r_{ij} & \text{für } k > j \end{cases} \tag{10}$$

Löst man diese Gleichungen nach u_{kj} und r_{kj} auf, so erhält man Rekursionsformeln, die gestatten, die U-R-Zerlegung zeilenweise zu berechnen:

for $k := 1$ **to** n **do**
begin
    for $j := 1$ **to** $k-1$ **do**
$$u_{kj} := \left(a_{kj} - \sum_{i=1}^{j-1} u_{ki} r_{ij} \right) / r_{jj} \tag{11}$$
    for $j := k$ **to** n **do**
$$r_{kj} := a_{kj} - \sum_{i=1}^{k-1} u_{ki} r_{ij} ;$$
end

Pivotstrategien

Die Zerlegung (9) kann nicht durchgeführt werden, falls ein Element r_{jj} *(Pivotelement) in (11) verschwindet*. In endlicher Arithmetik wird die Zerlegung ungenau, wenn ein r_{jj} sehr klein ist. Wir können das Gleichungssystem (8) äquivalent umformen, indem die Reihenfolge der Gleichungen verändert und (oder) die Unbekannten umnumeriert werden. Dies entspricht einer Vertauschung von Zeilen bzw. von Kolonnen der Matrix A. Das Ziel ist nun, die Vertauschung so durchzuführen, daß bei der Zerlegung der vertauschten Matrix die Pivotelemente nicht verschwinden. Um den Einfluß der Rundungsfehler zu dämpfen, sollten die Pivotelemente möglichst groß sein. Wir werden sehen, daß das Produkt der Pivotelemente bis auf das Vorzeichen gleich der Determinante der Matrix A ist, so daß die Pivotelemente nicht beliebig groß gewählt werden können. Immerhin gilt

---

[12] Andere Methoden faktorisieren $A = Q R$, wobei Q eine orthogonale und R eine obere Dreiecksmatrix ist (Verfahren von Householder oder Givens [12]).

für eine nichtsinguläre Matrix **A**, daß die Zerlegung (9) mittels *partieller Pivotsuche* (nur Kolonnen- bzw. nur Zeilentausch) immer gelingt.

Im k-ten Schritt des Algorithmus (11) werden die Elemente $r_{kk}, \ldots, r_{kn}$ der Matrix **R** berechnet. Vor der Berechnung der nächsten Zeile, kann man nun die Kolonnen $k, \ldots \ldots, n$ vertauschen, so daß

$$|r_{kk}| = \max_{k \leq j \leq n} |r_{kj}| \quad \textit{(Zeilenmaximumstrategie)}$$

gilt. Dies entspricht einer Umnumerierung der entsprechenden Unbekannten, die man sich merken muß, um am Schluß die Unbekannten zu identifizieren.

Feinere Pivotstrategien suchen nach Pivotelementen in der ganzen Matrix *(totale Pivotsuche)* und versuchen den Einfluß der Rundungsfehler zu minimieren [3]. Es ist klar, daß alle Pivotstrategien nur sinnvoll sind, wenn die Matrix **A** *skaliert* ist, d.h. wenn die Zeilen- und Kolonnenvektoren von **A** ungefähr dieselbe Länge haben.

Nach der erfolgten Dreieckszerlegung, wird die Lösung des Gleichungssystems in drei Schritten erhalten:

I. Auflösen von **U y** = **b** durch *Vorwärtseinsetzen*:
   for $i := 1$ to n do
   $$y_i := (b_i - \sum_{j=1}^{i-1} u_{ij} y_j)/u_{ii};$$
   (wegen $u_{ii} = 1$ kann man sich die Division sparen).

II. Auflösen von **R x**' = **y** durch *Rückwärtseinsetzen*:
    for $i := n$ downto 1 do
    $$x'_i := (y_i - \sum_{j=i+1}^{n} r_{ij} x'_j)/r_{ii};$$

III. Umordnen des Vektors **x**' gemäß den erfolgten Kolonnenvertauschungen ergibt die Lösung **x**.

Wenn man die Diagonalelemente von **U** (die alle = 1 sind) nicht speichert, kann die Matrix **A** durch die Matrizen **U** und **R** überschrieben werden. Es resultiert folgender Algorithmus für das Auflösen eines linearen Gleichungssystems mit Zeilenmaximumstrategie:

```
for k := 1 to n do z_k := k ;
for k := 1 to n do
begin (* Berechnung der U-Elemente *)
   for j := 1 to k−1 do
   begin
      s := a_kj ;
      for i := 1 to j−1 do s := s − a_ki*a_ij ;
      a_kj := s/a_jj ;
   end ;
   (* Berechnung der R-Elemente und Bestimmung des Größten *)
   max := 0 ;
   for j := k to n do
```

6.3 Lineare Gleichungssysteme

```
        begin
          s := a_kj ;
          for i := 1 to k-1 do s := s - a_ki*a_ij ;
          a_kj := s ;
          if abs(s) > max then begin max := abs(s) ; m := j end ;
        end ;
        if max = 0 then goto singulär ; (* Rechnung abbrechen *)
        (* Kolonne k mit m vertauschen *)
        if m ≠ k then
        begin
          for j := 1 to n do
          begin h := a_jm ; a_jm := a_jk ; a_jk := h end ;
          i := z_m ; z_m := z_k ; z_k := i ;
        end ;
      end ;
      (* Vorwärtseinsetzen *)
      for i := 1 to n do
      begin
        s := b_i ;
        for k := 1 to i-1 do s := s - a_ik*y_k ;
        y_i := s ;
      end ;
      (* Rückwärtseinsetzen *)
      for i := n downto 1 do
      begin
        s := y_i ;
        for k := i+1 to n do s := s - a_ik*y_k ;
        y_i := s/a_ii ;
      end ;
      (* Lösung ordnen *)
      for k := 1 to n do
      begin i := z_k ; x_i := y_k end ;
```

Die Berechnung der Inversen von A erfordert 3 mal mehr Rechenoperationen[13] als die Dreieckszerlegung ($\sim n^3$ statt $\sim n^3/3$). Falls die Zerlegung berechnet ist, kann ein neues Gleichungssystem mit derselben Koeffizientenmatrix aber neuer rechter Seite **b**' durch Vorwärts- und Rückwärtseinsetzen in n^2 Operationen gelöst werden (die Matrixmultiplikation A^{-1}**b**' erfordert auch n^2 Operationen).

Der oben angegebene Algorithmus berechnet die Zerlegung

$$A P = U R$$

wobei **P** eine *Permutationsmatrix*[14] ist. Für die *Determinante* gilt somit

---

13 Unter einer Rechenoperation verstehen wir eine Multiplikation oder eine Division. Die Additionen und Subtraktionen werden vernachläßigt.

14 Eine Permutationsmatrix **P** enthält in jeder Zeile und in jeder Kolonne genau ein Element p_{ij} = 1, sonst sind alle Elemente gleich 0. Wird eine Matrix von rechts mit **P** multipliziert, so werden Kolonnen vertauscht. Die Multiplikation von links vertauscht die Zeilen.

$$\det(A) = \det(U)\det(R)/\det(P) = \det(P)\, r_{11}r_{22}\ldots r_{nn}$$

da die Determinante einer Dreiecksmatrix gleich dem Produkt ihrer Diagonalelemente ist und die Determinante einer Permutationsmatrix = ± 1 ist. Die Gauß'sche Dreieckszerlegung kann somit auch benützt werden, um Determinanten zu berechnen. Falls trotz Zeilenmaximumstrategie ein Pivotelement verschwindet, ist die Matrix **A** singulär.

6.3.2 Gleichungssysteme mit symmetrischer positiv definiter Matrix

Falls die Koeffizientenmatrix **A** von (8) *symmetrisch* ($A^T = A$)[15] und *positiv definit* (d.h. $x^T A x > 0$ für alle $x \neq 0$) ist, kann die Gauß'sche Dreieckszerlegung stets mit *Diagonalstrategie* (keine Vertauschungen) durchgeführt werden. Es existiert in diesem Fall sogar eine speziellere Zerlegung der Form:

$$A = R^T R \qquad \textit{(Choleskyzerlegung)} \qquad (12)$$

wo **R** eine obere Dreiecksmatrix ist. Aus den Matrixmultiplikationsregeln ergibt sich folgender Algorithmus für die zeilenweise Berechnung von **R**:

for $k := 1$ **to** n **do**
begin
$$r_{kk} := \sqrt{a_{kk} - \sum_{i=1}^{k-1} r_{ik}^2}\ ;$$
for $j := k+1$ **to** n **do**
$$r_{kj} := (a_{kj} - \sum_{i=1}^{k-1} r_{ik} * r_{ij})/r_{kk}\ ;$$
end ;

Im obigen Algorithmus kann die Matrix **A** durch **R** überschrieben werden. Nach der Zerlegung erfolgt das Vorwärts- und Rückwärtseinsetzen analog wie bei der Gauß Dreieckszerlegung. Die Choleskyzerlegung mißlingt (Radikant wird negativ), wenn die Matrix **A** zwar symmetrisch aber nicht positiv definit ist. Für viele Probleme, bei denen aus der Theorie bekannt ist, daß die Matrix positiv definit sein muß, ist die Choleskyzerlegung ein guter Datentest. Gegenüber dem Gauß Algorithmus ist sie nur halb so rechenaufwendig.

6.3.3 Gleichungssysteme mit Bandmatrizen

Eine *Bandmatrix* enthält nur in einem schmalen Band längs der Hauptdiagonalen Elemente ungleich Null. Sei A eine Bandmatrix mit den Bandbreiten m_1, m_2:

---

[15] A^T ist die Transponierte der Matrix **A** ($a_{ij}^T = a_{ji}$).

6.3 Lineare Gleichungssysteme

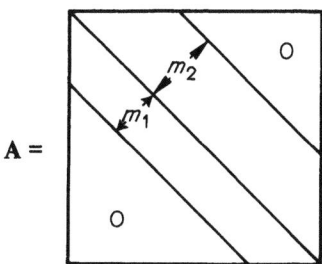

A =

Führt man die Dreieckszerlegung mit Diagonalstrategie durch, so hat die Zerlegung im gleichen Band Platz. Es ist daher vorteilhaft, nur das Band von A zu speichern als

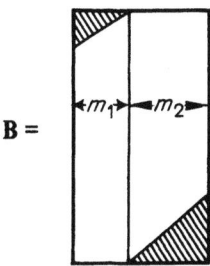

B =

wobei die Abbildung von $A[1:n,1:n]$ nach $B[1:n,-m_1:m_2]$ durch $a_{ij} = b_{i,j-i}$ beschrieben wird. Bei der Zerlegung mittels partieller Pivotsuche muß eine Bandbreite mehr gespeichert werden. Es sei auf die Spezialliteratur [14] verwiesen.

Beispiel: Die Lösung des folgenden *Randwertproblems* führt auf ein *tridiagonales Gleichungssystem.* Gesucht wird $y(x)$ so, daß

$$y'' + p(x) y' + p(x) y = r(x) \tag{13}$$

wobei die Randwerte $y_a = y(a)$ und $y_b = y(b)$ vorgegeben sind und p, q und r bekannte Funktionen sind. Wir diskretisieren das Problem:

Sei $h = (b-a)/(n+1)$ *die Schrittweite,* ferner seien
$x_i = a + i h, y_i = y(x_i)$ für $i = 0, 1, \ldots, n+1$.

Ersetzt man die Differentialgleichung (13) durch die Differenzengleichung

$$\frac{y_{i-1} - 2 y_i + y_{i+1}}{h^2} + p(x_i) \frac{y_{i+1} - y_{i-1}}{2h} + q(x_i) y_i = r(x_i) \tag{14}$$
$$i = 1, \ldots, n$$

so erhält man zusammen mit den Randbedingungen $y_0 = y_a$ und $y_{n+1} = y_b$ das folgende lineare tridiagonale Gleichungssystem:

$$A\, y = d$$

wobei

$$\left.\begin{array}{l} a_{ii} = 2/h^2 - q(x_i) \text{ für } i = 1,\ldots,n \\ a_{i,i+1} = -(p(x_i)/2 + 1/h)/h \\ a_{i+1,i} = (p(x_{i+1})/2 - 1/h)/h \end{array}\right\} \text{ für } i = 1,\ldots,n-1$$

und

$$d_1 = -r(x_1) - (p(x_1)/2 - 1/h)\, y_a/h$$
$$d_n = -r(x_n) + (p(x_n)/2 + 1/h)\, y_b/h$$
$$d_i = -r(x_i) \text{ für } i = 2,\ldots,n-1.$$

Das Auflösen eines solchen Gleichungssystems erfordert nur $\sim 5n$ Multiplikationen. Sei

$$A = \begin{bmatrix} a_1 & b_1 & & & 0 \\ c_1 & a_2 & b_2 & & \\ & \cdot & \cdot & \cdot & \\ & & \cdot & \cdot & b_{n-1} \\ 0 & & & c_{n-1} & a_n \end{bmatrix}$$

Es bezeichne ferner y die rechte Seite des Gleichungssystems. Im folgenden Algorithmus wird die rechte Seite y mit der Lösung überschrieben:

    (* Dreieckszerlegung *)
    for $i := 1$ **to** $n-1$ **do**
    begin $c_i := c_i/a_i$; $a_{i+1} := a_{i+1} - c_i {}^* b_i$ **end** ;
    (* Vorwärtseinsetzen *)
    for $i := 2$ **to** n **do** $y_i := y_i - c_{i-1} {}^* y_{i-1}$;
    (* Rückwärtseinsetzen *)
    $y_n := y_n/a_n$;
    for $i := n-1$ **downto** 1 **do** $y_i := (y_i - b_i {}^* y_{i+1})/a_i$;

Man beachte, daß die Inverse einer Bandmatrix im allgemeinen eine voll besetzte Matrix ist! Die Gauß'sche Dreieckszerlegung ist daher bei Bandmatrizen der Inversion unbedingt vorzuziehen.

6.3.4 Schwach besetzte Matrizen

Bei einer schwach besetzten Matrix (engl. *„sparse matrix"*) ist nur ein kleiner Prozentsatz der Matrixelemente ungleich 0. Solche Matrizen entstehen beispielsweise bei der numerischen Lösung von partiellen Differentialgleichungen und können einige tausend Zeilen und Kolonnen enthalten. Mit Ausnahme der Bandmatrizen ist es nicht sinnvoll, die Gauß'sche Dreieckszerlegung unbesehen anzuwenden, da die entstehenden Matrizen U und R nicht mehr schwach besetzt sein müssen. In der Pivotstrategie muß darauf geachtet werden, daß möglichst wenig neue Elemente ungleich Null entstehen. Dem interessierten Leser sei das Buch von Bunch und Rose [2] empfohlen.

Für positiv definite schwachbesetzte Matrizen, die zum Beispiel bei Anwendung der Methode der finiten Elemente entstehen, sind auch *iterative Verfahren* anwendbar. Die Koeffizientenmatrix wird bei diesen Methoden nicht explizit verwendet. Als Input wird nur ein Unterprogramm benötigt, das bei gegebenem Vektor x die Multiplikation A x berechnet *(Operatorprinzip)*. Es ist klar, daß dieses Unterprogramm die schwache Besetzung von A ausnützen kann, indem nur die Elemente ungleich Null für die Multiplikation verwendet werden. Es sei auf das Buch von Schwarz [11] verwiesen.

6.3.5 Einfluß der Rundungsfehler bei linearen Gleichungssystemen

Wie genau die numerisch berechnete Lösung mit der exakten Lösung übereinstimmt, hängt von der *Kondition* der Koeffizientenmatrix A ab. Um diese zu definieren, benötigen wir zunächst eine Matrixnorm. Unter der *(euklidischen) Norm* des *Vektors x* versteht man die Zahl[16]:

$$\|x\|_2 = \sqrt{(x^T x)} \tag{16}$$

Mittels (16) ergibt sich für die *euklidische Norm* der *Matrix A*:

$$\|A\|_2 = \max_{x \neq 0} \frac{\|A x\|_2}{\|x\|_2}$$

Sei λ_{max} der größte Eigenwert der Matrix $A^T A$. Dann gilt auch $\|A\|_2 = \sqrt{\lambda_{max}}$. Die *Konditionszahl* der Matrix *A* ist definiert als

$$k(a) = \|A\|_2 \, \|A^{-1}\|_2$$

Für den relativen Fehler zwischen der numerisch berechneten Lösung $\tilde{x}$ und der exakten Lösung x gilt nun

$$\|\tilde{x} - x\|_2 / \|x\|_2 \approx \epsilon \, k(A) \tag{17}$$

wobei ϵ die Maschinengenauigkeit bedeutet. Mit 12-stelliger Arithmetik und einer Konditionszahl $k \approx 10^8$ zum Beispiel bedeutet (17), daß die Lösung nur ungefähr 4 richtige

---

16 Geometrisch bedeutet die euklidische Norm eines Vektors seine Länge.

Dezimalstellen enthält. Wenn sich die Matrix A nur wenig von einer singulären Matrix unterscheidet, kann die Konditionszahl sehr groß werden. Leider ist es nicht immer einfach, die Konditionszahl zu berechnen oder abzuschätzen. Für eine ausführliche Diskussion sei dem Leser das Buch von Wilkinson [13] empfohlen.

6.3.6 Nachiteration

Sei $\tilde{x}$ die numerisch berechnete Lösung von $A x = b$ und es sei $r = b - A \tilde{x}$ der zugehörige *Residuenvektor*. Sei $\Delta x = x - \tilde{x}$. Dann ist

$$A \cdot \Delta x = b - A \tilde{x} = r.$$

Da die Zerlegung von A schon berechnet wurde, ergibt sich die Korrektur Δx durch Vorwärts- und Rückwärtseinsetzen mit wenig Rechenaufwand. Wird die Nachiteration einige Male durchgeführt, so kann man die Lösung auch bei schlechter Kondition bis auf Maschinengenauigkeit berechnen (allerdings nur falls die Residuenvektoren r exakt d.h. in doppelter Genauigkeit berechnet werden). Die Größe von Δx gibt Aufschluß über die Kondition von A, so daß die Nachiteration auch dafür eingesetzt wird.

6.4 Ausgleichsrechnung (Methode der kleinsten Quadrate)

In diesem Abschnitt befaßen wir uns mit dem Lösen von *überbestimmten linearen Gleichungssystemen* der Form:

$$n \underset{}{\boxed{F}}^{m} \; \underset{}{\boxed{x}}^{m} \approx \underset{}{\boxed{g}}^{n}$$

Folgendes Problem führt zum Beispiel auf ein solches Gleichungssystem: Gegeben sind n Meßpunkte (x_i, y_i) für $i = 1, \ldots, n$. Gesucht sei eine Gerade durch diese Punkte, d.h. Koeffizienten a und b so, daß

$$f(x_i) = a x_i + b \approx y_i \quad i = 1, \ldots, n$$

ist. Hier ist $m = 2$ und

$$F = \begin{bmatrix} x_1 & 1 \\ \cdot & \cdot \\ \cdot & \cdot \\ \cdot & \cdot \\ x_n & 1 \end{bmatrix}, \quad x = \begin{bmatrix} a \\ b \end{bmatrix}, \quad g = \begin{bmatrix} y_1 \\ \cdot \\ \cdot \\ \cdot \\ y_n \end{bmatrix}$$

6.4.1 Die Normalgleichungen

Ein überbestimmtes Gleichungssystem kann im allgemeinen nicht exakt gelöst werden, da sich die Gleichungen widersprechen. Nach dem Gauß-Prinzip wird daher verlangt, daß der *Residuenvektor*

$$r = F x - g \tag{18}$$

möglichst klein sein soll. Genauer: man verlangt, daß das Quadrat der Länge von r

$$r^T r = \| F x - g \|_2^2 = \text{minimal} \tag{19}$$

ist. Die Lösung von (19) ergibt sich am einfachsten durch eine geometrische Überlegung: für beliebige x bilden die Vektoren y = F x einen linearen Raum L. Im allgemeinen wird der Vektor g nicht zu L gehören:

Linearer Raum aufgespannt durch Kolonnenvektoren von F : L

x soll nun so bestimmt werden, daß die Länge von r minimal wird. Dies ist der Fall, wenn r senkrecht zu L ist oder wenn r senkrecht zu allen Kolonnenvektoren von F ist, d.h. wenn

$$F^T r = 0 \tag{20}$$

ist. Setzt man für r (18) in (20) so ergeben sich die *Gauß'schen Normalgleichungen*:

$$F^T F x = F^T g. \tag{21}$$

Die Normalgleichungsmatrix $F^T F$ ist symmetrisch und positiv definit, falls F maximalen Rang besitzt[17]. Die Auflösung der Normalgleichungen erfolgt daher am besten mit der Choleskyzerlegung.

---

17 Falls F nicht maximalen Rang hat, ist (21) nicht mehr eindeutig lösbar. Häufig wird dann die Lösung gesucht, welche die kleinste Norm hat. Diese kann z.B. mit der Singulärwertzerlegung [14] berechnet werden.

Das folgende Beispiel zeigt, daß die Berechnung der Normalgleichungsmatrix numerisch nicht unproblematisch zu sein braucht:

$$\mathbf{F} = \begin{bmatrix} 1 & 1 \\ e & 0 \\ 0 & e \end{bmatrix} \quad \Rightarrow \quad \mathbf{F}^T\mathbf{F} = \begin{bmatrix} 1+e^2 & 1 \\ 1 & 1+e^2 \end{bmatrix}.$$

Für $e = 10^{-6}$ ist auf einer 10-stelligen Maschine die Normalgleichungsmatrix singulär, obwohl $\mathbf{F}$ maximalen Rang besitzt! In der Folge sind andere Verfahren für die Lösung von (19) entwickelt worden, die die Normalgleichungsmatrix nicht berechnen[18]. Die Verfahren von *Schmidt* und *Householder* berechnen folgende Zerlegungen von $\mathbf{F}$:

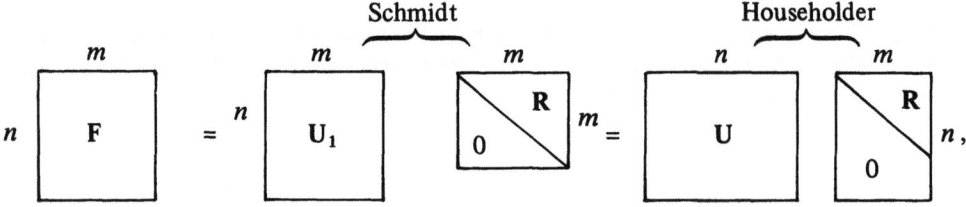

wo $\mathbf{U}$ eine *orthogonale Matrix*[19] ist und $\mathbf{U}_1$ die ersten m Kolonnen von $\mathbf{U}$ enthält. Bis auf Vorzeichen sind die Matrizen $\mathbf{R}$ gleich der Choleskyzerlegten $\mathbf{R}$ der Normalgleichungsmatrix.

6.4.2 Die Householderfaktorisierung

Sei $\mathbf{w}$ ein Einheitsvektor (d.h. $\mathbf{w}^T\mathbf{w} = 1$). Die Matrix $\mathbf{P} = \mathbf{I} - 2\,\mathbf{w}\,\mathbf{w}^T$ heißt *Householdermatrix*. $\mathbf{P}$ ist symmetrisch und orthogonal. Sei $\mathbf{x}$ ein beliebiger Vektor. Wie muß $\mathbf{w}$ gewählt werden, damit

$$\mathbf{P}\,\mathbf{x} = \mathbf{e}_1$$

gilt? $\mathbf{P}$ soll $\mathbf{x}$ auf den ersten Einheitsvektor transformieren. Eine kleine Rechnung ergibt:

$$\mathbf{w} = (\mathbf{x} - k\,\mathbf{e}_1) \,/\, \|\mathbf{x} - k\,\mathbf{e}_1\|_2 \quad \text{mit } k = \pm\,\|\mathbf{x}\|_2.$$

Das Vorzeichen von k ist frei. Es ist sinnvoll, es so festzustellen, daß numerisch keine Auslöschung auftritt:

if $x_1 > 0$ **then** $k := -\,\|\mathbf{x}\|_2$ **else** $k := \|\mathbf{x}\|_2$

---

18 Es soll nicht der Eindruck entstehen, die Normalgleichungen seien unbrauchbar! Das obige Beispiel zeigt ein mögliches Verhalten. Die Normalgleichungen haben den Vorteil, daß sie die Information konzentrieren ($\mathbf{F}^T\mathbf{F}$ ist nur eine $m \times m$ Matrix statt $n \times m$).

19 $\mathbf{U}$ ist eine orthogonale Matrix, wenn $\mathbf{U}^T\mathbf{U} = \mathbf{I}$ (Einheitsmatrix) ist, d.h. je zwei Kolonnen von $\mathbf{U}$ sind zueinander orthogonal und haben die Länge 1.

Damit wird

$$P = I - \frac{1}{\|x\|_2 (\|x\|_2 + |x_1|)} (x - k e_1)(x - ke_1)^T.$$

Das Produkt zweier orthogonaler Matrizen ist wieder eine orthogonale Matrix. Wir wählen nun Householdermatrizen $P_1, P_2, \ldots, P_m$ so, daß F auf die Form

$$P_m P_{m-1} \ldots P_1 F = \begin{bmatrix} R \\ 0 \end{bmatrix} \qquad (22)$$

transformiert wird. $U^T = P_m P_{m-1} \ldots P_1$ ist die gesuchte orthogonale Matrix. Die Lösung des Ausgleichsproblems (19) ergibt sich wie folgt[20]:

$$\|Fx - g\|_2^2 = \left\|U\begin{bmatrix}R\\0\end{bmatrix}x - g\right\|_2^2 = \left\|U\left(\begin{bmatrix}R\\0\end{bmatrix}x - U^T g\right)\right\|_2^2$$

$$= \left\|\begin{bmatrix}R\\0\end{bmatrix}x - \begin{bmatrix}y_1\\y_2\end{bmatrix}\right\|_2^2 \quad \text{wo } U^T g = y = \begin{bmatrix}y_1\\y_2\end{bmatrix}\begin{matrix}\} m \\ \} n-m\end{matrix}. \qquad (23)$$

Aus (23) sieht man, daß $\|Fx - g\|_2^2$ = minimal, wenn x so gewählt wird, daß

$$R x = y_1 \quad \text{(Rückwärtseinsetzen)}$$

ist. Zudem kann man den Wert des Minimums ablesen:

$$\|Fx - g\|_2^2 = \|y_2\|_2^2$$

6.4.3 Programmierung der Householderfaktorisierung

Die Matrix F wird in m Schritten auf die Gestalt (22) transformiert:

$F^{(0)} := F$;
for $j := 1$ to m do $F^{(j)} := P_j F^{(j-1)}$;

Dabei hat $F^{(j-1)}$ die Gestalt:

$$F^{(j-1)} = \begin{bmatrix} \begin{matrix} x \ldots x \\ x \ldots x \\ \ddots \\ x \therefore x \end{matrix} \\ 0 \qquad G \end{bmatrix} \leftarrow j-1$$

---

[20] Wenn U eine orthogonale Matrix ist, so ist die Abbildung $y = U x$ längentreu: $y^T y = x^T U^T U x = x^T x$, d.h. $\|x\|_2 = \|y\|_2$.

wo G eine $(n-j+1) \times (m-j+1)$ Matrix ist, welche weiter transformiert werden muß. Daher ist

$$P_j = \begin{bmatrix} I_{j-1} & 0 \\ 0 & \tilde{P}_j \end{bmatrix} \quad \text{mit } \tilde{P}_j = I_{n-j+1} - 2\, w_j'\, w_j'^T\,, \quad \|w_j'\|_2 = 1$$

so daß

$$\tilde{P}_j \begin{bmatrix} f_{jj}^{(j-1)} \\ \cdot \\ \cdot \\ f_{nj}^{(j-1)} \end{bmatrix} = k \begin{bmatrix} 1 \\ 0 \\ \cdot \\ \cdot \\ 0 \end{bmatrix}$$

Statt mit Einheitsvektoren w_j' zu arbeiten, benutzt man Vektoren der Länge $\sqrt{2}$ dadurch fällt die Multiplikation mit 2 weg: $\tilde{P}_j = I - w_j\, w_j^T$ mit $\|w_j\| = \sqrt{2}$. Im j-ten Schritt wird nur die Matrix G transformiert:

$$\tilde{P}_j\, G = (I - w_j\, w_j^T)\, G = G - w_j\, (w_j^T\, G) \tag{24}$$

Es ist weniger rechenaufwendig, wenn $\tilde{P}_j$ nicht explizit berechnet wird, sondern G nach (24) transformiert wird:

$$y := G^T\, w_j\,;\, G := G - w_j\, y^T\,;$$

P_j ist bestimmt durch w_j. Man kann w_j an Stelle der entstehenden Nullen in F speichern, wenn die Diagonale von R separat abgespeichert wird. Es resultiert folgender Algorithmus:

```
(* Householderzerlegung *)
for j := 1 to m do
begin
  s := 0 ;
  for i := j to n do s := s + sqr(f_ij) ;
  if s = 0 then goto singulär (* Rechnung abbrechen *) ;
  s := sqrt(s) ; if f_jj > 0 then d_j := -s else d_j := s ;
  (*d_j = k*)
  fak := sqrt(s*(s + abs(f_jj) ) ) ;
  f_jj := f_jj - d_j ;
  for k := j to n do f_kj := f_kj/fak ;
  (* w_j ist jetzt in f_jj, ..., f_nj *)
  for i := j+1 to m do
  begin
    s := 0 ;
    for k := j to n do s := s + f_kj*f_ki ;
    for k := j to n do f_ki := f_ki - f_kj*s ;
  end ;
end
```

6.4 Ausgleichsrechnung

Nach Ausführen dieses Algorithmus ist

$$R = \begin{bmatrix} d_1 & f_{12} & \cdots & f_{1m} \\ & \ddots & \ddots & \vdots \\ & & \ddots & f_{m-1,m} \\ & & & d_m \end{bmatrix}$$

Die Transformation $\widetilde{P}_j = I - w_j w_j^T$ sind gespeichert als $w_j^T = [f_{jj}, \ldots f_{nj}]$.

Die Berechnung von $y = U^T g$ kann simultan mit der Householderzerlegung von F erfolgen, wenn g als $n+1$-ste Kolonne an die Matrix F angehängt wird oder auch nachträglich durch

$y := g$;
for $j := 1$ **to** m **do**
$y := P_j y = y - w(w^T y)$;

oder ausführlicher in Komponenten geschrieben:

(* Berechnung von $U^T g$ *)
for $i := 1$ **to** n **do** $y_i := g_i$;
for $j := 1$ **to** m **do**
begin
   $s := 0$;
   for $k := j$ **to** n **do** $s := s + f_{kj} * y_k$;
   for $k := j$ **to** n **do** $y_k := y_k - f_{kj} * s$;
end ;
(25)

Die Lösung von (19) ergibt sich schließlich durch Rückwärtseinsetzen, wobei nur die ersten m Komponenten von y verwendet werden:

$x_m := y_m / d_m$;
for $i := m-1$ **downto** 1 **do**
begin
   $s := y_i$;
   for $k := i+1$ **to** m **do** $s := s - f_{ik} * x_k$;
   $x_i := s / d_i$;
end

In manchen Anwendungen ist auch die Muliplikation $z = U g$ erwünscht. Wegen $U^T = P_m P_{m-1} \ldots P_1$ ist $U = (U^T)^T = P_1^T P_2^T \ldots P_m^T$ und weil P_j symmetrisch ist, gilt

$$U = P_1 P_2 \ldots P_m$$

d.h. die Transformationen müssen in der umgekehrten Reihenfolge ausgeführt werden. Dafür muß in (25) einzig die j-Schleife geändert werden:

for $j := m$ **downto** 1 **do** ...

6.4.4 Pseudoinverse und Inverse der Normalgleichungsmatrix

Die Householderzerlegung kann mit Pivotsuche durchgeführt werden. Es werden dabei Kolonnen von **F** vertauscht [14]. Dadurch kann der Rang der Matrix **F** bestimmt werden[21].

Die Matrix $\mathbf{F}^+ = \mathbf{R}^{-1}\,\mathbf{U}^T$ ist die *Pseudoinverse von* **F** [22]. Die Lösung des Ausgleichproblems $\mathbf{F}\,\mathbf{x} \approx \mathbf{g}$ kann damit formal durch $\mathbf{x} = \mathbf{F}^+\,\mathbf{g}$ angegeben werden. Für praktische Zwecke ist es jedoch nicht nötig, $\mathbf{F}^+$ zu berechnen. Die Householderfaktorisierung ermöglicht es einzelne Kolonnen von $\mathbf{F}^+$ wie folgt zu berechnen:

$\mathbf{y} := \mathbf{U}^T\,\mathbf{e}_i$; (Transformation des i-ten Einheitsvektors)
$\mathbf{R}\,\mathbf{f}_i^+ = \mathbf{y}$ Rückwärtseinsetzen liefert die i-te Kolonne $\mathbf{f}_i^+$ von $\mathbf{F}^+$.

Häufig sind auch einzelne Elemente der Inversen der Normalgleichungsmatrix von Interesse[23]. Die j-te Kolonne von $(F^T F)^{-1}$ erhält man als Lösung von

$$(\mathbf{R}^T\,\mathbf{R})\,\mathbf{x} = \mathbf{e}_j$$

durch

$$\mathbf{R}^T\,\mathbf{y} = \mathbf{e}_j \quad \text{Vorwärtseinsetzen}$$

und

$$\mathbf{R}\,\mathbf{x} = \mathbf{y} \quad \text{Rückwärtseinsetzen}.$$

6.5 Interpolation und Extrapolation

Gegeben sei eine Funktionstabelle einer Funktion f

$$\begin{array}{c|c} x & x_0, x_1, \ldots, x_n \\ \hline y & y_0, y_1, \ldots, y_n \end{array}, \qquad (26)$$

wobei $y_i = f(x_i)$ für $i = 0, 1, \ldots, n$. Die x_i sind die *Stützstellen*, y_i die *Stützwerte* und das Paar (x_i, y_i) wird *Stützpunkt* von f genannt. Das Problem, das in diesem Abschnitt behandelt wird, lautet: Gegeben ist eine *Neustelle* $z \neq x_i$. Gesucht wird eine Approximation von $f(z)$, wobei nur die Tabelle (26) dafür benützt werden kann. Man spricht von *Interpolation*, wenn z zwischen den x_i liegt und von *Extrapolation*, wenn alle x_i entweder größer oder kleiner als z sind.

---

21 Wenigstens bei gut konditionierten Problemen. Die heute stabilste Methode für die Rangbestimmung ist die Singulärwertzerlegung [14].

22 Die Pseudoinverse ist auch bei Matrizen **F** mit defektem Rang definiert [7, 14]. $\mathbf{F}^+\,\mathbf{g}$ ist die kürzeste aller Lösungen der Normalgleichungen.

23 Falls die ganze inverse Normalgleichungsmatrix gewünscht wird, ist es einfacher, sie über $(\mathbf{F}^T\,\mathbf{F})^{-1} = \mathbf{R}^{-1}\,(\mathbf{R}^{-1})^T$ zu berechnen [11].

6.5 Interpolation und Extrapolation

Es gibt verschiedene Wege, um dieses Problem zu lösen. Allgemein sucht man eine einfach zu berechnende Funktion g, so daß

$$g(x_i) = f(x_i) = y_i \quad \text{für } i = 1, 2, \ldots, n \tag{27}$$

gilt und verwendet $g(z)$ als Approximation für $f(z)$. Es ist häufig sinnvoller, eine schwächere Bedingung an g zu stellen, etwa:

$$\sum_{i=0}^{n} (g(x_i) - y_i)^2 < \delta \tag{28}$$

wo δ eine gegebene Toleranz ist. Dies führt auf ein Ausgleichsproblem und ist empfehlenswert, wenn die y_i durch Fehler (Meßwerte) verfälscht sind.

6.5.1 Die Baryzentrische Formel

Wir wollen uns mit dem Interpolationsproblem (27) befassen. Die einfachste Möglichkeit für die Wahl von g beruht auf der Tatsache, daß für $n+1$ Stützpunkte genau ein interpolierendes Polynom vom Grade $\leq n$ existiert. Dieses kann mittels der *Lagrange-Interpolationsformel* explizit angegeben werden:

$$P_n(z) = \sum_{j=0}^{n} \prod_{\substack{i=0 \\ i \neq j}}^{n} \frac{z - x_i}{x_j - x_i} \; y_j. \tag{29}$$

Die Berechnung von P_n erfolgt numerisch stabiler und weniger rechenaufwendig mittels der Baryzentrischen Formel von Stiefel [9]. Man berechnet

I. Die Stützkoeffizienten
$$\lambda_j = \Big((x_j - x_0) \ldots (x_j - x_{j-1})(x_j - x_{j+1}) \ldots (x_j - x_n) \Big)^{-1}$$

II. die Gewichte
$$\mu_j = \lambda_j/(z - x_j) \quad \text{für } j = 0, 1, \ldots, n.$$

II. Die Interpolation erfolgt mit
$$P_n(z) = \frac{\sum_{j=0}^{n} \mu_j y_j}{\sum_{j=0}^{n} \mu_j}$$

Für einen festen Satz von Stützstellen x_i brauchen die Stützkoeffizienten λ_j nur *einmal* berechnet zu werden, worauf mit kleinem Rechenaufwand für viele Neustellen z interpoliert werden kann.

Falls die Stützwerte y_i Funktionswerte einer differenzierbaren Funktion f sind, gilt für den *Interpolationsfehler*:

$$f(z) - P_n(z) = \frac{f^{(n+1)}(\xi)}{(n+1)!} \prod_{i=0}^{n} (z - x_i)$$

wobei ξ zwischen z und den Stützstellen x_i liegt.

Im allgemeinen wird bei solchen Funktionen das Polynom P_n mit zunehmender Anzahl Stützpunkten f immer besser approximieren. Man kann aber beliebig oft differenzierbare Funktionen angeben, bei denen für ein festes Intervall und gleichabständigen äquidistanten Stützstellen $\lim_{n\to\infty} P_n(z) \neq f(z)$ ist [6].

Bei nicht differenzierbaren Funktionen oder nicht genügend oft differenzierbaren Funktionen ist folgendes Verhalten typisch: Gute Approximation in der Mitte der Stützstellen, Flattern am Rande (d.h. das Polynom interpoliert, kann aber zwischen den Stützstellen gewaltig ausschlagen). Die Rundungsfehler bewirken, daß sich dieses Verhalten für großes n auch auf differenzierbare Funktionen überträgt. Als Beispiel interpolieren wir die Funktionen $f_1(x) = \pi \sin(x/2)$ und $f_2(x) =$ **if** $x < \pi$ **then** x **else** $2\pi - x$. Die Stützstellen werden gleichabständig im Intervall $(0,2\pi)$ gewählt. Die folgende Tabelle zeigt den Interpolationsfehler für $n = 13$. Bei f_1 stimmen die interpolierten Werte bis auf Maschinengenauigkeit überein (hier ca. 7 Dezimalstellen). Bei f_2 bemerkt man am Rande große Abweichungen, die auch bei f_1 für zu großes n (hier $n = 28$) auftreten.

Tabelle 6.5. Interpolationsfehler

	$n = 13$			$n = 28$
z	$f_1(z)-P_{13}(z)$	$f_2(z)-P_{13}(z)$	z	$f_1(z)-P_{28}(z)$
0	0	0	0	0
0.1208305	−0.0001968145	0.6916234	0.05609986	0.6290696
0.2416610	−0.0001227856	0.5434685	0.1121997	0.2986941
0.3624914	−4.464388'−05	0.2282542	0.1682996	0.09759104
0.4833219	0	0	0.2243994	0
0.6041524	1.412630'−05	−0.09465456	0.2804993	−0.02404040
0.7249829	8.583069'−06	−0.09231442	0.3365992	−0.01491135
0.8458133	4.768372'−06	−0.04686660	0.3926990	−0.005887866
0.9666438	0	0	0.4487989	0
1.087474	−2.861023'−06	0.02696896	0.5048987	0.001942277
1.208304	9.536743'−07	0.03045940	0.5609986	0.001155138
1.329135	−3.814697'−06	0.01776600	0.6170985	0.001514137
1.449965	0	0	0.6731983	0
1.570796	−2.861023'−06	−0.01330757	0.7292982	−0.0001239777
1.691627	−1.907349'−06	−0.01707554	0.7853981	−0.0001192093
1.812457	−1.907349'−06	−0.01131058	0.8414979	2.574921'−05
1.933288	0	0	0.8975978	0
2.054117	−9.536743'−07	0.01095581	0.9536976	−2.479553'−05
2.174948	−1.907349'−06	0.01606750	1.009797	−1.811981'−05
2.295778	4.768372'−06	0.01223850	1.065897	2.479553'−05
2.416609	0	0	1.121997	0

6.5.2 Aitken-Neville-Interpolation

Die Baryzentrische Formel ist geeignet, wenn für feste Stützstellen viele Neustellen interpoliert werden sollen. Wir betrachten jetzt folgendes Problem: Gesucht ist $f(z)$ für eine feste Neustelle z. Wir möchten eine Folge $P_n(z)$, $n = 0, 1, \ldots$ berechnen, die sich ergibt, wenn immer mehr Stützpunkte für die Interpolation verwendet werden. Die Lösung ergibt sich mittels des *Aitken-Neville-Schemas*:

x	y
x_0	$y_0 = T_{00}$
x_1	$y_1 = T_{10}\ T_{11}$
..	....
x_i	$y_i = T_{i0}\ T_{i1}\ T_{i2} \ldots T_{ii}$
..	....

dabei werden die T_{ik} iterativ nach der Vorschrift

$$T_{ik} = \frac{(x_i-z)T_{i-1,k-1} + (z-x_{i-k})T_{i-1,k}}{x_i - x_{i-k}} \qquad (30)$$

$i = 1, 2, \ldots$
$j = 1, 2, \ldots, i$

berechnet. Man kann zeigen, daß T_{ik} das Interpolationspolynom durch die Stützpunkte (x_{i-j}, y_{i-j}) für $j = 0, \ldots, k$ an der Stelle z ist. Das Schema wird üblicherweise für ein festes z berechnet, so daß die T_{ik} reine Zahlen sind.

6.5.3 Extrapolation zum Schritt $h = 0$

Das Aitken-Neville-Schema wird hauptsächlich für die „Extrapolation zum Schritt $h = 0$" verwendet. Darunter wird folgendes verstanden: Sei h ein Diskretisationsparameter und es sei $T(h)$ eine Näherung einer gesuchten Größe a_0. Es gelte

$$\lim_{h \to 0} T(h) = a_0.$$

Es wird ferner angenommen, daß $T(0)$ „schwierig" zu berechnen sei (numerisch instabil oder zuviele Rechenoperationen erforderlich). Wenn man durch einige Stützpunkte von $T(h)$ das Interpolationspolynom P_n legt, ist $P_n(0)$ eine Näherung für a_0. Die Folge $P_n(0)$ kann mittels dem Aitken-Neville-Schema für $z=0$ berechnet werden. Es stellt sich die Frage, ob die Folge gegen a_0 konvergiert. Dies ist der Fall, wenn $T(h)$ für $h \to 0$ eine asymptotische Entwicklung der Form

$$T(h) = a_0 + a_1 h + \ldots + a_k h^k + R_k(h) \qquad (31)$$

mit

$$|R_k(h)| < C_k h^{k+1}$$

besitzt und die Folge der Stützstellen h_i so gewählt wurde, daß $h_{i+1} < c\, h_i$ mit $0 < c < 1$. In diesem Fall konvergieren die Diagonalen des Aitken-Neville-Schemas schneller als die Kolonnen gegen a_0.

Die Rekursionsformel (30) vereinfacht sich, wenn die Folge h_i speziell gewählt wird oder wenn in der asymptotischen Entwicklung gewisse Koeffizienten verschwinden. Die wichtigsten Spezialfälle sind:

I. Die h_i werden immer halbiert: $h_i = h_0\, 2^{-i}$. Dann gilt

$$T_{ik} = \frac{T_{i,k-1} - 2^{-k} T_{i-1,k-1}}{1 - 2^{-k}} \qquad (32)$$

II. $T(h) = a_0 + a_1 h^2 + a_2 h^4 + \ldots$ (nur gerade Potenzen von h kommen vor). Es ist also $T(h)$ eine Funktion der Variablen h^2 und die Extrapolation kann mit den Stützpunkten $(h_i^2, T(h_i))$ erfolgen. Wird $h_i = h_0\, 2^{-i}$ gewählt, so ist

$$T_{ik} = \frac{T_{i,k-1} - 4^{-k} T_{i-1,k-1}}{1 - 4^{-k}} \qquad (33)$$

Beispiel: Wir betrachten die *numerische Differentiation*. Entwickelt man den Differenzenquotienten in eine Taylorreihe, so ist

$$T(h) = [f(x+h) - f(x)]/h = f'(x) + \frac{f''(x)}{2!} h + \frac{f'''(x)}{3!} h^2 + \ldots . \qquad (34)$$

Wir haben also die gewünschte Form (31) und man kann nach (32) extrapolieren, wenn die Schrittweiten h_i halbiert werden. Benutzt man aber den symmetrischen Differenzenquotienten, so gilt

$$T(h) = [f(x+h) - f(x-h)]/(2h) = f'(x) + \frac{f'''(x)}{3!} h^2 + \frac{f^{(5)}(x)}{5!} h^4 + \ldots \qquad (35)$$

und man kann mit (33) extrapolieren. Die Konvergenz ist besser als mit (32), da bei gleichvielen Stützpunkten, Approximationen höherer Ordnung berechnet werden. Die Tabelle 6.6 zeigt, wie die Ableitung von $f(x) = 1/\sin(x)$ für $z = 0.1$ extrapoliert werden kann (man vergleiche auch die Werte in Abschnitt 6.1 dazu).
Wir geben einige Beispiele an, wo Extrapolation sinnvoll angewendet werden kann:

Berechnung von unendlichen Reihen $\sum\limits_{i=1}^{\infty} r(i)$

Wenn r eine rationale Funktion ist und die Reihe konvergiert, kann man zeigen, daß folgende asymptotische Entwicklung existiert [4].

$$T(1/m) = \sum_{i=1}^{m-1} r(i) = a_0 + a_1/m + a_2/m^2 + \ldots$$

Somit kann die Reihensumme aus Partialsummen extrapoliert werden ($h = 1/m$).

6.5 Interpolation und Extrapolation

Tabelle 6.6. Extrapolation von $f'(0.1)$, wo $f(x) = 1/\sin(x)$, aus dem symmetrischen Differenzenquotienten (12-stellige Dezimale Arithmetik)

h	$T(h)$				
0.08	−277.6104009				
0.04	−118.8803366	−65.97031513			
0.02	−103.9994078	−99.03909816	−101.2436837		
0.01	−100.8428480	−99.79066144	−99.84076566	−99.81849712	
0.005	−100.0833750	−99.83021734	−99.83285440	−99.83272882	−99.83278463
0.0025	−99.89528784	−99.83259212	−99.83275044	−99.83274879	−99.83274886	−99.83274883

exakter Wert: −99.83274896.

Integration von Differentialgleichungen

Wenn man die Differentialgleichung $y' = f(x,y)$ mit $y(x_0) = y_0$ mit irgendeinem numerischen Verfahren und fester Integrationsschrittweite h integriert, so erhält man eine Lösung, die von h abhängt: $y_h(x)$. Natürlich muß gelten

$$y(x) = \lim_{h \to 0} y_h(x)$$

Es ist naheliegend, diesen Grenzwert durch Extrapolation zu berechnen. Allerdings muß die asymptotische Entwicklung des globalen Diskretisationsfehler bekannt sein, damit geeignet extrapoliert werden kann. Für das Verfahren von Euler-Cauchy:

$$y_{i+1} = y_i + h\, f(x_i, y_i)$$

kann man zeigen, daß

$$y_h(x) = y(x) + a_1 h + a_2 h^2 + \ldots \,,$$

so daß Polynomextrapolation sinnvoll angewendet werden kann. Man wählt dabei eine Tabellenschrittweite h_t und integriert zwischen x_i und $x_{i+1} = x_i + h_t$ mehrmals die Differentialgleichung nach Euler, indem die Integrationsschrittweite halbiert wird $h_j = h_{j-1}/2$. Danach wird der Wert $y(x_{i+1})$ aus den verschiedenen Eulerwerten extrapoliert mittels (32). Für ein System von Differentialgleichungen muß komponentenweise extrapoliert werden.

Randwertprobleme

Die Lösung des Randwertproblems

$$y'' + p(x)\, y' + q(x)\, y = r(x)$$
$$y(a) = y_a \quad y(b) = y_b$$

durch finite Differenzen liefert für

$h = (b-a)/n$ die Lösung: $y_0^h \quad y_1^h \quad \ldots \quad y_n^h$

$h = (b-a)/(2n)$ " : $y_0^{h/2} \, y_1^{h/2} \, y_2^{h/2} \, \ldots \, y_{2n-1}^{h/2} \, y_{2n}^{h/2}$

Die gemeinsamen Fuktionswerte können durch Extrapolation verbessert werden.

Numerische Integration nach Romberg

Gesucht ist das Integral $I = \int_a^b f(x)\, dx$.

Teilt man das Intervall (a,b) in n Teilintervalle der Länge $h = \dfrac{b-a}{n}$ und berechnet man nach der Trapezregel die Trapezsumme

6.5 Interpolation und Extrapolation

$$T(h) = h \left\{ \frac{f(a)}{2} + f(a+h) + f(a+2h) + \ldots + f(b-h) + \frac{f(b)}{2} \right\}$$

so gilt

$$\lim_{h \to 0} T(h) = I.$$

Die asymptotische Entwicklung für genügend oft differenzierbare Integranden f liefert die *Euler'sche Summenformel*:

$$T(h) = I + c_1 h^2 + c_2 h^4 + \ldots$$

mit $\quad c_k = \dfrac{B_{2k}}{(2k)!} \left\{ f^{(2k-1)}(b) - f^{(2k-1)}(a) \right\} ,$

wo die B_j die *Bernoullizahlen* sind[24]. Da nur gerade Potenzen von h vorkommen, kann die Extrapolation nach (33) erfolgen, wenn die Schrittweiten immer halbiert werden:

```
(* Rombergalgorithmus *)
h := b−a ; s := (f(a) + f(b) )/2 ; t_0 := s*h ; zhi := 1 ; i := 1 ;
repeat
    (* neue Trapezsumme *)
    zhi := 2*zhi ; h := h/2 ; j := 1 ;
    while j < zhi do begin s := s + f(a+j*h) ; j := j+2 end ;
    t_i := s*h ;
    (* Extrapolation *)
    vhj := 1/4 ;
    for j := i−1 downto 0 do
        begin x := t_j ; t_j := (t_{j+1} − vhj*x)/(1 − vhj) ; vhj := vhj/4 end ;
    i := i + 1 ;
until ( abs(x−t_0) ≤ eps*abs(t_0) ) ∨ (i > 10) ;
(* der Integralwert ist in t_0 *)
```

Dieser Algorithmus ist nicht narrensicher. Es wird der relative Fehler zwischen zwei aufeinanderfolgenden Diagonalelementen des Rombergschemas geprüft. Es wird höchstens 10 mal extrapoliert. Falls bis dahin keine Konvergenz eingetreten ist, sollte das Integrationsintervall unterteilt werden. Die Konvergenz ist schlecht, falls der Integrand nicht genügend oft im ganzen Intervall differenzierbar ist [4].

---

24 Die erzeugende Funktion der Bernoullizahlen ist

$$\frac{x}{e^x - 1} = \sum_{k=0}^{\infty} \frac{B_k}{k!} x^k$$

6.6 Spline-Interpolation

Bekanntlich ist für viele Stützpunkte $(x_i, y_i), i = 0, \ldots, n$ das Interpolationspolynom keine brauchbare Interpolationsfunktion, da dieses am Rande stark flattern kann. Wenn man andrerseits stückweise durch Polynome niederen Grades interpoliert, so ergeben sich an den Anschlußstellen im allgemeinen Knicke. Gesucht wird also eine glatte differenzierbare Interpolationsfunktion g. Eine glatte Funktion hat eine kleine Krümmung und es scheint daher sinnvoll folgende Forderungen zu stellen:

i) $g(x_i) = y_i$ (Interpolationsbedingung)

ii) $E = \dfrac{1}{2} \int\limits_{x_0}^{x_n} g''(x)^2 \, dx$ = minimal (Kleine Krümmung).

Mit Hilfe der Variationsrechnung kann dieses Problem exakt gelöst werden [9]. Die Lösung lautet:

- g ist in jedem Intervall (x_i, x_{i+1}) ein Polynom 3. Grades $P_i(x)$.
- Die Polynome P_i haben an den Anschlußstellen denselben Funktionswert und dieselbe erste und zweite Ableitung.
- $g''(x_0) = g''(x_n) = 0$. (36)

Ein Polynom 3. Grades ist durch 4 Bedingungen bestimmt. Sei P_i das durch

$$P_i(x_i) = y_i, \ P_i(x_{i+1}) = y_{i+1}, \ P_i'(x_i) = y_i' \text{ und } P_i'(x_{i+1}) = y_{i+1}'$$

definierte Interpolationspolynom 3. Grades, wobei die Funktionswerte y_i, y_{i+1} und die Ableitungen y_i', y_{i+1}' gegebene Zahlen sind. Setzt man

$$Q_i(t) := P_i(x_i + t h_i) \text{ mit } h_i := x_{i+1} - x_i \text{ für } i = 0, \ldots, n-1,$$

so ergibt sich nach einiger Rechnung:

$$Q_i(t) = y_i(1 - 3t^2 + 2t^3) + y_{i+1}(3t^2 - 2t^3) + h_i y_i'(t - 2t^2 + t^3) + h_i y_{i+1}'(t^3 - t^2) \quad (37)$$

Wir betrachten nun (37) als einen Ansatz und bestimmen die Ableitungen y_i' so, daß

$$P_i''(x_i) = P_{i-1}''(x_i)$$

$$\Longleftrightarrow \quad \dfrac{Q_i''(0)}{h_i^2} = \dfrac{Q_{i-1}''(1)}{h_{i-1}^2}.$$

Setzt man nun (37) ein und ordnet die Unbekannten, erhält man

$$\dfrac{1}{h_{i-1}} y_{i-1}' + 2 \left(\dfrac{1}{h_{i-1}} + \dfrac{1}{h_i} \right) y_i' + \dfrac{1}{h_i} y_{i+1}' = 3 (d_i + d_{i-1}), \quad (38)$$

6.6 Spline-Interpolation

wobei $d_i := (y_{i+1} - y_i) / h_i^2$
und $i = 1, \ldots, n-1$

Für die Randpolynome P_0 und P_{n-1} liefert (36) die fehlende Bedingung und man erhält:

$$\frac{2}{h_0} y'_0 + \frac{1}{h_0} y'_1 = 3 d_0 ,$$

$$\frac{1}{h_{n-1}} y'_{n-1} + \frac{2}{h_{n-1}} y'_n = 3 d_{n-1} \qquad (39)$$

(38) und (39) bilden ein lineares symmetrisches tridiagonales Gleichungssystem für die Ableitungen $y'^T = (y'_0, \ldots, y'_n)^T$:

$$A y' = c \qquad (40)$$

mit

$a_{ii} = 2/h_{i-1} + 2/h_i, i = 1, \ldots, n-1$
$a_{00} = 2/h_0, a_{nn} = 2/h_{n-1}$
$a_{i,i+1} = a_{i+1,i} = 1/h_i, i = 0, \ldots, n-1$
$c_i = 3(d_i - d_{i-1}), i = 1, \ldots, n$
$c_0 = 3 d_0, c_n = 3 d_{n-1}$

und wo die d_i nach (38) definiert sind. Die Auflösung kann mit dem in Abschnitt 6.3.3 angegebenen Algorithmus erfolgen[25]. Falls die Stützstellen äquidistant sind, kann die Dreieckszerlegung der Matrix schneller durchgeführt werden [3].

Nach der Berechnung der Ableitungen wird nicht nach (37) interpoliert, sondern besser nach einem Hermiteinterpolationsschema [9]. Zunächst muß das Intervall (x_i, x_{i+1}) gefunden werden, in dem die Neustelle z liegt. Man kann dies mittels der Bisektion durchführen. Der Algorithmus für die Interpolation lautet damit wie folgt:

$$
\begin{array}{l}
\text{(* Spline Interpolation *)} \\
a := 0 ; b := n ; i := \text{round}((a+b)/2) ; \\
\textbf{while } (a < i) \wedge (i < b) \textbf{ do} \\
\textbf{begin if } x_i < z \textbf{ then } a := i \textbf{ else } b := i ; i := \text{round}((a+b)/2) \textbf{ end} ; \\
i := a ; h := x_{i+1} - x_i ; t := (z - x_i)/h ; \\
a0 := y_i ; a1 := y_{i+1} - a0 ; a2 := a1 - h*y'_i ; \\
a3 := h*y'_{i+1} - a1 ; a3 := a3 - a2 ; \\
p := a0 + (a1 + (a2 + a3*t) * (t-1)) * t ; \\
\text{(* } P_i(z) = p \text{ *)}
\end{array} \qquad (41)
$$

---

25 Ähnliche Splinealgorithmen findet man in [12, 1, 10].

Die so konstruierte Splinefunktion g hat denselben Verlauf wie eine dünne Latte (engl. Spline), welche an den Stützpunkten eingespannt wird. Man nennt deshalb g auch die *natürliche Splinefunktion*.

Der Begriff der Splinefunktion ist verallgemeinert worden. Man bezeichnet Funktionen, die stückweise aus Polynomen bestehen und differenzierbar sind, auch als Splinefunktionen, obwohl sie sich nicht mehr wie eine Latte verhalten[26]. Statt die Ableitungen nach (40) zu bestimmen, kann man beliebige Zahlen y_i' vorgeben und nach (41) interpolieren. Die Interpolationsfunktion ist dann nur einmal stetig differenzierbar im Unterschied zu der natürlichen Splinefunktion.

Wie sollen die Ableitungen y_i' gewählt werden? Eine einfache Wahl berücksichtigt nur die Nachbarpunkte. Wir betrachten die folgenden beiden Möglichkeiten:

i) Man verwendet die Steigung der Geraden durch die Punkte (x_{i+1}, y_{i+1}) und (x_{i-1}, y_{i-1}) und erhält:

$$y_i' = \frac{y_{i+1} - y_{i-1}}{h_i + h_{i-1}}$$

ii) Man wählt für y_i' die Ableitung $p'(x_i)$ der Parabel p, welche die 3 Stützpunkte (x_j, y_j) $j = i-1, i, i+1$ interpoliert. Die Rechnung ergibt hier:

$$y_i' = (d_i + d_{i-1})/(1/h_{i-1} + 1/h_i) \tag{42}$$

mit denselben d_i wie in (38).

In beiden Fällen müssen die Randpolynome P_0 und P_{n-1} mittels einer weiteren Bedingung, zum Beispiel (36), bestimmt werden. Mit (36) erhält man:

$$y_0' = (3 d_0 - y_1')/2 \text{ und } y_n' = (3 d_{n-1} - y_{n-1}')/2 ,$$

wo y_1' und y_{n-1}' je nach Variante *i)* oder *ii)* zu berechnen sind.

Man beachte, daß bei äquidistenten Stützstellen ($h_i = h$ = konstant) die beiden Varianten dieselben Ableitungen y_i' liefern. Liegen 3 aufeinanderfolgende Stützpunkte ungefähr auf einer Geraden (d.h. die entsprechenden Ableitungen sind ungefähr gleich), unterscheidet sich die Variante *ii)* nicht allzusehr von der natürlichen Splinefunktion, denn (38) ist

$$y_{i-1}'/h_{i-1} + 2(1/h_{i-1} + 1/h_i) y_i' + 1/h_i y_{i+1}' = 3(d_i + d_{i-1})$$

und für $y_{i-1}' \approx y_{i+1}' \approx y_i'$ ist

$$3(1/h_{i-1} + 1/h_i) y_i' \approx 3(d_i + d_{i-1})$$

und man erhält (42).

---

[26] Eine Splinefunktion ist zweimal stetig differenzierbar, erfüllt aber nicht unbedingt (36). Ist die Interpolationsfunktion nur noch einmal stetig differenzierbar, so spricht man von einer *defekten Splinefunktion*.

6.7 Literatur

Numerische Versuche zeigen, daß die Variante *ii)* weniger wellig interpoliert als die natürliche Splinefunktion und *i)* oszilliert weniger als *ii)*.

Die beiden Varianten haben den Vorteil, daß sie nicht alle Stützpunkte gleichzeitig benötigen. Man kann laufend neue Stützpunkte erzeugen (eventuell auch Ableitungen vorgeben) und die Splinefunktion ein Intervall weiter aufzeichnen.

Die folgende Zeichnung zeigt ein typisches Verhalten der 3 diskutierten Interpolationsvarianten. Die Stützpunkte wurden absichtlich extrem gewählt, um die Unterschiede deutlich zu zeigen:

Gegebene Stützpunkte:

x	−8.0	−5.0	−3.0	−2.5	−0.5	0.3	2.0	3.0	4.0	5.7	8.0
y	2.0	1.8	2.0	−2.0	−1.0	4.0	7.0	1.0	1.0	6.0	8.0

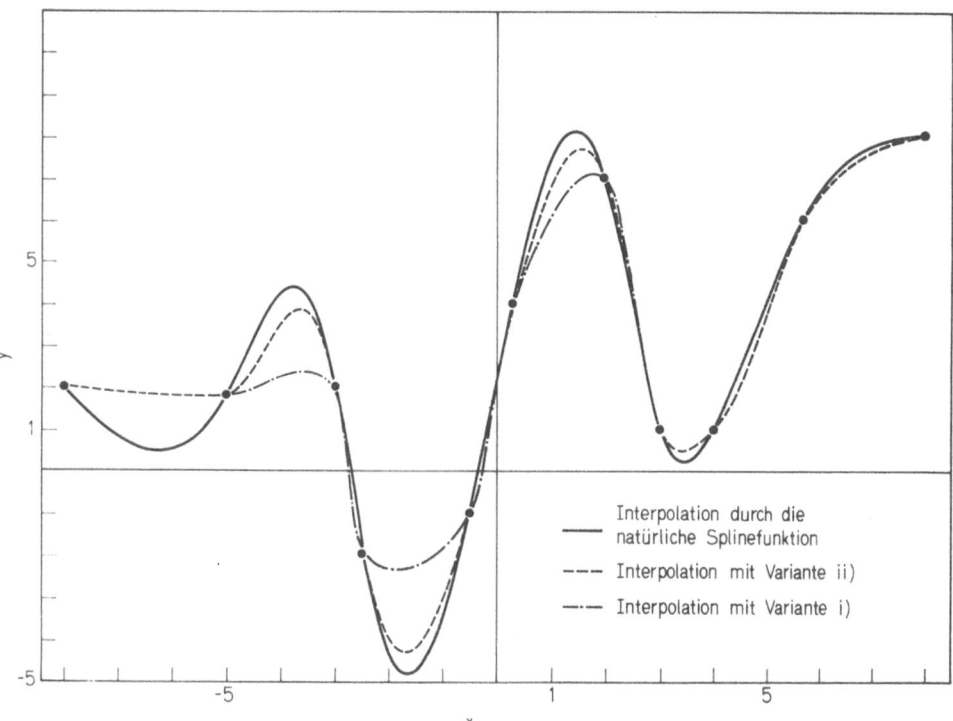

6.7 Literatur zu Kapitel 6

1. Björck, A., Dahlquist, G.: Numerische Methoden. Oldenbourg Verlag 1972
2. Bunch, J.R., Rose, D.J.: Sparse Matrix Computation. New York Academic Press: 1976
3. Gander, W., Molinari, L., Svecowa, H.: Numerische Prozeduren aus Nachlaß und Lehre von Prof. H. Rutishauser ISNM 33. Basel: Birkhäuser 1977

4. Gander, W.: Numerische Implementationen des Rombergschen Extrapolationsverfahrens. ETH Diss.-Nr. 5772, 1973
5. Hansen, E., Patrick, M.: A Family of Root Finding Methods. Numerische Mathematik 27, 257-269 (1977)
6. Henrici, P.: Elements of Numerical Analysis. New York: Wiley 1964
7. Lawson, Ch.L., Hanson, R.J.: Solving Least Sqares Problems. London: Prentice Hall 1974
8. Rutishauser, H.: Description of ALGOL 60. Berlin, Heidelberg, New York: Springer 1967
9. Rutishauser, H.: Vorlesungen über numerische Mathematik, hrsg. von M. Gutknecht, Basel: Birkhäuser 1976
10. Sauer, Szabo: Mathematische Hilfsmittel des Ingenieurs, Band III, Berlin, Heidelberg, New York: Springer 1971
11. Schwarz, H.R., Rutishauser, H., Stiefel, E.: Matrizen-Numerik, Stuttgart: Teubner 1968
12. Stoer, J., Bulirsch, R.: Einführung in die numerische Mathematik, Berlin, Heidelberg, New York: Springer 1972
13. Wilkinson, J.H.: Rundungsfehler, Berlin, Heidelberg, New York: Springer 1969
14. Wilkinson, J.H., Reinsch, Ch.H.: Linear Algebra, Berlin, Heidelberg, New York: Springer 1974

7. Simulationstechnik

Von J.S. Vogel

7.1 Generelle Aspekte

Die Simulation spielt in Ingenieur-, Natur- und Betriebswissenschaften eine immer bedeutendere Rolle. Es wird in diesem Kapitel eine kurze Einführung in die Simulationstechnik, die vorwiegend bei der Untersuchung *kontinuierlicher Systeme* gebräuchlich ist, gegeben. Aus Platzgründen ist es nur möglich, eine Anzahl von wichtigen Aspekten zu beleuchten, während für andere, in manchen Fällen ebenfalls maßgebliche Gesichtspunkte, auf die Literatur verwiesen werden muß [1–2].

Definition

Unter Simulation versteht man die Darstellung des Verhaltens eines physikalischen oder abstrakten Systems durch das Verhalten eines Ersatzsystems (Modell), mit dessen Hilfe man die Durchführung einer Verhaltensstudie vereinfachen will.

    Man unterscheidet zwischen einem
— *kontinuierlichen System*
    bei dem man die Vorgänge für jeden Zeitpunkt bzw. jeden Wert einer oder mehrerer unabhängiger Variablen ermitteln will und einem
— *diskreten System*
    in dem sich relevante Vorgänge jeweils nur zu diskreten, meist stochastisch verteilten Zeitpunkten abspielen.

Zweck der Simulation
— Synthese von Systemen: Aus den Charakteristiken der Komponenten bestimmt man das Verhalten des Gesamtsystems
— Analyse: Verifizierung von Hypothesen
— Identifikation: Bestimmung der Parameter eines Systems, das aus bekannten Ursachen (Inputs) ebenfalls bekannte Wirkungen (Outputs) erzeugt
— Vergleich verschiedener Lösungen und Strategien

Weshalb benützt man ein Modell?

— Physikalisches System ist nicht verfügbar:
    Zeitaufwand für den Bau, Projektstudie, Gefahr für den Experimentator
— Analytische Behandlung nicht möglich:
    keine Rechenverfahren, stochastische Prozesse
— Geringere Kosten
— Zeitraffung möglich

— Größerer Bereich der erlaubten Experimente
— Keine Meßfehler
— Störgrößen können „nach Maß" eingeführt werden
— Einfache Struktur- und Parameteränderungen möglich, Optimierung mittels iterativer Verfahren
— Arbeit mit Funktionen, unabhängig von deren technischer Realisierung
— Arbeit mit idealen Elementen möglich

Ein Simulationsprozeß kann in vier Phasen unterteilt werden:
— Vorstellungsphase: Abstraktion der Phänomene, Erstellung der Beziehungen Ursachen–Wirkungen
— Modellphase: Darstellung der Beziehungen durch passenden Mechanismus (z.B. Computerprogramm)
— Validierung des Modells
— Lösungsphase: Manipulation und Studium des Modells

Eine Simulation gibt meistens nicht „die" optimale Lösung, aber vielfach eine oder mehrere vernünftige, *wirtschaftliche* Lösungen.

Simulation kontinuierlicher Systeme

Man unterscheidel bei der Behandlung kontinuierlicher Systeme zwischen
— Simulation an einem physikalischen Modell,
— Analog-Simulation,
— Hybrid-Simulation und
— Digital-Simulation

Digital-Simulation

Die Berechnung kontinuierlicher Systeme auf dem Digitalrechner erfolgt mittels Softwarepaketen, die man in
a) digitale Analogsimulatoren und
b) Simulatoren für kontinuierliche Systeme
unterteilt.

Digitale Analogsimulatoren (PACTOLUS, CSMP II, DYNAMO etc.) besitzen zusätzlich zu den auf Analogsimulatoren verfügbaren Elementen komplexere Funktionsblöcke wie Limiter, Dividierblock, Block zur Auflösung impliziter Funktionen etc. und vielfach auch Optionen zur Einführung bebliebiger, vom Benutzer in einer höheren Programmiersprache (z.B. FORTRAN) geschriebener Funktionen.
Die Programmierung mit Hilfe digitaler Analogsimulatoren ist meist sehr einfach, indem eine passende Auswahl aus der Palette der verfügbaren Funktionsblöcke getroffen werden muß und die Codierung gewöhnlich nach einem starren Schema auf speziell vorbereiteten Codier-Formularen erfolgt [9].

Simulatoren für kontinuierliche Systeme stellen höhere Programmieranforderungen an den Benutzer, bieten ihm aber dafür neben allen Funktionen der digitalen Analogsimulatoren eine große Anzahl von Werkzeugen zur Behandlung komplexer dynamischer Systeme [1], [2].

7.2 Formalismus und Syntax moderner Simulationssprachen

Alle modernen Programme zur Simulation kontinuierlicher Prozesse besitzen eine sogenannte *Parallel-Sprache*. Diese gestattet es, Vorgänge, die in der Natur gleichzeitig (d.h. parallel) ablaufen, durch Gleichungen und Differentialgleichungen derart darzustellen, daß sie auf einem Digitalrechner trotz dessen sequentieller Arbeitsweise korrekt berechnet werden können.

Der Einsatz der Simulatoren ist keineswegs auf die Ingenieur- und Naturwissenschaften beschränkt, der Anwenderkreis umfaßt heute Betriebswirtschafter, Biologen, Mediziner, Ökonomen u.a.m., welche mit diesem Werkzeug Probleme der Forschung, Entwicklung und Produktion lösen. Die Benutzung eines Simulators ist immer dann in Betracht zu ziehen, wenn
— Systeme derart komplex oder nichtlinear sind, daß eine geschlossene, analytische Lösung nicht mehr möglich ist,
— das gestellte Problem ein flexibles und leichtes Experimentieren mit dem Modell erfordert.

7.2.1 Merkmale moderner Simulatoren

— Freies Format
— Automatisches Sortieren der Strukturanweisungen
— Bibliothek von Standardfunktionen
— Bibliothek für häufig gebrauchte Modelle
— Benutzerfunktionen und -routinen
— Kompatibilität mit einer höheren Programmiersprache (FORTRAN, ALGOL, PL/1 usw.)
— Mehrere, frei wählbare Integrationsmethoden
— Funktionsgeneratoren und Interpolationsmethoden zwecks Behandlung von diskreten Stützwerten (z.B. Meßwerte)
— Bearbeitung von Tabellen und Matrizen
— Automatische Kontrolle und ev. Korrektur numerischer Fehler
— Compilation der Struktur
— Interpretative Verarbeitung von Daten und Kontrollbefehlen
— Diagnosen und Testhilfen
— Vielfältige numerische und graphische Ausgabeoptionen
— Flexible, dem verfügbaren Computersystem angepaßte Installationen

7.2.2 Mathematische Formulierung

Systeme müssen in Form gewöhnlicher Differentialgleichungen mit vorgegebenen Anfangs- bzw. Randbedingungen beschrieben werden, damit die numerische, gewöhnlich explizite, Integration durchgeführt werden kann. Die Darstellung erfolgt meist in der Form (Vektorschreibweise)

$$\dot{y} = f(y) \text{ bzw. } y' = f(y).$$

Nur ausnahmsweise (z.B. bei PDEL) werden partielle Differentialgleichungen direkt verarbeitet, meistens müssen sie mittels Differenzenformeln in einen Satz gewöhnlicher Differentialgleichungen umgeformt werden.

Implizite Funktionen der Form $y = f(y,x,t)$ sind erlaubt, ebenso sind Randwertaufgaben lösbar.

7.2.3 Eingabesprache

Die meisten Simulatoren besitzen eine eigene, problemorientierte Sprache, welche der Sprache des Benutzers weitgehend angepaßt ist und dementsprechend von diesem rasch erlernt werden kann. Ein typischer Befehl lautet z.B.

$$I = A*SQRT(U1)+B*SIN(U2)+C*INTGRL(ANF,U3)$$

Darin sind SQRT, SIN und INTGRL *Funktionsblöcke* (s. Tabellen 7.1 und 7.2) zur Berechnung der Wurzel, Sinusfunktion bzw. des Integrals von U3 mit der Anfangsbedingung ANF. Der dem Benutzer gebotene Komfort drückt sich u.a. in der Anzal dieser verfügbaren Funktionsblocks aus, die er meist in beliebiger Häufigkeit an beliebigen Stellen in seiner Modellbeschreibung verwenden kann.

Neben den Funktionsblöcken finden die in höheren Programmiersprachen üblichen Sprachelemente Verwendung:
— Numerische Konstanten: −17 3.14 0.17E−6
— Symbolische (Variablen-)Namen: X, WEG, YPUNKT wobei ganzzahlige Größen meist deklariert werden müssen (FIXED, INTEGER)
— Operatoren: arithmetisch + − * / **
  relation .LT. .LE. .EQ. .GT. .GE. .NE. .AND. .OR. .NOT.
— Labels: INITIAL, PD2, LCV

Für die Auflösung arithmetischer Ausdrücke ist die Hierarchie der Operatoren maßgebend:
+ − * / ** ( ) =
    ←
  Hierarchie

7.2.4 Funktionsblöcke

Ein wesentliches Merkmal der Simulatoren ist, daß sie mit Blöcken arbeiten, welche die Eingabegrößen entsprechend einer vorbestimmten Funktion verarbeiten. Dabei kümmert sich der Benutzer zum Zeitpunkt der Verwendung des Blocks (z.B. Totzeitelement) nicht um dessen technische Realisierung durch diskrete Bauteile. Es interessiert nur die Anzahl der Input- und Output-Größen sowie die dem Block zugeordneten Parameter bzw. Anfangsbedingungen (Abb. 7.1).

7.2 Formalismus und Syntax moderner Simulationssprachen

Tabelle 7.1.

CSMP III Anweisung	Entsprechender mathematischer Ausdruck
INTEGRATOR Y = INTGRL (IC, X). wo: IC = $y\|_{t=t_S}$ Alternative Spezifikationsmöglichkeit: Y = INTGRL (IC, X, N). wo: Y = Ausgabevektor IC = Vektor der Anfangsbedingungen X = Vektor der Integranden N = Anzahl Integratoren	$y(t) = \int_{t_S}^{t} x\,dt + y(t_S)$ wo: t_S = Anfangszeit t = Zeit $\vec{y} = \int_{t_S}^{t} \vec{x}\,dt + \vec{y}(t_S)$ Aequivalente Laplace Übertragungsfunktion $\dfrac{Y(s)}{X(s)} = \dfrac{1}{s}$
ABLEITUNG Y = DERIV (IC, X) wo: IC = $\dfrac{dx}{dt}\bigg\|_{t=t_S}$	$y = \dfrac{dx}{dt}$ Aequivalente Laplace Übertragungsfunktion $\dfrac{Y(s)}{X(s)} = s$
VERZÖGERUNGSGLIED 1. ORDNUNG Y = REALPL (IC, P, X) wo: IC = $y\|_{t=t_S}$	$p\,\dfrac{dy}{dt} + y = x$ Aequivalente Laplace Übertragungsfunktion $\dfrac{Y(s)}{X(s)} = \dfrac{1}{ps+1}$
TOTZEIT Y = DELAY (N, P, X) wo: P = Verzögerungszeit N = Anzahl der Punkte, die im Intervall p (ganzzahlige Konstante) gespeichert werden sollen. $p \geq 3$ und $p \leq 16378$	$y = x\,(t-p)\ ;\ t \geq p$ $y = 0\ ;\ t < p$ Aequivalente Laplace Übertragungsfunktion $\dfrac{Y(s)}{X(s)} = e^{-ps}$
HALTEGLIED 1. ORDNUNG Y = ZHOLD (X1, X2)	$y = x_2\ ;\qquad x_1 > 0$ $y = $ letzte Ausgabe; $\quad x_1 \leq 0$ $y\|_{t=t_S} = 0$ Aequivalente Laplace Übertragungsfunktion $\dfrac{Y(s)}{X(s)} = \dfrac{1}{s}(1 - e^{st})$

Tabelle 7.2.

CSMP III Anweisung	Entsprechender mathematischer Ausdruck
FUNKTIONSSCHALTER Y = FCNSW (X1, X2, X3, X4)	$y = x_2;\quad x_1 < 0$ $y = x_3;\quad x_1 = 0$ $y = x_4;\quad x_1 > 0$
TREPPENFÖRMIGE KENNLINIE Y = QNTZR (P, X)	$y = kp\,;\,(k - 1/2)\,p < x \leq (k + 1/2)\,p$ $k = 0, \pm 1, \pm 2, \pm 3, \ldots$
SPRUNGFUNKTION Y = STEP (P)	$y = 0\,;\,t < p$ $y = 1\,;\,t \geq p$
GENERATOR VON NADELIMPULSEN Y = IMPULS (P1, P2)	$y = 0\,;\,t < p_1$ $y = 1\,;\,(t - p_1) = kp_2$ $y = 0\,;\,(t - p_1) \neq kp_2$ $k = 0, 1, 2, 3, \ldots$
IMPULSGENERATOR (MIT X > 0 ALS TRIGGER) Y = PULSE (P, X) wo: P = Pulsbreite	$y = 1\,;\,t_t \leq t < (t_t + p)$ oder $x > 0$ $y = 0$; sonst: (t_t = Zeit für Trigger)
TROGONOMETRISCHE SINUSWELLE MIT TOTZEIT, FREQUENZ UND PHASENVERSCHIEBUNG Y = SINE (P1, P2, P3) wo: P1 = Totzeit P2 = Frequenz (Grad pro Zeit) P3 = Phasenverschiebung in Grad	$y = 0\,;\qquad\qquad t < p_1$ $y = \sin(p_2\,(t - p_1) + p_3)\,;\,t \geq p_1$
RAUSCH-(ZUFALLSZAHLEN) GENERATOR MIT NORMALVERTEILUNG Y = GAUSS (N, P1, P2) wo: N = jede beliebige ungerade ganze Zahl P1 = Mittelwert P2 = Standardabweichung	Normalverteilung für Variable y $p(y)$ = Wahrscheinlichkeitsverteilungsfunktion
RAUSCH-(ZUFALLSZAHLEN) GENERATOR MIT GLEICHVERTEILUNG Y = RNDGEN (N) wo: N = beliebige ganze Zahl	Gleichverteilung für Variable y $p(y)$ = Wahrscheinlichkeitsverteilungsfunktion

7.2 Formalismus und Syntax moderner Simulationssprachen

GENERELLE LAPLACE ÜBERTRAGUNGS-FUNKTION		
Y = TRANSF	(N, B, M, A, X)	
STORAGE	B(N + 1), A(M + 1)	$\dfrac{Y(s)}{X(s)} = \dfrac{\sum_{i=1}^{M} a_i s^i + a_{M+1}}{\sum_{j=1}^{N} b_j s^j + b_{n+1}}$
TABLE	B(1 − [N + 1]) = B(1), B(2) ... B(N + 1), A(1 − [M + 1]) = A(1), A(2), ..., A(M+1)	
		wo: $M \leqslant N$
BEGRENZER		
Y = LIMIT (P1, P2, X)		$y = p_1 \,;\, x < p_1$ $y = p_2 \,;\, x > p_2$ $y = x \,;\, p_1 \leq x \leq p_2$

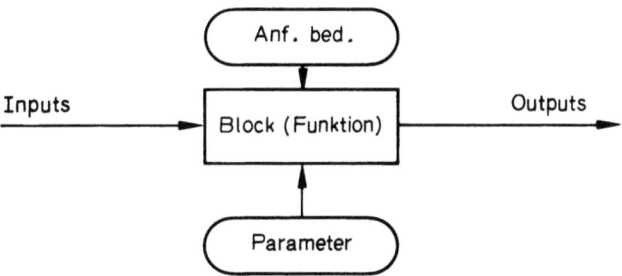

OUTPUTS = FUNKTION (INPUTS, PARAMETER, ANFANGSBEDINGUNGEN

Abb. 7.1. Darstellung von Funktionen in blockorientierten Simulationssprachen

Allgemein:

$$Y_1, Y_2, \ldots, Y_M = F(X_1, X_2, \ldots X_N, P_1, P_2, \ldots P_J, IC_1, IC_2, \ldots IC_K)$$

1. Beispiel: Masse-Feder-System

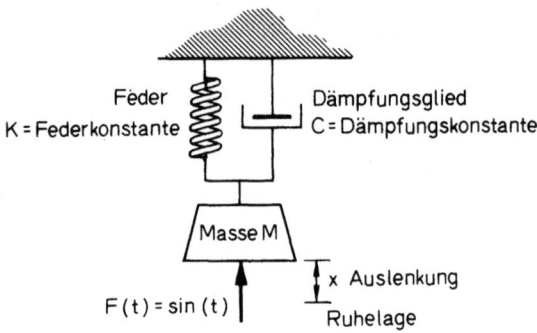

Abb. 7.2. Periodisch angeregtes Masse-Feder-System

Eine Masse sei über eine Feder mit der Federkonstante K und der Dämpfung C einseitig eingespannt und werde durch eine sinusförmige Kraft periodisch angeregt. Der Vorgang kann durch eine Differentialgleichung zweiter Ordnung beschrieben werden:

$$M\ddot{x} + C\dot{x} + Kx = \sin(t) \tag{2.1}$$

Vorgehen: *Auflösen der Differentialgleichungen jeweils nach den höchsten vorkommenden Ableitungen*

$$\ddot{x} = (\sin(t) - C\dot{x} - Kx)/M$$

CSMP-Formulierung unter Einführung beliebiger Variablennamen für die Geschwindigkeit $\dot{x}$ und die Beschleunigung $\ddot{x}$:

```
X2DOT = (SIN(TIME)−C*XDOT−K*X)/M
XDOT  = INTGRL(IC1,X2DOT)          IC1 = XDOT(t=0)
X     = INTGRL(IC2,XDOT)           IC2 = X(t=0)
```

Das Problem könnte auch mittels der Ableitungen unter Verwendung des Derivate-Blocks gelöst werden, z.B.

```
XDOT = DERIV (IC1,X).
```

7.2 Formalismus und Syntax moderner Simulationssprachen

Da die numerische Integration aber viel genauer durchgeführt werden kann als die Ableitung, ist die erste Art der Formulierung vorteilhafter und wenn immer möglich anzustreben.

7.2.5 Struktur, Daten und Steuerbefehle

Zur Beschreibung des Masse-Feder-Systems nach Abb. 7.2 wurden 3 Instruktionen benötigt, mit denen die *Struktur* des Systems festgelegt wurde. Da an einem Modell meist mehrere Untersuchungen vorgenommen werden, ist es vorteilhaft, die Strukturbefehle anläßlich der ersten Berechnung in Computer-Maschinen-Sprache zu *übersetzen* und für nachfolgende Untersuchungen jeweils nur passende, von Fall zu Fall variierende *Daten* und *Steuerbefehle* hinzuzufügen.

Steuerbefehle dienen der Steuerung des Ablaufs bei der
— *Übersetzung* der Struktur in Maschinencode
— *Ausführung des Programms*
— *Ausgabe* der Resultate.

Daten und Steuerbefehle werden gewöhnlich vom System erst in dem Zeitpunkt, in dem sie gebraucht werden, *interpretiert*; sie durchlaufen also nicht den Übersetzungs-Prozeß, wie die Struktur.

Daten-Instruktionen

Daten Instruktionen dienen der Zuordnung von numerischen Werten an
— Konstante
— Anfangsbedingungen
— Parameter, die für jeden Simulationslauf neue Werte annehmen dürfen
— Tabellen
— Funktionstabellen

Beispiele (CSMP, CSSL):
CONSTANT PI = 3.14159, K12 = 500, LAENGE = 0.1E–3
ICON XO = –2
PARAMETER SIGMA = (4,5,7,10,15)→sukzessive Werte
TABLE W(1) =2, W(2) = 1.5, R(4) = 1.E8
FUNKTION KURVE3 = (–4,6), (–2,11), (1.5, 27), ...
$\quad\quad\quad\quad\quad\quad\quad\quad\quad\uparrow\uparrow\quad\quad\uparrow\uparrow$
$\quad\quad\quad\quad\quad\quad\quad\quad\quad x_1\, y_1\quad x_2\, y_2$

Aus der zuletzt definierten Funktionstabelle kann dann für jeden aktuellen Inputwert durch lineare oder nichtlineare Interpolation der zugehörige Funktionswert Y erhalten werden, z.B. mittels

$$Y = NLFGEN (KURVE3, X).$$

Beim herkömmlichen Interpolationsverfahren wird der Funktionsverlauf durch ein Polynom approximiert und Zwischenwerte können unter Verwendung der tabellierten Lagrange-Polynome direkt ermittel werden. Der Nachteil dieser Methode, Unstetigkeiten der ersten und zweiten Ableitungen aufeinanderfolgender Interpolationspolynome, wird bei den neueren Spline-Verfahren vermieden. Für nähere Angaben wird auf das Kapitel „Numerik" verwiesen.

Übersetzungs-Steuerbefehle

Sie dienen der Steuerung der ordnungsgemäßen Umwandlung (Übersetzung) der Modellbeschreibung in eine gängige Programmiersprache (z.B. FORTRAN) oder in Maschinencode.
Beispiele:

   FIXED   K, ZAHL

zur Deklarierung ganzzahliger Größen oder

   STORAGE W(30), R(6)

zur Reservation von Speicherplatz für eindimensionale Tabellen.

Ausführungs-Steuerbefehle

Sie steuern den gesamten Berechnungsvorgang, insbesondere den Integrationsschritt, die Ausgabeintervalle, die Dauer der Simulation und die Auslösung eines eventuell notwendigen vorzeitigen Abbruchs der Simulation.
Beispiele:

   TIMER DELT = 0.1, PRDEL = 0.5, OUTDEL = 2, FINTIM = 150
        ↑   ↑   ↑
    Integrations-   Ausgabeintervalle   Simulations-
     schritt   numerisch, graphisch   dauer

   FINISH   X = 3000., U = V

Die Simulation bricht vorzeitig ab, wenn entweder X des Niveau 3000 durchstößt oder die Differenz (U–V) das Vorzeichen ändert.

Ausgabe-Steuerbefehle

Die meisten Simulationsprogramme erlauben die Ausgabe der Resultate in numerischer (Tabellen oder Gleichungsformat) oder graphischer Form (Printplot, Plot, Bildschirm).
 Die Steuerung der Ausgabe erfolgt mittels besonderer Steuerbefehle.
Beispiele:

   TITLE PCM–SYSTEM
   LABEL DYNAMISCHES VERHALTEN

Beschriftung der numerischen bzw. graphischen Ausgabe.

7.2 Formalismus und Syntax moderner Simulationssprachen

```
PRINT      X,YPUNKT, Z(1-10)
PRTPLOT    X,Z(1-10)
```

Numerische oder graphische Ausgabe von skalaren und indizierten Variablen.

```
RANGE      Y,Z4
```

Erfassung der Minimal- und Maximalwerte, welche Variable im Laufe einer Simulation angenommen haben.

2. Beispiel: Kabelrollensystem

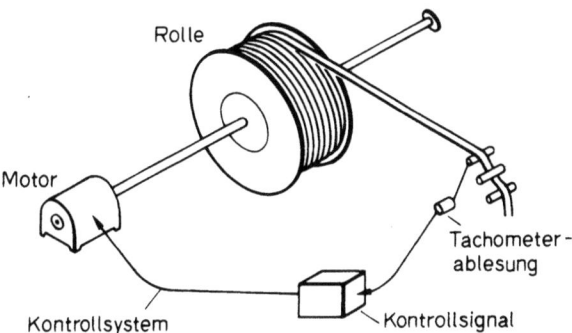

Abb. 7.3. Regelung der Ablaufgeschwindigkeit eines Kabels von einer Rolle

Das Ziel der Simulation sei es, eine wirkungsvolle Regelung für eine Rolle zu erhalten, derart, daß das Kabel mit möglichst konstanter, vorgegebener Geschwindigkeit von der Rolle abläuft (Abb. 7.3).

Die Kabelgeschwindigkeit wird mittels eines Tachometers gemessen, das eine dem Meßwert proportionale Spannung abgibt (Einfache Übertragungsfunktion erster Ordnung). Letztere wird mit einem Referenzwert (Referenzspannung) verglichen, der der gewünschten Geschwindigkeit entspricht. Aus der Differenz zwischen Ist- und Soll-Wert ergibt sich die Stellgröße zur Steuerung des Motors. Es handelt sich hier um ein einfaches Rückkopplungsverfahren für eine Regelung. Damit eine konstante Kabel-Ablaufgeschwindigkeit erhalten wird, muß in dem Maße, wie der effektive Radius der Rolle abnimmt, die Winkelgeschwindigkeit der Rolle ständig zunehmen. Die Situation wird dadurch kompliziert, daß das Trägheitsmoment der Rolle mit ablaufendem Kabel ebenfalls abnimmt. Damit reduziert sich das Drehmoment, das benötigt wird, um die Kabelgeschwindigkeit aufrecht zu erhalten. Das Trägheitsmoment seinerseits ist der vierten Potenz des Radius proportional; der gesamte Vorgang ist somit außerordentlich nichtlinear.

Es empfiehlt sich, der Übersicht halber, ein Blockschema für den ganzen Regelkreis zu zeichnen.

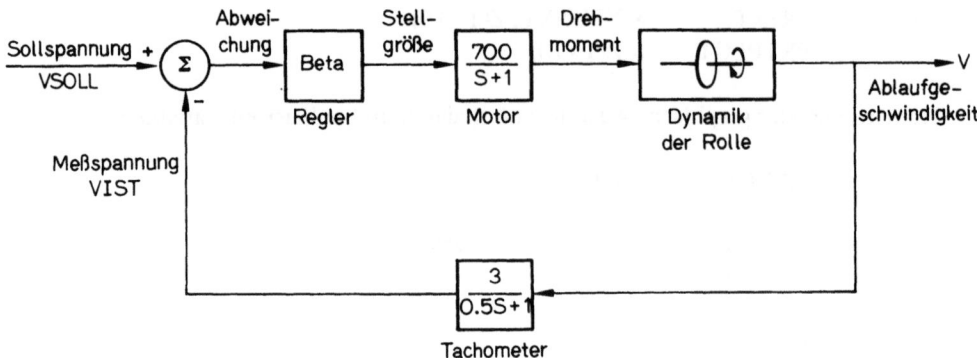

Abb. 7.4. Blockschema für den Kabelrollen-Regelungsprozeß

Formulierung des Problems

Gegeben seien folgende Daten:

Rollenradius zu Beginn	$R_{voll} = 1.2$ m
am Ende	$R_{leer} = 0.6$ m
Momentaner Radius	R
Rollenbreite	$W = 0.6$ m
Durchmesser des Kabels	$D = 0.03$ m
Dichte des Kabelmaterials	$\rho = 2.5$ gr/cm^3

Damit ergibt sich die Länge einer Kabel-Windung zu

$$L_W = 2\pi R$$

und die Länge einer Schicht zu

$$L_S = 2\pi \cdot R \cdot W/D.$$

Die Geschwindigkeit, mit der das Kabel abrollt ist

$$v = R\dot{\Phi} \tag{2.1}$$

und die Zeit, bis eine Schicht abrollt

$$t_S = L_S/v = (2\pi W)/(D\dot{\Phi}).$$

Die Änderung des Radius R im Verlauf der Zeit t_S ist

$$\Delta R = -D,$$

7.2 Formalismus und Syntax moderner Simulationssprachen

damit ergibt sich

$$\dot{R} \approx \Delta R/t_S = D^2\dot{\Phi}/(2\pi W) = -K1*\dot{\Phi}$$
$$\dot{R} = -K1*\dot{\Phi}. \tag{2.2}$$

Das Trägheitsmoment berechnet sich zu

$$\Theta = 0.5\pi W\rho R^4 - 0.5\pi W\rho R_{leer}^4 + \Theta_0 ,$$

so daß man nach Einsetzen der vorgegebenen Daten mit $\Theta_0 = 100$

$$\Theta = 2355R^4 - 205 \tag{2.3}$$

```
STABILITAETSTEST
MERGED OUTPUT PRESENTATION FOR V

PARAMETER   RUN   1       RUN   2       RUN   3
BETA        0.50000       1.0000        1.5000
                          0.0                   'X'= RUN  3              8.000
                          0.0                   '*'= RUN  2              8.000
                          0.0                   '+'= RUN  1              8.000
TIME        RUN   1                                                      RUN   2    RUN   3
0.0         0.0           X-------------I-------------I-------------I    0.0        0.0
0.50000     0.14332       I+*X          I             I             I    0.28638    0.42917
1.0000      0.49223       I  +     *    I       X     I             I    0.97813    1.4577
1.5000      0.95579       I      +      *I            X             I    1.8758     2.7606
2.0000      1.4713        I             +       *     I    X        I    2.8297     4.0781
2.5000      1.9957        I             I     +    *  I          X  I    3.7305     5.2180
3.0000      2.4997        I             I       +     I*            IX   4.5062     6.0606
3.5000      2.9652        I             I       +     I   *        X I   5.1167     6.5565
4.0000      3.3818        I             I             I +   *    X    I  5.5491     6.7168
4.5000      3.7449        I             I             I    +    *I  X   5.8111      6.5972
5.0000      4.0542        I-------------I-------------I-------*--X----I  5.9244     6.2799
5.5000      4.3119        I             I             I      +     X*   5.9190      5.8563
6.0000      4.5222        I             I             I          X  *I  5.8281      5.4118
6.5000      4.6901        I             I             I        + X   *  5.6841      5.0149
7.0000      4.8213        I             I             I         X+  *   5.5155      4.7114
7.5000      4.9210        I             I             I         X  + *  5.3455      4.5229
8.0000      4.9947        I             I             I         X  +*   5.1910      4.4497
8.5000      5.0472        I             I             I        X  +*    5.0629      4.4754
9.0000      5.0827        I             I             I        X *+     4.9663      4.5731
9.5000      5.1050        I             I             I        X* +     4.9021      4.7120
10.000      5.1173        I-------------I-------------I-------X-+------I 4.8676      4.8624
10.500      5.1222        I             I             I       *X+       4.8581      4.9999
11.000      5.1218        I             I             I        *X       4.8676      5.1077
11.500      5.1180        I             I             I        * +X     4.8900      5.1771
12.000      5.1119        I             I             I        *  +X    4.9195      5.2069
12.500      5.1047        I             I             I        *+X      4.9513      5.2021
13.000      5.0970        I             I             I         *X      4.9816      5.1712
13.500      5.0894        I             I             I         *X      5.0078      5.1249
14.000      5.0823        I             I             I         *X      5.0285      5.0735
14.500      5.0758        I             I             I         X+      5.0431      5.0257
15.000      5.0701        I-------------I-------------I---------X------I 5.0518      4.9876
15.500      5.0652        I             I             I         X*      5.0554      4.9625
16.000      5.0610        I             I             I         X*      5.0549      4.9511
16.500      5.0576        I             I             I         X+      5.0515      4.9519
17.000      5.0549        I             I             I         X+      5.0463      4.9621
17.500      5.0528        I             I             I         X+      5.0404      4.9778
18.000      5.0512        I             I             I         X+      5.0344      4.9956
18.500      5.0500        I             I             I         X+      5.0291      5.0123
19.000      5.0491        I             I             I         X+      5.0248      5.0257
19.500      5.0486        I             I             I         X       5.0215      5.0347
20.000      5.0482        I-------------I-------------I---------X------I 5.0195      5.0388
```

Abb. 7.5. Graphische Ausgabe der Geschwindigkeit v des abrollenden Kabels. Untersuchung für 3 verschiedene Verstärkungsfaktoren des Reglers: BETA = 0.5, 1 und 1,5

erhält. Der Drall ist das Produkt aus Trägheitsmoment und Winkelgeschwindigkeit

$$\text{Drall} = \Theta(t) \cdot \dot{\Phi}$$

und das Drehmoment gleich der Ableitung des Dralls nach der Zeit:

$$\text{Drehmoment} = \dot{\text{Drall}}$$

Aus den letzten beiden Beziehungen erhält man die Winkelgeschwindigkeit

$$\dot{\Phi} = \frac{\text{Drall}}{\Theta} = \frac{1}{\Theta} \int_0^t \text{Drehmoment} \cdot dt + \dot{\Phi}(0). \tag{2.4}$$

Die Tachometer-Übertragungsfunktion kann im Bildbereich durch

$$\frac{V_{ist}}{V} = \frac{3}{0.5 \cdot S + 1} \quad [\text{Volt}/(\text{m}/\text{sec})] \tag{2.5}$$

oder durch eine Differentialgleichung im Zeitbereich beschrieben werden:

$$V_{ist} + 0.5 \, \dot{V}_{ist} = 3V$$

Für das Drehmoment des Motors gelte eine Übertragungsfunktion erster Ordnung

$$\frac{\text{Drehmoment}}{\text{Stellgröße}} = \frac{700}{S + 1} \tag{2.6}$$

Die gewünschte Kabel-Ablaufgeschwindigkeit sei V = 5 m/sec; nach Gl(2.5) entspricht dies einer Sollspannung von

$$V_{soll} = 15 \text{ Volt}.$$

Die Abweichung, die gemessen wird, ist

$$\text{Abweichung} = V_{soll} - V_{ist} \tag{2.7}$$

und für die Stellgröße gilt

$$\text{Stellgröße} = \text{Beta} \cdot \text{Abweichung} \tag{2.8}$$

Damit sind alle Zusammenhänge beschrieben, die zur Aufstellung der Modellstruktur benötigt werden. Weitere Angaben, welche das Simulationssystem noch braucht, sind die Werte für die Dauer der Simulation, den Integrationsschritt und das Ausgabeintervall.

Für eine Umdrehung benötigt die Rolle zu Beginn ca. 1.5 sec, nach etwa 13 Umdrehungen kann sicher schon festgestellt werden, ob die Regelung stabil ist. Dementsprechend wird die Endzeit auf 20 sec gesetzt und das Integrationsintervall auf ca. 1/30 Umdrehungszeit d.h. 0.05 sec. Ausgegeben werden soll jeder zehnte gerechnete Wert, d.h. das Ausgabeintervall ist 0.5 sec.

Programmierung

```
*  BEISPIEL: KABELROLLENSYSTEM
CONSTANT PI = 3.14159
PARAMETER RVOLL = 1.2, RLEER = 0.6, W = 0.6, ...
```

```
                D = 0.03, VSOLL = 15
     PARAMETER BETA = (0.5, 1, 1.5)
        K1 = D*D/(2*PI*W)
     *  DYNAMIK DER ROLLE
        V     = R*PHIPKT                              (2.1)
        R     = INTGRL (RVOLL, -K1*PHIPKT)            (2.2)
        THETA = 2355*(R**4) - 205                     (2.3)
        PHIPKT = (1/THETA)*INTGRL (0., DREHMO)        (2.4)

     *  TACHOMETER, MOTOR
        VSTPKT  = 2*(3*V - VIST)      ⎫
        VIST    = INTGRL (0., VSTPKT) ⎬               (2.5)
        DREPKT  = 700*STELGR - DREHMO ⎫
        DREHMO = INTGRL (0., DREPKT)  ⎬               (2.6)

     *  VERGLEICH, REGLER
        ABW    = VSOLL - VIST                         (2.7)
        STELGR = BETA*ABW                             (2.8)
     FINISH    R = RLEER
     TIMER     FINTIM = 20, DELT = 0.05, PRDEL = 0.5, OUTDEL = 0.5
     TITLE     REGELUNG EINER KABELROLLE
     PRINT     V, VIST, ABW, STELGR, DREHMO, R, THETA
     LABEL     STABILITAETSTEST
     PRTPLT V
     END
     STOP
```

7.3 Strukturierung von Modellen, dynamische Laufkontrolle

Die für das Kabelrollenbeispiel verwendete Struktur besteht nur aus einem einfachen *„dynamischen" Programmteil*, der nach jedem Integrationsschritt durchlaufen wird, wobei schon zu Beginn alle für den Durchlauf benötigten Parameter festgelegt sind.

Oft will der Benutzer jedoch vor Beginn seiner Simulation *Initialisierungen* vornehmen oder Größen berechnen, die sich während eines Simulationslaufes nicht ändern.

Beispiel:

Für fixes R ist $\pi R^2/4$ eine konstante Größe, deshalb ist nur eine einmalige Berechnung einer Hilfsgröße K1 = 0.25·PI·R·R vor Beginn der Simulation notwendig und keinesfalls ein wiederholtes Berechnen der Formel nach jedem Integrationsschritt.

Vielfach begnügt man sich nicht damit, die Resultate einer Simulation zur Kenntnis zu nehmen, sondern will nach Abschluß eines Simulationslaufes die Ergebnisse darauf prüfen, ob sie vernünftig sind, und eventuell weiter auswerten, Schlußberechnungen vornehmen oder aufgrund der erhaltenen Resultate Modellparameter abändern und ohne manuellen Eingriff gleich neue Simulationsläufe starten. Derartige Manipulationen können bequem in einem Abschluß-Teil oder *Terminal-Segment* des Programms vorgenommen werden, aus dem dann wahlweise wieder an den Programmanfang, d.h. in das Initial-Segment, zurückgesprungen werden oder eine Simulation endgültig abgebrochen werden kann. Diese Arbeitsweise gestattet es dem versierten Benutzer, ganze Systemoptimierungen zu automatisieren.

Programm – Strukturierung

```
PARAMETER   R = 1.2, PI = 3.14
    .
    .
    .
INITIAL
    K1 = 0.25* PI*R*R              → Einmalige Berechnung
    .
    .
DYNAMIC
    F = K1*Z*SIN(Y)
    .
    .
    .
NOSORT
    IF (TIME.GT.50.) GO TO 2
SORT
    .          Überspringen dieser Instruktionen,
    .          wenn TIME > 50 ist
    .
NOSORT
  2 CONTINUE
TERMINAL
    .
    .
    R = R + 0.2       → Erhöhung des Parameters für folgenden Lauf
    IF (R.GT.2..OR.F.LE.1.E–3) GO TO 5 → Unterbindung
    .                       weiterer Simulationsläufe,
    .                       wenn eine der Konditionen
    .                       erfüllt ist
    CALL RERUN        →   Initialisierung eines neuen Laufes
                          durch Rücksprung ins Initialsegment
  5 CONTINUE
TIMER FINTIM = 200
END
```

Im dynamischen Programmteil, der nach jedem Integrationsschritt neu durchlaufen wird, sind alle Vorgänge beschrieben, die im realen System gleichzeitig, d.h. parallel ablaufen. Der Digitalrechner ist aber gewöhnlich nur in der Lage, Instruktion sequentiell abzuarbeiten. Die Strukturbefehle müssen deshalb in eine Reihenfolge gebracht (sortiert) werden, welche es gestattet, eine Quasiparallelverarbeitung zu simulieren. Dieser Sortierprozeß wird dem Benutzer vom System abgenommen. Initial- und Terminal-Segmente bestehen meist aus einer Folge von arithmetischen, logischen und Ein-/Ausgabebefehlen, die sequentiell (prozedural) in der vom Benutzer angegebenen Reihenfolge ausgeführt werden, d.h. vom System gewöhnlich nicht sortiert werden müssen.

Aus obigem Programmschema ist die Strukturierung für ein CSMP-Programm ersichtlich. Dem System wird jeweils mittels SORT- oder NOSORT-Befehlen angezeigt, ob sortiert werden soll oder nicht. Sofern im DYNAMIC-Segment logische Befehle (Verzweigungen) eingeführt werden, will man mittels NOSORT verhindern, daß der System-Translator die Reihenfolge der Instruktionen verändert.

Innerhalb von NOSORT-Sektionen ist z.B. bei CSMP volles FORTRAN, insbesondere die Verwendung von Verzweigungs- und Ein-/Ausgabebefehlen erlaubt. Damit können bei Bedarf ganze Programmteile übersprungen werden.

Das Terminal-Segment gestattet es also, aufgrund der erhaltenen Resultate die nachfolgenden Berechnungen zu kontrollieren, insbesondere aber durch das Prüfen von Fehlerkriterien zu entscheiden, ob weitere Simulationen notwendig sind. Letztere werden dann mittels eines Befehls wie CALL RERUN initialisiert. Daneben dient der TERMINAL-Teil auch oft dazu, mittels spezieller Ausgabebefehle Resultate selektiv numerisch oder graphisch aufzuzeichnen.

Dynamische Laufkontrolle

Moderne Simulationsprogramme gestatten es, Ausnahmebedingungen, d.h. mögliche Abbruchkonditionen, während eines Simulationslaufes-d. i. — im dynamischen Teil — abzufangen. In CSMP geschieht dies beispielsweise mittels CALL FINISH. Im TERMINAL-Segment wird dann geprüft, ob die Simulation endgültig abgebrochen, mit geänderten Parametern wiederbegonnen oder eventuell an der Stelle der Unterbrechung fortgesetzt werden soll. Letzteres wird dann der Fall sein, wenn sich die Ursache des Abbruches als nicht gravierend erweist.

Beispiel:

DYNAMIC
    .
    .
    .

NOSORT
    IF (. . . .) CALL FINISH → provisorischer Abbruch der Simulation
       ↑
    Abbruchkondition

    .
    .
    .

TERMINAL
    .
    .
    .   ↗Verzweigung zwecks endgültigem Abbruch der Simulation
    IF (. . . .) 100, 20, 30

```
   20 CALL RERUN        → Neu-Initialisierung eines Simulationslaufs
      .
      .
      .
      GOTO 100
   30 CALL CONTIN       → Fortsetzung des abgebrochenen Simulationslaufs
  100 CONTINUE
      END
```

7.4 Benutzerfunktionen

Auch das modernste Simulationsprogramm kann oft nicht alle Ansprüche des fortgeschrittenen Anwenders erfüllen. Es sind deshalb in Simulatoren meist Möglichkeiten eingebaut, um mehrfach vorkommende Abläufe bzw. Teilmodelle in einer höheren Programmiersprache wie FORTRAN oder in der Simulationssprache selber zu formulieren. Diese Bestandteile werden dann bei Bedarf an beliebiger Stelle und in beliebiger Häufigkeit in das Gesamtmodell eingefügt bzw. vom letzteren aufgerufen. Damit wird die Flexibilität bei der Modellentwicklung erhöht und die Programmierarbeit bedeutend verringert. Die wichtigsten Benutzer-Funktionstypen sind die Unterprogramme (Subroutinen, Funktionsprogramme), wie sie in allen höheren Programmiersprachen gebräuchlich sind, sowie eine Erweiterung des Subroutinenkonzepts auf anwenderorientierte Simulationssprachen, die sogenannten Macros.

MACROS

Sie dienen dem Bau von größeren Funktionsblocks aus Basisfunktionen, wobei die MACRO als Gesamtblock definiert und wie alle andern Blocks des Simulators mit wechselnden Parametern aufgerufen werden kann.

Beispiel: Digitales Filter

Eine in der z-Ebene definierte Funktion soll im Zeitbereich mehrfach mit jeweils wechselnden Parametern a, b, c, d, k verwendet werden können. Durch Rücktransformation aus dem Bild-(z-) Bereich entsteht dabei eine Differenzengleichung.
Gegeben sei

$$\frac{y}{x} = \frac{k(1-az^{-1}-bz^{-2})}{1-cz^{-1}-dz^{-2}} \quad . \tag{4.1}$$

Ausmultiplizieren ergibt

$$y = k[x-axz^{-1}-bxz^{-2}] + cyz^{-1} + dyz^{-2} \quad . \tag{4.2}$$

Für die Rücktransformation ist zu beachten, daß eine Multiplikation mit z^{-1} im Bildbereich einer zeitlichen Verschiebung um das Abtastintervall T im Zeitbereich entspricht:

7.4 Benutzerfunktion

$$y(t) = k\,[x(nT) - ax(nT-T) - bx(nT-2T)] + \\ cy(nT-T) + dy(nT-2T) \qquad (4.3)$$
$$\text{für} \quad nT \leqslant t < nT+T.$$

Der Einbau in eine MACRO (CSMP) ergibt:

```
MACRO  Y = ZTRANS(START,T,A,B,C,D,K,X)   → Namen und Parameterliste
  CLOCK = IMPULS(START,T)                → Uhr mit Abtastintervall
  XS    = ZHOLD(CLOCK,X)                 → Halteglied
  XST1  = DELAY(3,T,XS)                  → Verzögerungsglied
  XST2  = DELAY(3,T,XST1)
  YS    = ZHOLD(CLOCK,Y)
  YST1  = DELAY(3,T,YS)
  YST2  = DELAY(3,T,YST1)
  Y     = K*(XS−A*XST1−B*XST2)+C*YST1+D*YST2
ENDMACRO
```

Die Größen Y,START,T,A,B,C,D,K,X in der Parameterliste sind nur sogenannte „dummy" Definitionsgrößen, zum Zeitpunkt des Aufrufs der MACRO werden sie jeweils durch die aktuellen Größen ersetzt.

MACRO-Aufruf:

AUSG = ZTRANS(0.1,0.05,PAR2/PAR3,N(2),AMAX1(W,34.),K1,SIGNAL)

Dabei sind SIGNAL und AUSG die aktuellen Input- bzw. Outputvariablen. Die Parameter können numerische Konstanten, algebraische Ausdrücke, indizierte Größen oder ihrerseits Funktionen sein.

3. Beispiel: Piloten-Schleudersitz

Dieses Beispiel soll den Einsatz folgender Simulationshilfen veranschaulichen: Funktionstabellen, MACROs, INITIAL-, DYNAMIC- und TERMINAL-Segment, Iteration und dynamische Laufkontrolle.

Es soll die Flugbahn eines Piloten berechnet werden, der mit seinem Schleudersitz ausgestiegen ist. Dabei muß geprüft werden, ob der Pilot in genügendem Sicherheitsabstand über den vertikalen Stabilisator am hinteren Ende des Flugzeuges hinwegfliegt. Verschiedene Kombinationen von Fluggeschwindigkeiten und Flughöhen sind zu untersuchen, unter Berücksichtigung, daß der Widerstand, den der Pilot erfährt, eine Funktion der Luftdichte und der Geschwindigkeit ist.

Die Geometrie der Sitzanordnung geht aus Abb. 7.6 hervor. Der Sitz gleitet vorerst auf einer Führung bei konstanter relativer Anfangsgeschwindigkeit V_E mit einem Winkel Θ_E bezüglich der Vertikalen. Der Sitz verläßt die Führung, wenn die Höhe Y_1 relativ zu dem in der Pilotenkanzel angenommenen Ursprung des Koordinatensystems erreicht ist, d.h. für $Y = Y_1$.

Hat der Pilot mit dem Sitz die Führung verlassen, so bewegt er sich auf einer ballistischen Flugbahn, (Abb. 7.7), wobei uns die relative Bewegung inbezug auf das Flugzeug

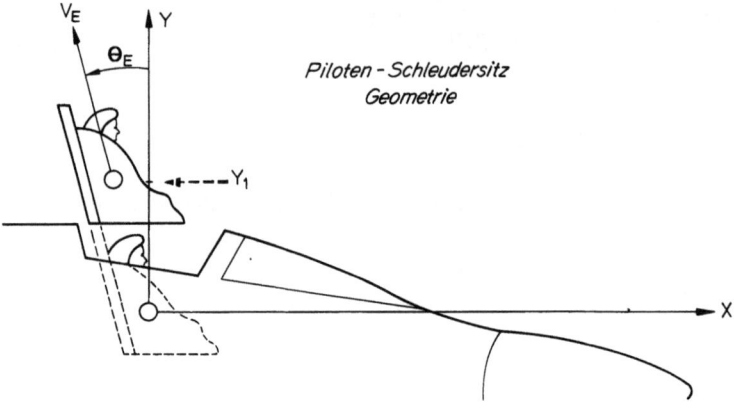

Abb. 7.6. Geometrische Anordnung eines Piloten-Schleudersitzes. Anfangsbedingungen.

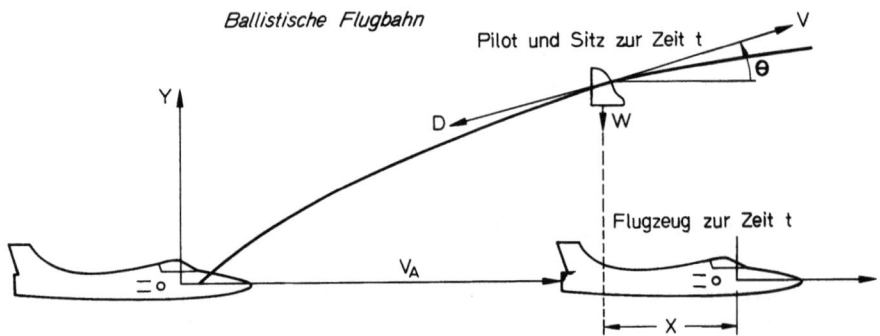

Abb. 7.7. Flugbahn des Piloten-Schleudersitzes. Raumkoordinaten relativ zum Flugzeug

interessiert. Vom Flugzeug wird angenommen, daß es während dieses Vorgangs noch mit konstanter Geschwindigkeit horizontal weiterfliegt.

Bekannte Größen:

$M = 150$ Kg	Masse des Sitzes mit Pilot
$g = 9.81$ m/sec	Erdbeschleunigung
$C_D = 1.$	Widerstandszahl
$S = 1$ m^2	Fläche des Sitzes quer zur Flugrichtung
$Y_1 = 1.2$ m	Höhe der Führung
$V_E = 12$ m/sec	Anfangsgeschwindigkeit des Sitzes (auf der Führung)
$\Theta_E = 15°$	Neigungswinkel der Führung gegenüber der Vertikalen
$Y_S = 3.5$ m	Höhe des Stabilisators
$X_S = -9$ m	Lage des Stabilisators
DIST = 2.5	Sicherheitsabstand über Stabilisator
$Y\text{sicher} = Y_S + \text{DIST} = 6$ m	
$0 \leqslant H \leqslant 18000$ m	Zu untersuchender Höhenbereich
$0 \leqslant V_A \leqslant 300$ m/sec	Zu untersuchender Bereich der Fluggeschwindigkeit

7.4 Benutzerfunktion

Luftdichte als Funktion der Höhe:

Höhe [m] H	Dichte [Kg/m³] ρ
0	1.293
300	1.256
600	1.22
1200	1.152
1800	1.082
3000	0.955
4500	0.815
6000	0.676
9000	0.476
12000	0.319
15000	0.196
18000	0.122

Die *Bewegungsgleichungen* können mit Hilfe der Abb. 7.6 und 7.7 aufgestellt werden:

$\dot{X} = V \cdot \cos(\Theta) - V_A$ (4.1)
$\dot{Y} = V \cdot \sin(\Theta)$ (4.2)
$\dot{V} = 0$ für $0 \leq Y \leq Y_1$ (4.3)
$\dot{V} = -D/M - g \cdot \sin(\Theta)$ für $Y > Y_1$ (4.4)
$\dot{\Theta} = 0$ für $0 \leq Y \leq Y_1$ (4.5)
$\dot{\Theta} = -g \cdot \cos(\Theta)/V$ für $Y > Y_1$ (4.6)
$D = -0.5 \cdot \rho \cdot C_D \cdot S \cdot V^2 = K \cdot V^2$ (4.7)

Die *Anfangsbedingungen* beim Auslösen des Schleudersitzes lassen sich aus Abb. 7.6 ablesen:

$X(0) = 0, Y(0) = 0$
$V(0) = \sqrt{(V_A - V_E \cdot \sin(\Theta_E))^2 + (V_E \cdot \cos(\Theta_E))^2}$ (4.8)
$\Theta(0) = \text{arctg}[V_E \cdot \cos(\Theta_E)/(V_A - V_E \cdot \sin(\Theta_E))]$ (4.9)

Man interessiert sich für die minimale Flughöhe, für welche bei vorgegebener Fluggeschwindigkeit ein sicherer Ausstieg gewährleistet ist.

Vorgehen:

Für jede Geschwindigkeitsstufe zunehmende Höhenwerte bis das Sicherheitskriterium $Y \geq 6$ m z.Z. des Simulationsabbruchs bei $X = -9$ m erfüllt ist. Jeweils nur Herausschreiben der sicheren Geschwindigkeits-Höhe-Kombinationen.

Programmierung

```
* DEFINITION DER MACRO
MACRO    RX,RY = ROTAT(R,ALPHA)
         RX = R*COS(ALPHA)
         RY = R*SIN(ALPHA)
ENDMACRO
* KONSTANTEN, PARAMETER UND FUNKTIONEN
CONSTANT  M = 150., CD = 1., S = 1., Y1 = 1.2, G = 9.81, ...
          VE = 12., THETAD = 15., VA = 0., H = 0.
PARAMETER TABEL = 0.
FUNCTION RHO =  (     0.,1.293),(  300.,1.256),...
                (   600.,1.220),( 1200.,1.152),...
                (  1800.,1.082),( 3000.,0.955),...
                (  4500.,0.815),( 6000.,0.676),...
                (  9000.,0.476),(12000.,0.319),...
                ( 15000.,0.196),(18000.,0.122)
* STRUKTUR DES MODELLS
INITIAL
   VEC,VES = ROTAT(VE,THETAD/57.3)
   THETAO  = ATAN(VEC/(VA-VES))
   VZERO   = SQRT( (VA-VES)**2+VEC**2)
   K       = 0.5*CD*S*NLFGEN(RHO,H)
DYNAMIC
   VX,VY = ROTAT(V,THETA)
   X     = INTGRL(0.,VX-VA)
   Y     = INTGRL(0.,VY)
   D     = K*V*V
NOSORT
   IF(Y.LE.Y1)GOTO 1
   GX,GY = ROTAT(G,THETA)
   THEDOT = -GX/V
   VDOT = -D/M-GY
   GOTO 2
 1 THEDOT = 0.
   VDOT = 0.
 2 CONTINUE
   V     = INTGRL (VZERO,VDOT)
   THETA = INTGRL(THETAO,THEDOT)
   THETD = THETA*57.3
* KONTROLLE DER SICHERHEITSBEDINGUNGEN
TERMINAL
   IF(Y.GT.6.) GOTO 3
   IF(X.GT.-9.) GOTO 5
```

```
        H = H+300.
        IF(H.GT.18000.) GOTO 6
        IF(TABEL.NE.0.) GOTO 6
        CALL RERUN
        GOTO 6
     3  DIST = Y-3.5
        WRITE(6,4) H,VA,DIST
     4  FORMAT(1HO, 'H =', F10.2,' VA=',F10.2,' DIST=',F10.2/)
     5  IF(VA.GT.300.) GOTO 6
        VA = VA+30.
        CALL RERUN
     6  CONTINUE
*  KONTROLL-BEFEHLE
METHOD ADAMS
FINISH X=-9.
TIMER DELT=0.01,FINTIM=2.
END RERUN
RESET FINISH
PARAM TABEL=1.
PRINT X,Y,V,VX,VY,THETD
TIMER PRDEL = 0.05
TITLE PILOTENSCHLEUDERSITZ
TITLE LETZTER ERFOLGREICHER AUSSTIEG
END
STOP
```

7.5 Integration

In diesem Kapitel werden einige grundlegende Begriffe der numerischen Integration soweit besprochen, als sie für den Anwender von Simulationsprogrammen von Interesse sind. Es wird hier jedoch nicht im Detail auf komplexe Integrationsmethoden, Fehlerterme und Stabilität eingegangen; weitergehende Informationen sind dem Kapitel „Numerik" bzw. der Literatur zu entnehmen [2–5].

7.5.1 Implizite und explizite Integration

Zur Lösung der Differentialgleichung

$$\dot{y} = f(y,t) \tag{5.1}$$

als Spezialfall des allgemeinen Systems

PILOTENSCHLEUDERSITZ
LETZTER ERFOLGREICHER AUSSTIEG

TIME	X	Y	V	VX	VY	THETD
0.0	0.0	0.0	297.12	296.89	11.591	2.2359
5.000000D−02	−0.15530	0.57956	297.12	296.89	11.591	2.2359
1.000000D−01	−0.31060	1.1591	297.12	296.89	11.591	2.2359
0.150000	−0.50735	1.7280	295.09	294.88	11.073	2.1506
0.200000	−0.81838	2.2673	292.87	292.68	10.502	2.0551
0.250000	−1.2387	2.7782	290.68	290.51	9.9350	1.9588
0.300000	−1.7665	3.2609	288.53	288.38	9.3733	1.8618
0.350000	−2.4004	3.7156	286.41	286.27	8.8161	1.7641
0.400000	−3.1388	4.1426	284.32	284.20	8.2635	1.6656
0.450000	−3.9802	4.5420	282.26	282.15	7.7153	1.5664
0.500000	−4.9231	4.9142	280.23	280.14	7.1715	1.4665
0.550000	−5.9660	5.2592	278.23	278.15	6.6319	1.3659
0.600000	−7.1075	5.5774	276.26	276.19	6.0964	1.2646
0.650000	−8.3462	5.8689	274.32	274.26	5.5650	1.1625
0.700000	−9.6809	6.1340	272.40	272.36	5.0375	1.0597
0.750000	−11.110	6.3727	270.52	270.48	4.5140	0.95618
0.800000	−12.632	6.5854	268.66	268.63	3.9943	0.85194
0.850000	−14.247	6.7722	266.82	266.80	3.4783	0.74697
0.900000	−15.952	6.9333	265.02	265.00	2.9659	0.64129
0.950000	−17.747	7.0689	263.23	263.22	2.4572	0.53488
1.00000	−19.629	7.1791	261.47	261.47	1.9519	0.42775
1.05000	−21.599	7.2641	259.74	259.74	1.4501	0.31991
1.10000	−23.655	7.3241	258.03	258.03	0.95170	0.21134
1.15000	−25.796	7.3593	256.34	256.34	0.45659	0.10206
1.20000	−28.021	7.3698	254.68	254.68	−3.52825E−02	−7.93820E−03
1.25000	−30.328	7.3558	253.04	253.04	−0.52397	−0.11865
1.30000	−32.717	7.3175	251.42	251.42	−1.0095	−0.23008
1.35000	−35.186	7.2549	249.82	249.82	−1.4921	−0.34223
1.40000	−37.735	7.1683	248.24	248.23	−1.9716	−0.45509

7.5 Integration

1.45000	−40.362	7.0578	246.69	−2.4481	−0.56866
1.50000	−43.067	6.9235	245.15	−2.9218	−0.68294
1.55000	−45.848	6.7657	243.64	−3.3926	−0.79793
1.60000	−48.705	6.5843	242.14	−3.8607	−0.91363
1.65000	−51.637	6.3796	240.66	−4.3260	−1.0300
1.70000	−54.643	6.1517	239.21	−4.7886	−1.1472
1.75000	−57.721	5.9008	237.77	−5.2486	−1.2650
1.80000	−60.871	5.6269	236.35	−5.7061	−1.3835
1.85000	−64.093	5.3302	234.94	−6.1609	−1.5027
1.90000	−67.385	5.0108	233.56	−6.6133	−1.6227
1.95000	−70.746	4.6689	232.19	−7.0632	−1.7433
2.00000	−74.176	4.3046	230.84	−7.5107	−1.8647

Abb. 7.8

$$\dot{y} = f(y, t) \tag{5.2}$$

kann erstere durch eine Differenzengleichung approximiert werden:

$$y_n = a_1 y_{n-1} + a_2 y_{n-2} + \ldots + \Delta t (b_0 \dot{y}_n + b_1 \dot{y}_{n-1} + b_2 \dot{y}_{n-2} + \ldots), \tag{5.3}$$

wobei Δt der Integrationsschritt ist und

$$y_n = y(t_n) = y(n \cdot \Delta t) \text{ sein soll.}$$

G1.(5.3) besagt, daß sich jeder Funktionswert durch eine Anzahl vorangehender Funktionswerte, sowie momentane und vorhergehende Ableitungen der Funktionswerte ausdrücken läßt. Wenn nun der Koeffizient $b_0 = 0$ ist, so handelt es sich um eine *explizite Integrationsmethode*, da alle Größen auf der rechten Seite von G1.(5.3) bereits von früheren Integrationsschritten her bekannt sind. Anders ausgedrückt: Man benötigt keine Funktionswerte aus dem momentanen Integrationsschritt, um den Wert eines Integrals zu berechnen.

Wenn jedoch $b_0 \neq 0$ ist, so wird der Term $\dot{y}_n$, der noch nicht bekannt ist, für die Berechnung des neuen Wertes y benötigt. In diesem Fall stellt G1.(5.3) eine implizite Integrationsmethode dar und erfordert eine weitere Beziehung, die $\dot{y}$ enthält. Damit ist nach jedem Integrationsschritt die Auflösung eines Gleichungssystems notwendig, dessen Grad im allgemeinen Fall von der Dimension des Vektors y abhängig ist. Sind diese Gleichungen nichtlinear, so muß außerdem ein iterativer Lösungsprozeß angewendet werden (z.B. Newton-Raphson).

Eine Charakteristik der Differenzengleichungen, mit denen Differentialgleichungen approximiert werden, ist es, daß zusätzlich zu den gesuchten Lösungen auch parasitäre Lösungen auftreten. Diese stören so lange nicht, als bei expliziten Integrationsmethoden der gewählte Integrationsschritt nicht wesentlich größer wird, als die kleinste vorhandene Zeitkonstante. Andernfalls wachsen diese Lösungen ohne Grenze und die Resultate werden bedeutungslos. Man bezeichnet dies als numerische Instabilität. Das Phänomen ist für implizite Integrationsmethoden viel weniger kritisch, so daß bei diesen wesentlich größere Integrationsschritte gewählt werden dürfen.

7.5.2 Prediktor/Korrektor-Verfahren

Das Integrationsverfahren nach G1.(5.3) kann verfeinert werden, indem der so berechnete Wert nur als erster, vorausgesagter Wert (Prediktor-Wert) verwendet wird ($b_0 = 0$):

$$y_n^P = a_1^* y_{n-1} + a_2^* y_{n-2} + \ldots + \Delta t (b_1^* \dot{y}_{n-1} + b_2^* \dot{y}_{n-2} + \ldots b_k^* \dot{y}_{n-k})$$

Nun kann dank der Kenntnis von y_n^P ein Näherungswert $\dot{y}_n^P = f(y_n^P, t)$ berechnet werden. Der korrigierte Wert y_n^C ergibt sich zu

$$y_n^C = a_1 y_{n-1} + a_2 y_{n-2} + \ldots a_k y_{n-k} + \Delta t (b_0 \dot{y}_n^P + b_1 \dot{y}_{n-1} + b_2 \dot{y}_{n-2} + \ldots + b_k \dot{y}_{n-k})$$

7.5 Integration

Einschrittverfahren

Es werden zur Berechnung nur Funktionswerte aus dem vorausgehenden Integrationsschritt benötigt, d.h. bis zum Punkt ($n-1$). Die Integration kann deshalb ohne weiteres beginnen, wenn man die Anfangsbedingungen für die Integratoren kennt. Man bezeichnet diese Verfahren dementsprechend als selbststartend.

Mehrschrittverfahren

Es werden auch frühere Lösungen, die mehr als einen Schritt zurückliegen, benötigt. Demzufolge ist ein Startprozeß notwendig, der am Anfang gewisse Wertsätze liefert. Diese Startwerte erhält man, indem man zu Beginn mit einer selbststartenden Methode anfängt und erst später auf ein Mehrschrittverfahren übergeht.

Die meisten Predictor-Corrector-Verfahren gehören zu den Mehrschrittverfahren.

7.5.3 Integrationsmethoden mit fester Schrittlänge

Bei diesen Methoden muß der Benutzer aufgrund seiner Abschätzung des dynamischen Systemverhaltens einen Integrationsschritt festlegen, der während eines Simulationslaufs konstant bleibt. Treten zu gewissen Zeitpunkten rasche Änderungen von Systemgrößen auf, so vermögen diese relativ einfachen Rechenverfahren die Vorgänge u.U. nicht mehr genügend genau zu erfassen und die Resultate werden infolge großer numerischer Fehler unbrauchbar. Der Vorteil dieser Methoden (Rechteck-Euler-, Trapez-, Adams-, Simpson-Verfahren u.s.w.) liegt in der meist bedeutend kürzeren Rechenzeit für Systeme, in denen keine oder nur wenige, abrupte Variablenänderungen vorkommen und die maßgeblichen Zeitkonstanten nicht um mehrere Größenordnungen auseinander liegen.

7.5.4 Integrationsmethoden mit variabler Schrittlänge

Bei diesen Verfahren prüft das System aufgrund vorgegebener Fehlerkriterien, ob die Schrittweite genügend klein ist bzw. vergrößert werden kann. Andernfalls wird der Schritt automatisch so lange verkleinert bzw. vergrößert, bis die optimale Schrittweite inbezug auf Rechengenauigkeit und Rechenzeit erreicht ist.

Für jeden Integrator wird dabei ein maximaler relativer Fehler R und ein absoluter Fehler A vorgegeben, und der Entscheid erfolgt aufgrund des kritischsten Integrators. Ist bei diesem im letzten Rechenschritt der Fehler T aufgetreten, so wird der erhaltene Wert für das Integral nur dann als gültig angesehen, wenn die Relation

$$T \leq A + R |y|$$

erfüllt ist. Die Werte A und R werden vom Benutzer vorgegeben, wobei für große y der relative und für kleine y der absolute Fehler dominiert.

Zur Festlegung des Fehlers T existieren verschiedene Möglichkeiten. Man kann die Differenz zwischen Predictor- und Correctorwert als Fehler definieren, d.h. $T = |y^C - y^P|$. Der Wert von y kann auch nach zwei verschiedenen Integrationsverfahren, welche komplementäre Fehlerterme liefern, berechnet und die Differenz als Fehler definiert werden: $T = |y^{\nu 1} - y^{\nu 2}|$.

Schließlich läßt sich T auch als beim verwendeten Verfahren entstehender Abbrechfehler abschätzen.

Laufen in einem System Vorgänge ab, deren Zeitkonstanten um mehrere Potenzen auseinander liegen („steife Systeme"), so kommen spezielle Methoden (z.B. GEAR-Verfahren) zur Anwendung.

7.5.5 Auswahl einer Integrationsmethode

Die Faktoren, die der Benutzer bei der Auswahl einer Integrationsmethode berücksichtigen muß, sind:
— Genauigkeit
— Rechengeschwindigkeit
— Stabilität der Lösung
— Fehlerabschätzung
— Diskontinuitäten

Genauigkeit

Maßgeblich dafür sind
— Rundungsfehler bei ungenügender Stellenzahl und infolge der computerinternen Darstellung von Zahlen
— Abschneidefehler infolge ungenauer Bestimmung des Integrationsschrittes
— Abbrechfehler bei einfachen Integrationsverfahren
  Beispiel: Rechteckmethode

$$y_n = y_{n-1} + \Delta t \cdot \dot{y}_{n-1}$$

Taylorentwicklung

$$y_n = y_{n-1} + \Delta t \cdot \dot{y}_{n-1} + \underbrace{\frac{\Delta t^2}{2} \ddot{y}_{n-1}}_{\text{1. Fehlerterm}} + \ldots$$

Sobald ein zusätzlicher Zwischenwert berücksichtigt wird, ist der Fehler nur noch zu Δt^3 proportional
— Fortpflanzungsfehler, herrührend von früheren Rundungs-, Abschneide- und Abbrechfehlern.

Rechengeschwindigkeit

Sie hängt von der Anzahl der Integrationsschritte und bei komplexen Methoden auch von der Anzahl der notwendigen Zwischenschritte ab.

Stabilität

Eine numerische Integration wird als instabil bezeichnet, wenn der Fortpflanzungsfehler von Schritt zu Schritt unbegrenzt weiterwächst.

Diskontinuitäten

Weisen System-Zustandsgrößen starke Diskontinuitäten (z.B. Sprünge) auf, so wird in der Umgebung dieser Diskontinuitäten bei Methoden mit variabler Schrittlänge der Schritt sehr stark reduziert (erhöhte Rechenzeit). Vielfach kann bei periodischen Diskontinuitäten mit Methoden fester Schrittlänge durch passende Schrittwahl trotzdem eine befriedigende Genauigkeit bei wesentlich kleinerer Rechenzeit erreicht werden.

Der Benutzer eines Simulators hat die Aufgabe, eine optimale Kombination von Integrationsverfahren und -schritt zu finden, derart, daß bei vorgegebener Genauigkeit genügend Ausgabedaten erhalten werden und die kürzeste Rechenzeit erforderlich ist. Man geht zu diesem Zweck wie folgt vor:
— Auswahl der Ausgabegrößen
— Bestimmung des Ausgabeintervalls
— Festlegung der maximalen Simulationsdauer
— Wahl der Integrationsmethode

Für den letzten Punkt beginnt man mit komplexeren Methoden und kleineren Schrittlängen. Bei mehrfach zu berechnenden Systemen lohnen sich einige Versuchsläufe, zur Bestimmung der optimalen Kombination. Sind Ausgabedaten in kurz aufeinanderfolgenden Intervallen erwünscht, so arbeitet man gewöhnlich mit einfacheren Methoden und kleiner Schrittlänge.

7.6 Implizite Funktionen (Algebraische Schleifen)

Simulatoren für kontinuierliche Systeme verlangen, daß in jeder Strukturbeziehung $y = f(x_1, x_2, \ldots x_n)$ die zur Bestimmung der Variablen y erforderlichen Werte $x_1, x_2, \ldots x_n$ für den aktuellen Zeitpunkt bereits bekannt sind. Zu diesem Zweck werden ja die Strukturgleichungen zunächst vom System sortiert. Eine Beziehung der Art $z=f(z)$ kann von Simulatoren nicht direkt behandelt werden, da auf der rechten Seite ebenfalls die noch unbekannte Größe z auftritt. Eine rechnerische Lösung läßt sich nur auf iterative Weise erhalten, indem man beispielsweise von einem geschätzten Startwert $z = z_0$ ausgeht und die Lösung durch sukzessive Substitution zu verbessern versucht:

$$\begin{aligned}
z_1 &= f(z_0) \\
z_2 &= f(z_1) \\
&\vdots \\
z_n &= f(z_{n-1}).
\end{aligned} \tag{6.1}$$

Man wird den Vorgang abbrechen, sobald sich zwei aufeinanderfolgende z-Werte nur noch unwesentlich voneinander unterscheiden, d.h.

und
$$|(z_n - z_{n-1})/z_n| < \epsilon \text{ für } |z_n| > 1$$
$$|z_n - z_{n-1}| < \epsilon \text{ für } |z_n| \leq 1$$

bei vorgegebenem ϵ. Es besteht nun aber keineswegs Gewähr dafür, daß ein derartiger iterativer Prozeß konvergiert. Ein gutartiges Verhalten hängt wesentlich davon ab, wie die Beziehung $z = f(z)$ dargestellt wird. ob sie mehrere Lösungen besitzt und wie der Startwert z_0 gewählt wird. Ein einfaches, illustratives Beispiel ist die Beziehung

$$z^2 - 5z + 2 = 0$$

welche die Lösungen $z_A = 0.438$ und $z_B = 4.56$ besitzt. Sie kann in die Form $z = \sqrt{5z - 2}$ oder $z = 0.2z^2 + 0.4$ aufgelöst und dem Prozeß nach Gl.(6.1) unterworfen werden. Eine konvergente Lösung ergibt sich im ersten Fall nämlich nur für einen Startwert $z_0 > z_A$ mit $z_n = z_B$, nicht aber für $z_0 < z_A$.

Im zweiten Fall konvergiert z nur zum Wert z_A, sofern $z_0 < z_B$ gewählt wird.

Zur Abschätzung, ob für eine implizite Funktion $z = f(z)$ ein konvergentes Verhalten zu erwarten ist, dient die Lipschitz-Bedingung, welche erfüllt sein muß. Sie lautet

$$|f(z_1) - f(z_2)| \leq L |z_1 - z_2|$$

wenn z_1 und z_2 zwei beliebige Punkte im zu untersuchenden Arbeitsbereich von z sind und für die Lipschitz-Konstante L die Beziehung $L < 1$ gilt [4].

In modernen Simulatoren sind Funktionsblocks eingebaut, welche die Iteration entsprechend Gl.(6.1) oder nach verfeinerten Verfahren durchführen und bei Divergenz den Benutzer durch entsprechende Fehlermeldungen warnen.

Weitere, oft verwendete Methoden zur Lösung impliziter Beziehungen sind das binäre Suchverfahren (siehe Abschnitt 7.8.1) und die Regula-Falsi-Methode [4, 6].

7.7 Partielle Differentialgleichungen

Nur wenige Simulationsprogramme wie z.B. PDEL erlauben direkt die Behandlung partieller Differentialgleichungen. Bei der Verwendung anderer Programme ist der Benutzer gezwungen, die partiellen Differentialgleichungen mittels Differenzenmethoden in Sätze von gewöhnlichen Differentialgleichungen überzuführen [2].

Die im Ingenieurbereich am häufigsten auftretenden partiellen Differentialgleichungen sind vom Typus

$$A(x,y)\frac{\partial^2 u}{\partial x^2} + B(x,y)\frac{\partial^2 u}{\partial x \partial y} + C(x,y)\frac{\partial^2 u}{\partial y^2} + f(x,y,u,\frac{\partial u}{\partial x},\frac{\partial u}{\partial y}) = 0 \quad (10.1)$$

7.7 Partielle Differentialgleichungen

u ist die abhängige und x,y sind die unabhängigen Variablen. Der Term $f(x,y,u,\frac{\partial u}{\partial x},\frac{\partial u}{\partial y})$ kann linear oder nichtlinear sein.

Bekannte Vertreter derartiger partieller Differentialgleichungen sind die Laplace-, Poisson-, Wellen-, Diffusions- und Wärmeleitungsgleichungen.

Die Umwandlung in Differential-Differenzengleichungen erfolgt mittels sogenannter (tabellierter) Differenzenschemas. Bis auf eine verbleibende unabhängige Variable (z.B. die Zeit) werden die anderen unabhängigen Variablen (z.B. Raum-Koordinaten) diskretisiert und für jedes Wertetupel erhält man eine gewöhnliche Differentialgleichung.

Beispiel: Die räumliche Variable x wird im Bereich $0 \ldots L$ in einen diskreten Satz von Werten unterteilt:

$$x_0 = 0, x_1 = \Delta x, x_2 = 2\Delta x, \ldots, x_n = n \cdot \Delta x = L$$

Partielle Ableitungen werden durch passend gewählte Differenzen ersetzt. So kann die partielle Ableitung von $u(x,t)$ nach x ausgedrückt werden als

$$\left.\frac{\partial u}{\partial x}\right|_{x_i} \approx \frac{u(x_i + \Delta x, t) - u(x_i - \Delta x, t)}{2\Delta x} = \frac{1}{2\Delta x}(U_{i+1} - U_{i-1})$$

Für die partielle Ableitung $\frac{\partial^2 u}{\partial x^2}$ an der Stelle $x = x_i$ ergibt sich die Näherung

$$\left.\frac{\partial^2 u}{\partial x^2}\right|_{x_i} \approx \frac{1}{\Delta x}\left[\left(\frac{\partial u}{\partial x}\right)_{x_i + \frac{\Delta x}{2}} - \left(\frac{\partial u}{\partial x}\right)_{x_i - \frac{\Delta x}{2}}\right] \quad (7.3)$$

$$= \frac{1}{\Delta x}\left[\frac{U_{i+1} - U_i}{\Delta x} - \frac{U_i - U_{i-1}}{\Delta x}\right] = \frac{1}{\Delta x^2}(U_{i+1} - 2U_i + U_{i-1}).$$

Diese Näherungen werden *Zentral-Differenzen* erster Ordnung genannt. Sie stellen nicht die einzigen Methoden dar, partielle Ableitungen anzunähern: Die Stützpunkte können nämlich auch nur einseitig (asymmetrisch) vom interessierenden Punkt gewählt werden.

Werden die finiten Differenzen auf zwei Raumkoordinaten x und y angewendet, so ergibt sich für $\Delta x = \Delta y = h$ die nachfolgende Näherung erster Ordnung:

$$\frac{\partial^2 u}{\partial x^2} + \frac{\partial^2 u}{\partial y^2} \approx \frac{1}{h^2}[u(x+h,y) + u(x-h,y) + u(x,y+h) + u(x,y-h) - 4u(x,y)]. \quad (7.4)$$

Auf diese Weise wird ein ganzes Gitter beschrieben.

Analoge Differenzenschemas lassen sich auch für partielle Differentialgleichungen aufstellen, die mittels Polarkoordinaten definiert sind.

4. Beispiel: Eindimensionale Diffusion

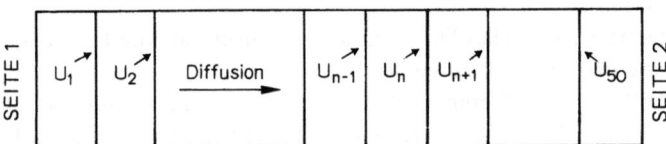

Abb. 7.9. Kompartiment-Schema für die Untersuchung eines eindimensionalen Diffusionsprozesses

Die Konzentrationen U auf SEITE 1 bzw. SEITE 2 seien konstant: SEITE 1 = 100. und SEITE 2 = 0.

Zu Beginn herrsche überall dieselbe Konzentration $U_i(0) = 20$. Diffusionskonstante $C = 2.3$.

Der Vorgang wird durch nachfolgende partielle Differentialgleichung beschrieben:

$$\frac{\partial u}{\partial t} = \alpha \cdot \frac{\partial^2 u}{\partial x^2} \qquad (7.5)$$

Unterteilt man den räumlichen Bereich x in 50 Abschnitte (Kompartimente), so ergibt sich unter Verwendung von Gl.(7.3) ein Satz von Differentialgleichungen:

$$\frac{du_i}{dt} = C(U_{i+1} - 2U_i + U_{i-1}) \qquad i = 1 \ldots 50 \qquad (7.6)$$

mit $C = \alpha/\Delta x^2$

Ein Simulationsprogramm (CSMP), welches diese Berechnungen ausführt, könnte wie folgt aussehen:

```
FIXED    I
TABLE   UIC (1–50) = 50*20.
PARAMETER   SEITE1 = 100., SEITE2 = 0., C = 2.3
NOSORT
   DUDT (1) = C*(SEITE1 − 2*U(1) +U(2) )
   DUDT (50) = C*(U(49) − 2*U(50) + SEITE2)
        DO 5 I = 2,49
   5 DUDT(I) = C*(U(I−1) − 2*U(I) + U(I+1) )
   U = INTGRL (UIC,DUDT, 50)
LABEL DIFFUSIONSMODELL IN EINER RICHTUNG
OUTPUT U( 1–50 )
PAGE CONTOR
TIMER FINTIM = 200., OUTDEL = 5.
END
STOP
```

7.8 Randwertprobleme, Optimierung, Identifikation

Obwohl simultan 50 Integrale zu berechnen sind, genügt die Programmierung eines einzigen INTGRL-Blocks mit der Angabe der entsprechenden Zahl 50. Die Ermittlung der Integranden (Ableitungen) DUDT erfolgt zweckmäßig in einer DO-Schleife.

Das Resultat der Simulation ist aus Abb. 7.10 ersichtlich. Aus der anfänglich gleichmäßigen Konzentration bildet sich ein Konzentrationsgefälle von „High" (H) nach „Low" (L) heraus. Der stabile Zustand ist nach etwa 200 sec. erreicht.

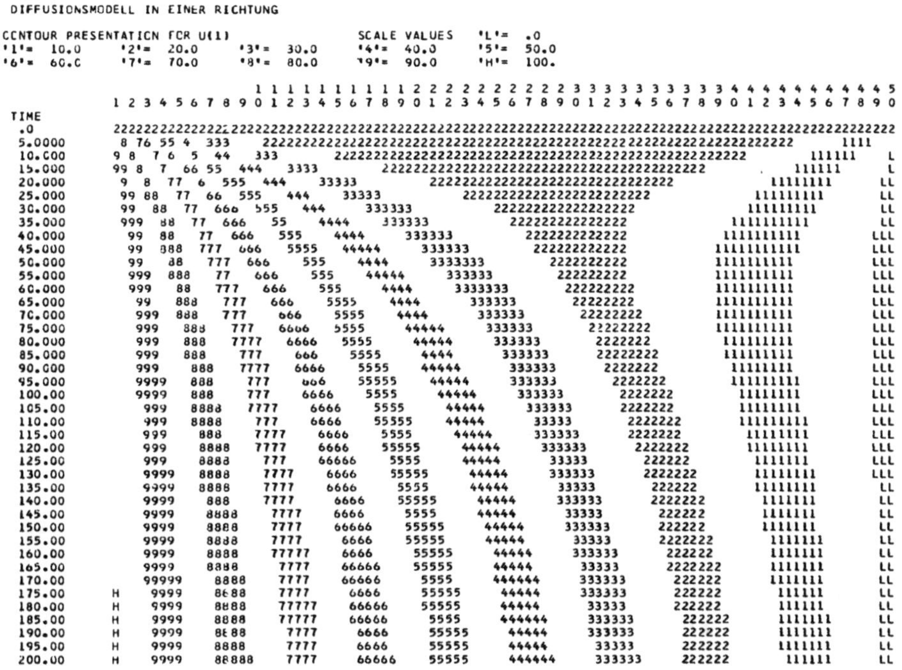

Abb. 7.10. Graphische zweidimensionale Resultatausgabe der Diffusionsstudie

7.8 Randwertprobleme, Optimierung, Identifikation

Gemeinsames Merkmal dieser drei Aufgabenstellungen ist die Notwendigkeit, eine oder mehrere unbekannte Systemgrößen zu bestimmen bzw. optimal zu wählen. Insbesondere bei nichtlinearen Systemen ist dies meistens nur durch wiederholte Simulation, d.h. auf iterative Weise, möglich.

7.8.1 Randwertprobleme

Bei gewissen Problemen (Wärme-, Druck-, Spannungsverteilungen, Strömungsprofile etc.) sind die Anfangswerte für die zu lösenden Differentialgleichungen nicht bekannt, dafür aber Rand- oder Endwerte, die am Schluß des gesamten Rechenintervalls erreicht werden. Oft ist dabei nicht die Zeit sondern eine Raumkoordinate die unabhängige Variable. Sofern nur eine einzige Anfangs- oder Randbedingung unbekannt ist und sich ein Bereich abstecken läßt, in dem der Anfangswert liegen muß, können meist einfache Lösungs-Algorithmen angegeben werden. Dieser „Bereich der Unsicherheit" wird sukzessive so lange verkleinert, bis der durch Simulation erhaltene Endwert für die Lösungsvariablen der Differentialgleichung sich nur noch um einen tolerierbaren Fehler vom bekannten, effektiven Endwert unterscheidet. Soll beispielsweise die Differentialgleichung $\dot{y} = f(y,t)$ im Bereich $t_A \leqslant t \leqslant t_E$ gelöst werden, wobei nur der Wert $y_E = y(t_E)$, nicht aber $y_A = y(t_A)$ bekannt ist, so kann entsprechend dem in Abb. 7.11 angegebenen Verfahren vorgegangen werden.

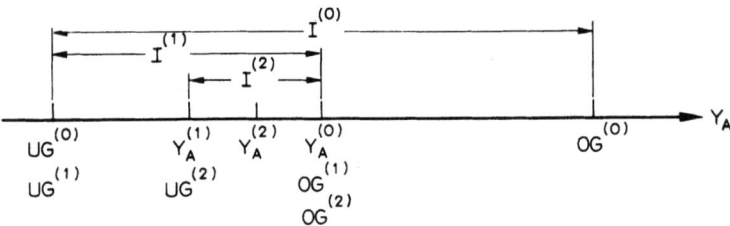

Abb. 7.11. Binäres Intervall-Reduktionsverfahren zur Lösung eines einfachen Randwertproblems

Sind UG und OG die untere bzw. obere Grenze des möglichen Bereichs für y_A, so beginnt man mit einem ersten Wert $y_A^{(0)}$ für diese Anfangsbedingung in der Mitte des Intervalls. Aufgrund des erhaltenen Resultats $y_E^{(0)}$ kann i.a. festgestellt werden, ob $y_A^{(0)}$ zu groß oder zu klein war und dementsprechend kann durch Verschiebung einer Grenze der Bereich halbiert werden.

Vorgehen (n-te Iteration, $n \geqslant 1$):

Für $\quad y_A^{(n-1)}$ zu groß: $UG^{(n)} = UG^{(n-1)} \quad OG^{(n)} = y_A^{(n-1)}$

$\quad\quad\quad y_A^{(n-1)}$ zu klein: $UG^{(n)} = y_A^{(n-1)} \quad OG^{(n)} = OG^{(n-1)}$

und $\quad y_A^{(n)} = (UG^{(n)} + OG^{(n)})/2$

Da eine Konvergenz innerhalb einer vernünftigen Anzahl von iterativen Schritten nicht mit Sicherheit erwartet werden kann, ist es unumgänglich, eine maximale Iterationszahl vorzuschreiben.

7.8.2 Optimierung

Im Rahmen dieser kurzen Einführung in die Simulation ist es nicht möglich, näher in die Technik der Optimierung in mehreren Dimensionen einzugehen. Es können hier nur einige Hinweise gegeben werden [7], [8].

7.8 Randwertprobleme, Optimierung, Identifikation

Ein Verfahren wie es in Abschnitt 7.8.1 beschrieben wurde, läßt sich nicht mehr so einfach verwenden, wenn ein zu simulierendes System mehrere unbekannte Größen, seien es nun Anfangsbedingungen oder Systemparameter, enthält.

Mehrere Anfangsbedingungen sind z.B. unbekannt, wenn man direkt den eingeschwungenen Zustand (steady state solution) von periodisch angeregten oder oszillierenden autonomen Systemen ermitteln will, ohne vorerst den ganzen Einschwingvorgang, der sich oft über Hunderte von Perioden ersteckt, zu berechnen.

Sollen Systemparameter derart optimiert werden, daß bei vorgegebenen Eingangsgrößen eine Anzahl gewünschter System-Antwortgrößen entsteht, so handelt es sich um ein Problem der Systemsynthese oder spezifisch in der Elektrotechnik um die Schaltungssynthese (Abb. 7.12).

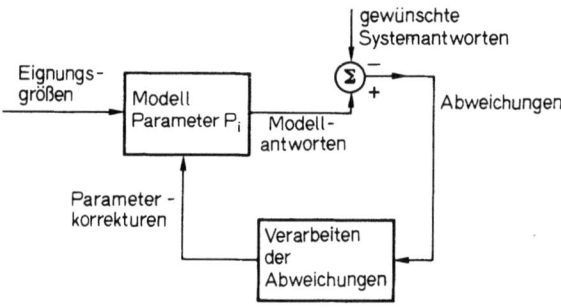

Abb. 7.12. Schematische Darstellung eines mehrdimensionalen Optimierungsprozesses

Die Güte des Erreichens der Zielvorstellungen oder die Abweichungen zwischen gewünschten und effektiv erhaltenen Systemantworten werden in Form einer Zielfunktion bzw. eines Zielfunktionals festgehalten. Die Optimierung des Systems erfolgt auf iterative Weise durch schrittweise Anpassung der freien Parameter. Besteht die Möglichkeit, die partiellen Ableitungen des Zielfunktionals nach den Parametern zu ermitteln, so werden Gradientenverfahren (z.B. Fletcher-Powell-Davidon) verwendet. Andernfalls begnügt man sich mit direkten Suchmethoden (z.B. Powell-Methode). Alle mehrdimensionalen Optimierungsverfahren basieren ihrerseits auf eindimensionalen Suchmethoden, wobei für einfachere Aufgaben hauptsächlich die Interpolation (quadratisch oder kubisch) zur Anwendung kommt, für schwierige Fälle jedoch zeitaufwendigere Intervall-Reduktionsverfahren (Fibonacci, Goldener Schnitt) eingesetzt werden müssen [7].

In bezug auf die Strukturierung des Simulationsprogramms wird man so vorgehen, daß die gewöhnlich in Maschinensprache übersetzte Optimierungsroutine in der Bibliothek abgespeichert wird. Nach der Beendigung eines Simulationslaufes wird man diese Routine dann vom Terminal-Segment aufrufen und ihr den aktuellen Wert des Zielfunktionals und eventuell denjenigen des Gradienten übergeben. Das Simulationsprogramm erhält dann neue Parameterwerte zurück und initialisiert damit den nächsten Lauf.

7.8.3 Identifikation

Sind für ein System wohl die Ein- und Ausgabegrößen bekannt, nicht aber alle Systemparameter, so führt dies auf ein Identifikationsproblem (Abb. 7.13).

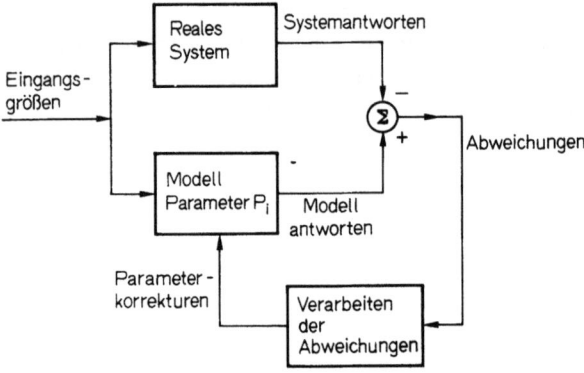

Abb. 7.13. Schematische Darstellung eines Parameter-Identifikationsprozesses

Das Verhalten des realen Systems wird durch dasjenige eines Ersatzsystems (Modell) approximiert. Die Parameter des Modells werden so lange angepaßt (optimiert) bis die Antworten des Modells und des realen Systems genügend gut übereinstimmen. Die Abweichungen werden dabei wie im Fall der Systemoptimierung durch eine Fehlerfunktion bzw. ein Funktional charakterisiert.

7.9 Stochastische Prozesse

Bei vielen Simulationsmodellen ist zu berücksichtigen, daß äußere Störeinflüsse auftreten können. Diese Störungen sind von den geplanten, deterministischen Vorgängen im Modell gewöhnlich unabhängig. Sie treten nicht zu fixierbaren Zeitpunkten auf und ihr Einfluß auf die Systemabläufe kann unvorhersehbar sein.

In elektrischen Systemen ist in den meisten Fällen das Rauschen die maßgebende Störgröße. Um deren Einfluß untersuchen zu können, setzt man in Simulationsprogrammen Rauschgeneratoren (Zufallszahlengeneratoren) ein.

7.9.1 Erzeugung von Zufallszahlen

Von der großen Anzahl von Verfahren, die der Erzeugung von Zufallszahlen dienen, sei hier eine Methode gezeigt, die auf der computerinternen Darstellung von Dualzahlen basiert.

7.9 Stochastische Prozesse

z_i sei die i-te Zufallszahl. Durch Multiplikation mit einer Primzahl k entsteht

$$x_{i+1} = k \cdot z_i$$

Eine neue Zufallszahl gewinnt man mittels Division von x_{i+1} durch eine andere Primzahl m, indem man den Divisionsrest als neue Zufallszahl z_{i+1} schreibt:

$$z_{i+1} = x_{i+1} \; (\text{mod m}) \qquad (\text{Modulofunktion})$$

Der Start erfolgt mit irgendeiner Primzahl z_1, wobei $k \approx \sqrt{m}$ gewählt wird. Digitale Rechenmaschinen, bei denen ein Multiplikationsüberlauf nicht zu einer Programmunterbrechung führt, gestatten eine besonders elegante Abwicklung dieses Algorithmus. Die nach einem Multiplikationsüberlauf im Speicher verbleibende Zahl ist gerade der Divisionsrest z_{i+1}.

Beispiel:

Bei einer Maschine, welche eine Wortlänge von 32 Bit aufweist, können Zahlen im Bereich $-2^{31} \leq z < 2^{31}$ dargestellt werden, (das erste Bit wird für das Vorzeichen verwen-

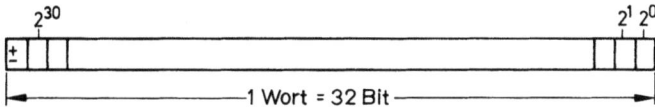

Abb. 7.14. Abspeicherung einer Dualzahl in einem Wort von 32 Bit

det) somit liegt auch jeder Divisionsrest, d.h. jede neue Zufallszahl z_i im gleichen Bereich. Will man aus Zufallszahlen, welche im Bereich $-m \ldots +m$ gleichmäßig verteilt sind, andere gleichverteilte Zahlen im Bereich $-0.5 \ldots +0.5$ erzeugen, so dividiert man z_i durch $2m$, d.h. das Doppelte der größtmöglichen Zufallszahl. Eine Addition von 0.5 ergibt dann jeweils einen Wert zwischen 0 und 1:

$$z^*_{i+1} = 0.5 + z_{i+1} / 2m \text{ bzw. } z^*_{i+1} = 0.5 + z_{i+1}/2^{32}.$$

Auf analoge Weise lassen sich gleichverteilte Zufallszahlen zwischen beliebigen Grenzen a und b für Maschinen mit beliebigen Wortlängen p erhalten:

$$z^*_{i+1} = 0.5 \, (b+a) + z_{i+1} \, (b-a) / 2^p$$

7.9.2 Umformung gleichverteilter Zufallszahlen in solche mit anderer Verteilungsfunktion

Die neben der Gleichverteilung am häufigsten vorkommenden Verteilungen sind die Gauß- oder Normalverteilung, die Binomial- und die Poissonverteilung. Ausgehend von einer oder mehreren Gleichverteilungen ist es möglich, durch mathematische Umformungen die anderen erwähnten Verteilungsfunktionen zu erzeugen.

Methode der inversen Verteilungsfunktion

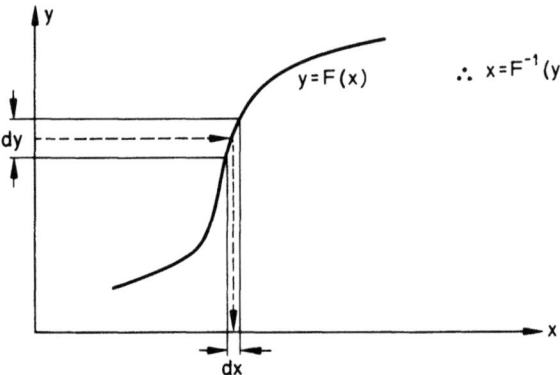

Abb. 7.15. Umformung gleichverteilter Zufallszahlen mittels der inversen Verteilungsfunktion

Gegeben: Zufallszahlen y mit der Wahrscheinlichkeitsverteilung $p(y)$ = const. = 1 für $0 \leq y \leq 1$

$$\int_{-\infty}^{\infty} p(y) dy = \int_{0}^{1} 1 \cdot dy = 1.$$

Gesucht wird eine Funktion $y = F(x)$ derart, daß aus $p(y)$ eine vorgegebene Wahrscheinlichkeits-Verteilungsfunktion $p(x)$ entsteht.

Nach Abb. 7.15 gehört zu jeder Zufallszahl y mit der Wahrscheinlichkeit $p(y)$ in einem kleinen Bereich dy ein zugehöriger Wert x, der in einem Intervall dx liegt und eine Wahrscheinlichkeit $p(x)$ besitzt:

$$p(y) dy = p(x) dx.$$

Löst man nach $p(x)$ auf, so ergibt sich wegen $p(y) = 1$

$$p(x) = p(y) \frac{dy}{dx} = \frac{dF(x)}{dx}.$$

Den Verlauf von $F(x)$ erhält man durch Integration:

$$F(x) = \int_{-\infty}^{x} p(x) dx = P(x). \tag{9.1}$$

7.9 Stochastische Prozesse

Die gesuchte Funktion $F(x)$ ist somit gerade die (kumulative) Verteilungsfunktion der gewünschten Wahrscheinlichkeits-Verteilungsfunktion $p(x)$.

Für jedes y erhält man nach Abb. 7.15 den zugehörigen Zufallswert x entsprechend

$$x = F^{-1}(y) = P^{-1}(y) \tag{9.2}$$

wenn man mit P^{-1} die inverse Verteilungsfunktion bezeichnet.

Beispiel: Gaußverteilung (Abb. 7.16)

Wahrscheinlichkeitsverteilungsfunktion:

$$p(x) = \frac{1}{\sigma\sqrt{2\pi}} \exp\left[(x-\bar{x})^2/2\sigma^2\right] \tag{9.3}$$

Verteilungsfunktion:

$$P(x) = \int_{-\infty}^{x} p(x)dx = \frac{1}{2}\left\{1 + \mathrm{erf}\left[\frac{x-\bar{x}}{\sqrt{2}\sigma}\right]\right\} \tag{9.4}$$

Die Fehlerfunktion erf ist tabelliert.

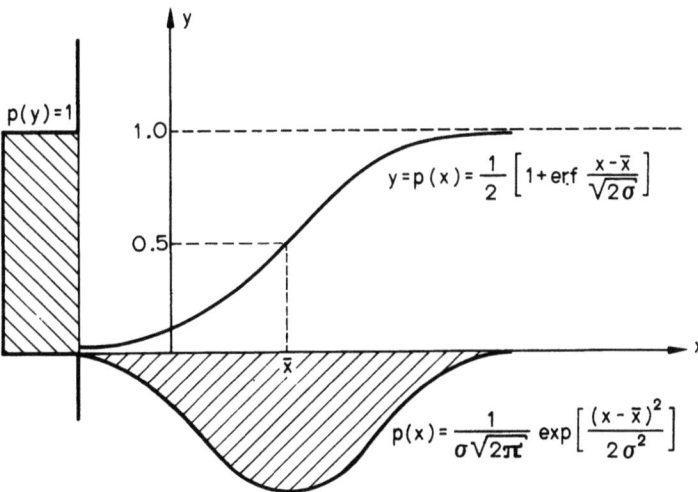

Abb. 7.16. Erzeugung einer Normalverteilung aus einer gleichförmigen Verteilung

Verwendet man diese Methode der Zufallserzeugung in einem Simulationsprogramm, so wird man mit Vorteil einige Stützwerte der inversen Verteilungsfunktion $P^{-1}(y)$ in einer Funktionstabelle eintragen und Zwischenwerte durch Interpolation ermitteln.

Methode der Komposition

Der zentrale Grenzwertsatz besagt, daß die Summe von unendlich vielen Zufallszahlen mit Gleichverteilungen eine Zufallszahl mit Gauß'scher Verteilung ergibt, d.h.

für $\quad p(x_i) = \text{const} = 1 \quad 0 \leq x_i \leq 1 \quad i = 1 \ldots N$

wird

$$\lim_{N \to \infty} p\left[\sum_{i=1}^{N} x_i\right] \to \text{Gauß'sche Verteilung mit dem Mittelwert } N/2 \text{ und der Standardabweichung } \sqrt{N/12}.$$

Für endliche Werte $N=K$ erhält man eine Zufallszahl y mit dem Mittelwert 0 und der Standardabweichung 1 mittels

$$y = \frac{\left[\sum_{i=1}^{K} x_i\right] - \frac{K}{2}}{\sqrt{K/12}}. \tag{9.5}$$

Bereits für $K = 12$ wird eine Gaußverteilung genügend gut angenähert:

$$y = \left[\sum_{i=1}^{12} x_i\right] - 6. \tag{9.6}$$

Wünscht man eine Standardabweichung S und einen arithmetischen Mittelwert AM so lautet die Kompositionsformel

$$y = S\left\{\left(\sum_{i=1}^{12} x_i\right) - 6\right\} + AM \tag{9.7}$$

mit $0 \leq x_i \leq 1$ (gleichverteilt).

7.10 Testen von Programmen, zeitliche Fragen

Ein komplexes Simulationsprogramm wird in den seltensten Fällen auf Anhieb fehlerlos laufen. Außer Syntaxfehlern, welche gewöhnlich vom Translator oder Compiler entdeckt und aufgezeigt werden und meist einfach zu korrigieren sind, treten häufig logische oder numerische Fehlerkonditionen auf. Die letzteren sind viel schwieriger zu lokalisieren und zu korrigieren. Testhilfen sind deshalb unbedingt erforderlich, welche es dem Benutzer gestatten, den Ablauf der Instruktionen genau zu verfolgen (Tracing) und die Veränderung aller Variablen nach jedem Integrationsschritt zu prüfen (Display). Viele Simulationsprogramme verfügen dementsprechend über eine eigene DEBUG-Option oder gestatten es, sofern sie für den Übersetzungsprozeß gewöhnliche Compiler verwenden, auf die Prüf-Optionen dieser Compiler zuzugreifen.

Häufig auftretende Fehler sind:
— Algebraische Schleifen (nichterkannte implizite Funktionen). Abhilfe: Umstrukturierung (Eliminieren von gewissen Hilfsvariablen), Verwendung der eingebauten Blöcke zur Lösung impliziter Funktionen, Unterdrückung des Sortierprozesses (z.B. mittels NOSORT bei CSMP). Letzteres ist eine Gewaltmethode, die u.U. schwerwiegende Phasenschiebungen zur Folge haben kann. Tritt bei der Lösung impliziter Schleifen eine Divergenz auf, so kann dem Problem oft durch eine alternative Formulierung der Beziehung $z = f(z)$ begegnet werden.
— Nichtverfügbarkeit von Variablen in gewissen Programmteilen. Abhilfe: korrekte Initialisierung, Umstrukturierung von Programmteilen wenn NOSORT-Optionen verwendet worden sind, Korrektur unvollständiger Parameterlisten.
— Überlauf infolge einer Division durch Null oder Multiplikation extrem kleiner Größen, die eigentlich Null sein sollten. Abhilfe: Verhindern, daß irgendwelche Divisoren Null werden können, Kontrolle ob reelle und ganzzahlige Größen richtig deklariert worden sind.

Modelle welche vielfach mit wechselnden Parametern durchgerechnet werden müssen, sollten in ihrer ausgetesteten, endgültigen Form unbedingt in Maschinensprache übersetzt und permanent abgespeichert werden. Für nachfolgende Durchläufe ist es dann nur noch erforderlich, diese Modelle mit Daten und Kontrollbefehlen zu versehen, so daß nicht jedesmal noch der oft zeitraubende Sortier-, Übersetzungs- und evtl. Verknüpfungsvorgang für diverse Subroutinen ablaufen muß.

Häufig gebrauchte Funktionen, Tabellen, Teilsysteme, Subroutinen etc. sollten in allgemein zugänglichen Systembibliotheken gespeichert werden.

Auch bei umfangreichen Systemen ist es nicht immer nötig, die komplexesten Integrationsroutinen zu verwenden. Insbesondere, wenn an einem Modell sehr viele Untersuchungen beabsichtigt sind, lohnt es sich, zu Beginn einige Probeläufe zwecks Abklärung des optimalen Integrationsschrittes und der bestgeeigneten Integrationsmethode durchzuführen.

7.11 Literatur zu Kapitel 7

1. Speckhart, F.H., Green, W.L.: A Guide to using CSMP. London: Prentice Hall 1976
2. Chu, Y.: Digital Simulation of Continuous Systems. New York: McGraw-Hill 1969
3. Continuous System Modeling Program III. IBM Form-Nr. SH12-3113 1974
4. Henrici, P.: Elements of Numerical Analysis. New York: J. Wiley 1964
5. Collatz, L.: The Numerical Treatment of Differential Equations. Berlin, Heidelberg, New York: Springer 1966
6. Gulland, W.G.: Solution of Implicit Algebraic Equations in Continuous Systems Simulation. Measurement and Control, Vol. 10, May 1977, 179-182
7. Kuo, F.E., Magnuson, W.G.: Computer Oriented Circuit Design. London: Prentice Hall 1969
8. Bandler, J.W.: Optimization Methods for Computer Aided Design. IEEE Trans. MTT-17, 1969, 533-552
9. Continuous System Modeling Program II. IBM Form Nr. GE19-0036

Sachverzeichnis

Abbruch 150, 157, 161
Abbruchkondition 157
Abfragesprachen 72
Adresse 19, 37, 40
–, absolute 30
–, effektive 30
–, virtuelle 31, 32, 33
Adreßfeld 30, 40
Adressierung, direkte 64
Adreßkonstante 30, 40
Adreßraum 31 – 39
Aitken-Neville Schema 130
Aktionsteil 44, 46
ALGOL 44, 81
Algorithmus 78
–, stabiler, instabiler 105
Allgemeinheitsgrad 56
Analyse 141
Anfangsbedingungen 143, 144, 147, 160, 161, 167, 174, 175
Anweisung 46
–, bedingte 46
–, Case- 46
–, Ein- und Ausgabe 51
–, Sprung- 47
–, Prozedur 48
–, repetitive 47
–, zusammengesetzte 47
–, Schleifen- 47
Arbeitsspeicher 2
Arithmetik, endliche 103
array 45, 60
Auftragsbeschreibung 17, 34
Ausdruck, arithmetischer 46, 90, 92, 99
–, logischer 46
Ausgabe 48
Ausgleichsrechnung 122 ff.
Automat 86, 91

Backus-Naur-Form 49, 82
Backtracking 49
Baryzentrische Formel 129
Basisregister 30, 32
Baukastensystem 8
Befehl 12, 14, 15, 16, 18, 21, 30, 38, 39
–, illegaler 19

–, privilegierter 14, 15, 19
Befehlsvorrat 12, 14, 15, 16
Benutzerauftrag 16, 17, 18, 22, 23, 24, 25, 26, 27, 29, 30, 34, 35
Benutzerstatus 19, 23
Betriebsmittel 15, 17, 19, 20, 28, 29, 33, 35, 38
Betriebsmittelverwaltung 19, 20, 23, 26, 27, 28, 29
Betriebssprache 16, 17, 18, 27
Betriebsstatistik 21
Bisektion 113
Bit 56, 58
Blockschema 151
Blockstruktur 44
Boolean 45
Bootstrap 22
Byte 56, 58

Character 45
Central processor 2
Code-Erzeugung 99
Cholesky-Zerlegung 118
Compiler 46, 49, 56, 77 ff. (vgl. auch Kompilierer)
complex 45
Computer 1, 2
Computersystem 3

Darstellungsproblem 56
Datei 15, 35, 36, 37, 38, 50, 58, 59, 62
–, indexsequentielle 67
–, invertierte 69
Dateikatalog 35, 36, 37
Dateistruktur 35, 37
Dateisystem 37
Daten 1, 143, 149, 152, 153, 181
Datenbank 37, 71
Datenbasis 72
Daten-Management-System (DMS) 71
Datenmodelle 72
Datenorganisation 59
–, physische 60
Datensatz 58, 59
Datenschutz 73
Datensicherung 73

Datenstruktur 44
–, dynamische 45
Datenverarbeitung 41, 56
Datenverwaltung 13, 35
Datenverwaltungssystem 71
Determinante 117
Dialogbetrieb 23, 26, 27, 33, 34, 39
Dialogverarbeitung 18, 28
Dialogeingabe in den Stapel 24, 26
Differentiation, numerische 107, 132
Differenzen 170
Differenzenformeln 144
Differenzengleichung 163, 171
Differenzenmethoden 170
Differenzenschemas 170
diskretes System 141
Dokumentation 5, 51
double precision 45
Dynamic-Segment 157, 159, 162
dynamische Laufkontrolle 155, 157, 159
dynamischer Programmteil 155, 156

Echtzeitbetrieb 27, 28
Echtzeitprogramm 27, 28, 34, 39
EDV-Anlage 1
EDV-Anwendung 3
EDV-Projekt 3
EDV-Spezialisten 10
Eingabe-Ausgabe 3, 15, 19, 26, 27, 34
Eingabe 48
Eingabe-Befehle 14
Eingabe-Einheit 35
Eingabe-Geräte 13, 15, 22, 26
Eingabe-Operationen 14, 24, 34
Endmarke 51
Ereignis 13, 14, 34
Euler'sche Summenformel 135
Extrapolation 128 ff.

Fehler, Abbrech- 107
–, Diskretisations- 107
–, Interpolations- 129
–, relativer 108
–, Rundungs- 104, 121
Fehlerkennung 13, 15, 18, 19, 20, 21, 26, 39
File 42, 45, 50, 58, 59
file of 50
for 47
Funktion 49
–, rekursive 49
Funktionsblock 142, 144
Funktionstabellen 149, 159, 179

Gauss, Elimination von 114
–, Dreieckszerlegung 114

Gleichung, nichtlineare 7
Gleichungssystem 114
–, tridiagonales 120
– mit Bandmatrix 118
Gleichverteilung 146, 177, 178, 179, 180
global 49
goto 47
Grundsymbol 79
Gültigkeitsbereich 49

Halley, Verfahren von 111
Hardware 3
Hash-Coding 68
Hauptprogramm 49
Householder 124

Identifikation 141, 173, 175
implizite Funktion 142, 143, 169, 170, 181
indexsequentiell 68
indexsequentielle Datei 67
Informatik 5
Initial-Segment 156, 157, 159, 162
Initialisierung 155, 156, 158, 175, 181
Input-Output 3
integer 45
Integration 149, 163, 167
–, explizite 143, 163, 166
–, implizite 163, 166
– nach Romberg
Integrationsmethode 143, 163, 166, 167, 168, 169, 181
Integrationsschritt 149, 154, 155, 156, 166, 167, 168, 169, 180, 181
interaktive Ausführung 27
Interpolation 143, 149, 175, 179
–, inverse 112
– mit Polynomen 128 f.
– mit Splines 136 f.
Interpolationspolynom 150
Interpretierer 38, 39
Iteration 109, 159, 170, 174
iteratives Verfahren 142, 166, 169, 173

Kellerautomat 92
Kommentar 51
kompatibel 8
Kompilierer 13, 16, 17, 22, 35, 38, 39 (vgl. auch Compiler)
–, In-Core- 38, 39
Komplexität 71
Komponententyp 45, 50
Komposition 180
Kondition 107
Konditionszahl 121
Konfiguration 8

Sachverzeichnis

kontinuierliches System 141, 142, 169
Kontrollbefehle 143, 181
Konvergenz 109, 110, 112
Korrektheit von Programmen 54
Kostenstelle 17, 21
Kostenverrechnung 21

Laden 15, 22, 30, 33, 38, 39
Lauf 42
Laufvariable 47
Lesezustand 50
Liste 59, 60, 63
lokal 49

Macro 158, 159, 162
Maschine, abstrakte 13
–, virtuelle 19
–, wirkliche 13
Maschinenbedienung 21
Maschinenbefehl 16, 38, 39
Maschinengenauigkeit 104
Massenspeicher 15, 21, 22, 24, 25, 26, 27, 35, 36, 37
Matrix, Band- 118
–, Dreiecks- 115
–, inverse 114, 128
–, orthogonale 124
–, positiv definite 118
–, symmetrische 118
–, transponierte 118
Mehrprogrammbetrieb 26, 29, 32
Merkmale 59
Methode der kleinsten Quadrate 122
Mikrocomputer 8
Mischen 43
Mischsortieren, natürliches 42
Mutation 65
Müller, Verfahren von 112
Modell 141, 142, 143, 144, 149, 154, 155, 175, 181

Nachiteration 122
Newton, Verfahren von 111
nichtlinearer Vorgang 151
nichtlineares System 143, 173
Norm 121
Normalgleichungen 123
Normalverteilung 146, 177, 179, 180
numerische Fehler 143, 167, 180
Nutzen/Aufwand 10

Objektcode 38, 39, 40
Objektprogramm 77
Optimierung 142, 156, 173, 174, 175, 176

parallel 156, 157
Parallel-Sprache 143
Parameter 48
Parser 88
partielle Ableitungen 171, 175
partielle Differentialgleichungen 144, 170, 171, 172
PASCAL 44
Pivot 114
Pivotstrategie 114
–, partielle, totale 116
Portabilität 76
Positionszeiger 42, 50
Primärspeicher 42
procedure 48
Produktion 81
–, rekursive 82
Produktionssystem 81
Programm 38, 39
Programmbeschreibung 17, 27
Programmbibliothek 35
Programmbinder 13, 17, 38, 39, 40
Programmiersprache 15, 16, 18, 23, 27, 76 ff.
Programmierung 4
Programmlader 38, 39, 40
–, bindender 40
Programmstruktur 44
Programmüberwachung 15, 18, 20, 26
Programmunterbrechung 13, 14, 34
Programmverschiebung 30
Prozedur 48
–, rekursive 49
Prozedurdeklaration 49
Prozess 3
Pseudoinverse 128
Puffervariable 52

Quellencode 38, 39
Quellenprogramm 77
Quellensprache 78

Randbedingungen 143, 174
Randwertproblem 173, 174
read 50
real 45
Rechenzeit 56
Record 45, 58, 59
Regula Falsi 111
Rekursivität 49
repeat 47
reset 50
Residuenfaktor 122, 123
rewrite 50
Romberg, Verfahren von 135

Scanner 79
Schlüssel 63
–, Primär- 68
–, Sekundär- 69
Schlüsselfeld 41, 51
Schmidt, Verfahren von 124
Schreibzustand 50
Seiten 31, 32, 33, 36, 37
Seitenadressierung 31, 32, 33
Seitenflattern 33
Seitentabelle 32, 37
Sekantenmethode 111
Sekundärspeicher 3, 42
Semantik 76, 79
sequentielle Arbeitsweise 143, 156, 157
– Datenverarbeitung 61
– Speicher 66
Sicherheit von Daten 70, 74
Software 3
Sortieren 41, 143, 156, 157, 169, 181
Sortierprozesse 62
Sortierverfahren 42
Speicher, blockadressierbare 67
–, direktadressierbare 66
–, interner 17, 18, 19, 20, 21, 29, 30, 31, 32, 33, 36, 38, 39, 40
–, peripherer 17, 21, 22
–, sequentielle 66
–, virtuelle 19, 23
Speicherbedarf 17
Speicherbewirtschaftung 46
Speicherdichte 65
Speicherhierarchien 70
Speicherplatz 56
Speichertausch 33
Speicherverwaltung 19, 26, 28, 29, 30, 31, 32
Speicherzerstückelung 30, 31, 36
Speicherzone 30, 33, 36
Speicherzugriff 31, 33
Spline-Interpolation 136
Sprache, formale 79
Spulensystem 22, 25, 26
Spurabschnitt 36, 37
Standardfile 51
Standardfunktion 45, 51
Standardprozedur 50
Standardtyp 44
Stapel 22, 24, 25, 26, 92
Stapelautomat 92
Stapelbetrieb 23, 24, 26, 27, 39
Stapelverarbeitung 18, 22, 24, 25, 26, 27, 28, 32
Steuerbefehl 149, 150
Steuerkarte 18
Steuerkommando 17

Steuerprogramm 16, 17
Steuerung, Ereignis- 34
–, kurzfristige Vorrang- 34
–, nichtunterbrechende Vorrang- 34
–, Rundlauf- 34
–, sequentielle Vorrang- 34
–, Vordergrund-Hintergrund- 28
–, Vorrang- 34
stochastische Prozesse 141, 176
Struktur 149, 152, 162
Strukturanweisung 143, 169
Strukturbefehl 149, 156
Strukturierung 155, 156, 157, 175
Subroutine 48
Suchen, binäres 64
–, sequentielles 64
Symbol, Grund- 79, 81
–, nichtterminales 81, 82
–, Start- 81
–, terminales 81
Symboltabelle 99
Symbolfolge 79, 81
Syntax 44, 76, 79, 91
–, reguläre 84, 87
Syntaxanalyse 49
Syntaxgraph 86, 87
Synthese 141, 175
Systemanweisung 17
Systemgenerierung 21, 22, 25, 26
Systemprogramm 12, 13, 16, 17, 22, 26, 35, 37, 38, 39
Systemüberwachung 20

Tabelle 60, 63
Terminal-Segment 156, 157, 159, 162, 175
Termination 54
Textfile 50
Transaktion 27, 28
Transaktionsbetrieb 27
Transaktionsverarbeitung 28
Typ 44
–, skalarer 44, 45
–, strukturierter 44, 45
Typendefinition 44

Übergangsdiagramm 86
Übergangsfunktion 78
Überlauf 103
Übersetzerprogramm 16, 17, 27, 38, 39
Überwacher 13, 14, 15, 18, 19, 20, 33, 36, 37
Überwacheraufruf 14, 15, 17, 19, 23, 35
Überwachungsstatus 19, 23
Unterbrechung 13, 14, 28, 34
Unterbrechungsprogramm 14

Sachverzeichnis

Unterbrechungssignal 14, 20, 21, 33
Unterbrechungswerk 13, 23
Unterprogramm 15, 23, 37, 39, 40, 48
Unterlauf 104

Variable 44
Variablendeklaration 44
Verifikation 54
Verkettung 65
Verklemmung 20
Verteilen 43
Verteilungsfunktion 178, 179
–, inverse 178, 179
–, Wahrscheinlichkeits- 178, 179
Verwaltungsteil 44
Vokabular 79
Vorrang 17, 34

Wertzuweisung 46
while 47
wirtschaftlich 9, 70
wohlgeformt 76, 79

Wörter 58, 59
write 50

Zahlen 58, 59
Zeichen 58
–, alphanumerische 56
Zeiger 42, 46, 50
Zeigertyp 46
Zeitscheibe 34
Zentraleinheit 2
Zentralrechner 2
Zentralspeicher 2, 42
Zufallszahlen 146, 176, 177, 179
Zugriff, Random- 42, 45
–, sequentieller 45
Zugriffsbefugnistabelle 74
Zugriffsgeschwindigkeit 65
Zustand 78, 87
Zustandsdiagramm 86
Zustandstabelle 85, 86
Zustandsübergang 78

Informatik-Fachberichte

Herausgegeben von W. Bauer, im Auftrag der Gesellschaft für Informatik (GI)

Eine Auswahl

Band 18

Virtuelle Maschinen

Nachbildung und Vervielfachung maschinenorientierter Schnittstellen GI-Arbeitsseminar, München 1979
Herausgeber: H. J. Siegert
1979. 62 Abbildungen, 5 Tabellen.
X, 230 Seiten (92 Seiten in Englisch)
DM 25,–
ISBN 3-540-09618-3

Inhaltsübersicht:
A Perspective on Virtual Machines. – SIM-BS 1000: Funktionsumfang und Anwendung. – Ein Konzept für die leistungsfähige Unterstützung virtueller Maschinen. – Vergleich VM370 mit SIM-BS 1000. – Nachbildung maschinenorientierter Betriebssystem-Schnittstellen für Real-Time-Systems. – Virtual Machine Dispatching Under Fairness Constraints. – Meßverfahren bei VM370: Interpretation der Auswertungsergebnisse. – Rechenzentrumsbetrieb unter VM370. – Praktische Erfahrungen beim Einsatz der virtuellen Maschinen in der Informatik-Ausbildung und -Forschung. – Performance of a Virtual Machine Monitor. – Zugriffsfunktionen zur Unterstützung der Speicherverwaltung beim virtuellen Maschinenbetrieb. – Simulation neuer System-Architekturen mittels virtueller Maschinen. – Virtual Machines and Distributed Processing.

Band 19

GI – 9. Jahrestagung

Bonn, 1.–5. Oktober 1979
Herausgeber: K. H. Böhling, P. P. Spies
1979. XII, 690 Seiten (120 Seiten in Englisch)
DM 56,50
ISBN 3-540-09664-7

Inhaltsübersicht:
Hauptvorträge. – Verrechtlichung der Datenverarbeitung. – Spezifikation von Echtzeitsystemen. – Compiler-Compiler. – Methoden- und Modellbankensysteme. – Modelle für Rechensysteme. – Organisation und Betrieb von Rechenzentren.

Band 20

Angewandte Szenenanalyse

DAGM Symosium, Karlsruhe, 10.–12. Oktober, 1979
Herausgeber: J. P. Foith
1979. XIII, 362 Seiten
DM 35,50
ISBN 3-540-09665-5

Inhaltsübersicht:
Übersichtsvortrag. – Kontur-Analysen. – Methoden I: Struktur-Analysen. – Methoden II: Merkmalsextraktion und Klassifikation. – Analyse von Bildfolgen. – Segmentation. – Anwendungen I. – Anwendungen II.

Band 21

Formale Modelle für Informationssysteme

GI-Fachtagung, 24.–26. Mai 1979, Tutzing
Herausgeber: H. C. Mayr, B. E. Meyer
1979. VII, 265 Seiten
DM 28,50
ISBN 3-540-09773-2

Inhaltsübersicht:
Modelle für die Praxis. – Integration und Bewertung von Informationssystemen. – Beschreibungsmethoden. – Netztheorie.

**Springer-Verlag
Berlin Heidelberg New York**

Informatik-Spektrum

Organ der Gesellschaft für Informatik e.V.

Hauptherausgeber: Prof. Dr. W. Bauer, Fachbereich Informatik der Universität Hamburg

Herausgeber: Prof. Dr. F. L. Bauer, Institut für Informatik der TU München
Dipl.-Ing. C. Behrens, Klöckner AG, Bremen
Dr. Malte von Berg, DATUM e.V., Bonn-Bad Godesberg
Dr. A. Endres, IBM Deutschland GmbH, Böblingen
Dipl.-Ing. H. Gabler, Fernmeldetechnisches Zentralamt der Bundespost, Darmstadt
Prof. Dr. G. Goos, Institut für Informatik II der Universität Karlsruhe
Dr. H. Görling, Siemens AG, München
Prof. Dr. P. Mertens, Informatik-Forschungsgruppe 8 der Universität Erlangen
Dr. H. Schappert, Bayer AG, Leverkusen
Dr. P. Schnupp, Softlab, München

Redaktion: Dipl-Ing. G. Rossbach, Hirschgasse 16, D-6900 Heidelberg

Die Informatik und ihre Anwendung sind heute aus Wissenschaft, Wirtschaft und Verwaltung nicht mehr wegzudenken. Die **Gesellschaft für Informatik** in Zusammenarbeit mit dem Springer-Verlag publiziert seit August 1978 die Zeitschrift **Informatik-Spektrum**. Diese Zeitschrift will mit ihren Beiträgen möglichst das gesamte Gebiet der Informatik abdecken, mit dem Ziel, den Informationsstand der Leser über das Fachgeschehen so umfassend und zeitgerecht wie nur möglich zu halten.

Die inhaltlichen Schwerpunkte sind:

Übersichtsartikel und einführende Darstellungen
für den ausgebildeten Informatikspezialisten und den Praktiker, der Anschluß an die Entwicklung der wissenschaftlichen Informatik sucht.

Berichte über Projekte und Fallstudien
die zukünftige Trends aufweisen.

„Das aktuelle Schlagwort"
erklärt Begriffe, die momentan im Gespräch sind.

Veranstaltungskalender
bietet eine möglichst vollständige Übersicht der europäischen und außereuropäischen Veranstaltungen auf dem Gebiet der Informatik.

GI-Mitteilungen
die vom Präsidium der GI herausgegeben werden und einen gesonderten Teil bilden.

Springer-Verlag
Berlin
Heidelberg
New York

Abonnementsbedingungen und Probeanforderung auf Anfrage

MIX
Papier aus verantwortungsvollen Quellen
Paper from responsible sources
FSC® C105338

If you have any concerns about our products,
you can contact us on
ProductSafety@springernature.com

In case Publisher is established outside the EU,
the EU authorized representative is:
**Springer Nature Customer Service Center GmbH
Europaplatz 3, 69115 Heidelberg, Germany**

Printed by Libri Plureos GmbH
in Hamburg, Germany